国家科学技术学术著作出版基金资助出版

3S技术与中国野生动物生境评价

刘雪华　主编

中国林业出版社

图书在版编目（ＣＩＰ）数据

3S技术与中国野生动物生境评价 / 刘雪华主编. --北京：中国林业出版社，2010.10

ISBN 978-7-5038-5956-4

Ⅰ．①3… Ⅱ．①刘… Ⅲ．①遥感技术－应用－野生动物－生物环境－评价－中国②地理信息系统－应用－野生动物－生物环境－评价－中国③全球定位系统－应用－野生动物－生物环境－评价－中国 Ⅳ．①Q958.52

中国版本图书馆CIP数据核字(2010)第192981号

责任编辑：田红
设计制作：绿野设计工作室

出版：中国林业出版社（100009 北京西城区刘海胡同7号）
网址：http://lycb.forestry.gov.cn
E-mail：wildlife_cfph@163.com
电话：（010）83225764
发行：新华书店北京发行所
印刷：北京中科印刷有限公司
版次：2011年7月第1版
印次：2011年7月第1次
开本：787mm×1092mm 1/16
印张：15.5
印数：1～2000册
定价：60.00元

编辑委员会

主编

　　刘雪华

编委 （按姓名汉语拼音排序）

胡德夫	李迪强	李玉春
刘丙万	王金亮	张　立
张明海	朱建国	朱卫红

其他编写人员 （按姓名汉语拼音排序）

曹　青	程　迁	冯利民
黄　勇	李　冰	李　颖
李石华	李言阔	蒙以航
张明霞		

序

　　我国的野生动物资源极为丰富，但由于长期的不合理管理利用以及对野生动物生境的破坏，使野生动物资源受到了很大的损伤，一些珍贵的野生动物物种濒临灭绝或成为稀有种。这种状况对于维护我国完整的自然生态系统，使之为我国经济社会文化发展提供持久的、良好的服务是极其不利的。改革开放以来，我国对野生动物的保护以及对野生动物及其生境的研究有了一定的进步，取得了一些发展，是值得肯定的。其中利用3S技术对野生动物的生境进行研究，为野生动物保护提供了更好的资源和环境背景，阐明了野生动物的一些行为，如聚集、迁移、演变的规律等，是众多进步中的一个亮点。

　　我在中国工程院从事几项战略咨询研究过程中，曾与清华大学环境科学与工程系（现为环境学院）的几位领导和教师有过实质性的合作，并进而在一段时间内担任过该系的兼职教授。我同意担任兼职教授的用意之一，就是想使清华大学环境科学与工程系在其很强的环境工程背景中增加一点生态的份量，使其在环境科学方面有更平衡的发展。刘雪华教授是我在清华大学兼职工作中的主要合作伙伴，她在生态学科方面有较深的理论造诣，也有较多的实践经历，她在大熊猫生境研究方面的成绩尤为显著。因此，我很关注如何为她的进一步学术发展提供咨询和支持。今欣见她和她的同事们在用3S技术研究野生动物生境方面取得了系列成果并结集出版，故应邀作序，以志庆贺！

沈国舫

2010年7月28日

前言

  中国地大物博，是一个生物多样性及其丰富的国家，野生动物资源丰富，有脊椎动物6347种（占世界总数的14%），其中哺乳动物581种，受到国家重点保护的野生哺乳动物有82种（I级42种，II级40种）*。大熊猫、东北虎、亚洲象、金丝猴等珍稀濒危动物都受到了中国和世界的极高关注。但由于中国开发历史悠久，人口众多，故对生物多样性及物种生境的破坏程度高、影响范围广。在众多威胁野生动物生存的原因中，栖息地（即生境）的缩小和破碎化以及环境的污染等原因导致的生境质量下降，对野生动物的影响尤为突出。

  随着人们生态保护意识的加强和我国综合国力的增强，对于生物多样性的保护力度也随之增强，层次广泛，措施丰富，保护理论和技术都在被充实和应用。3S技术就是一门新兴的研究分析和物种保护的技术方法，他的实质核心包括"GPS-全球定位系统"、"RS-遥感"和"GIS-地理信息系统"三部分。3S技术具有强大的数据存储、查询调用、空间和统计分析、结果表达和空间图像显示、模型开发和应用、大范围时空监测等功能。对于移动性野生动物的种群分布，生境数量、质量及其空间分布和时空变迁，3S技术能够

---

* 《中国生物多样性国情研究报告》编写组. 1998. 中国生物多样性国情研究报告. 北京：
中国环境科学出版社.

很好地在调查、分析、建模及其长期监测和保护上发挥作用。当今社会经济快速发展，土地和景观在时间上和空间上都发生着连续不断的变化，这显然导致人与自然界及其生物成分时刻都发生着资源和空间竞争，3S技术能够给我们在协调人与自然关系方面以极大帮助。

3S技术应用于野生动物及其生境研究和保护在北美从20世纪60年代就开始了，70~80年代发展迅速，而在中国可以说始于20世纪80年代末，90年代才有所发展，最近10年才应用频繁。我还记得2001年在美国Reno参加美国野生动物保护学会年会，惊讶地发现美国在应用3S技术于野生动物保护方面有着非常广泛的推广，有着一支群体极大的年轻人队伍，而我国在这方面与发达国家的差距还很大。

出版本书的原因之一是基于本人多年来的愿望和情结。我自1995年开始野生动物生境的研究和3S技术的学习和应用，2001年我在荷兰获得博士学位后回国，就职于清华大学环境科学与工程系（现为环境学院）。一直以来就希望要出版一本3S技术在野生动物生境保护方面的书籍，今天终于如愿以偿。二是本书十几位在野生动物和3S技术应用方面的专家都有同样的期望：将空间分析技术与野生动物及其生境研究和保护结合起来，并很好推广。三是3S技术在野生动物生境研究领域的应用在我国尚处于发展阶段，进入该领域的研究人员很需要相关的经验得以借鉴。

出版本书的目的就是：汇集和介绍近时期国内3S技术应用于野生动物生境评价的研究方法和案例，分析典型的珍稀濒危哺乳动物的生境状况，推动3S技术在野生动物及其生境研究和保护中的广泛应用，使保护成效更高。

本书由13个章节构成，是由近20位作者共同努力合作完成的，这些作者都是工作在野生动物及其生境研究和保护的第一线人员，有着丰富的野外研究经验，夯实的3S技术功底和应用能力，借此书的出版，与在相关领域里学习、工作和奋斗的广大科研人员、在校师生及热心的民众，共同分享3S技术的应用经验和野生动物生境评价经验。

正是由于本书具有多方面的意义，我们得到了国家科学技术学术著作出版基金的支持，在申请出版基金的过程中，得到了北京林业大学沈国舫院士、北京师范大学郑光美院士、东北林业大学马建章院士的宝贵支持，他们向出版基金进行了积极推荐，在此向三位先生表示衷心的感谢，感谢老一辈科学家对年轻一代的关怀和支持。非常感谢田红编辑,从申请基金到本书的编校出版一直在尽心尽力,没有她,这本书恐怕还在思考的天空中。也非常感谢我的助手石翠玉和刘姿君,在各章节的排版上投入了一定的时间,方便了我与编委成员的沟通,使本书书稿修改更加高效。

本书也献给我们于2007年组织成立的"3S技术与野生动物生境评价"学术沙龙及我们于2009年开始的《3S技术与野生动物生境评价》沙龙电子季刊,希望该书的出版成为我们推动3S技术在野生动物生境评价和分析研究领域的又一举措。

本书将为广大野生动植物领域的科研人员、在校师生和热心的野生动植物爱好者,提供一部了解中国主要大中型哺乳动物的种群、生境、保护、生境评价方法及应用的有用的参考书籍,也为喜用、善用和学用3S技术应用的人们提供资料参考,共同分享3S技术的应用经验和野生动物生境评价经验。

刘雪华

2010年10月21日于北京

目录

展望篇

概述篇

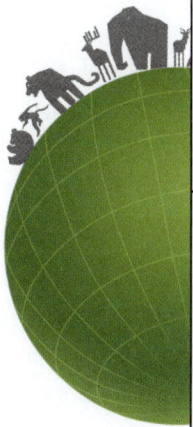

第1章

3S技术在野生动物生境研究中的应用

刘丙万　刘雪华

当今，野生动物保护成为社会热点，野生动物的生境研究具有重要意义。野生动物生境丧失是物种濒危的主要原因之一。野生动物生境研究是物种保护的基础，研究方法不断完善和发展。准确、及时、动态的获取生境信息，并对导致生境变化的因素进行分析，已成为野生动物生境研究的重要内容（José et al., 1998）。传统的野生动物生境研究方法，在收集与时间和空间相关的数据时受到限制，在分析、解释和表达手段上存在局限，无法满足当前野生动物生境研究的需要（张洪亮，2001）。3S技术，即遥感（remote sensing，RS），全球定位系统（global positioning system，GPS），地理信息系统（geographic information system，GIS）能弥补传统研究方法的不足。随着3S技术的发展和应用的不断深入，逐渐融入数学模型，融合多学科理论，加强网络化、智能化功能，必将在野生动物生境研究中发挥越来越重要的作用。了解3S技术在野生动物生境研究中的优势和应用现状，分析和讨论其在野生动物生境研究中应用的发展趋势，能为科研工作者提供新的研究思路，为野生动物生境和物种保护提供有力支持。

1.1 野生动物生境研究

野生动物生境研究的内容包括：单个生境因子与野生动物之间的关系、多因子复合作用对野生动物的影响、野生动物生境获得性和偏爱性之间的关系、野生动物分布区内生境质量适宜度评价、生境景观格局及其变化对野生动物的影响、微生境及其与野生动物的关系等方面。近年来，生境破碎化研究和生境动态研究已经成为野生动物生境研究中的重要领域。

最初的野生动物生境研究以定性描述为主。19世纪，人们已经认识到动植物之间的相互作用，而且意识到植物是动物生境的重要组成部分（Merrian, 1890）。20世纪初，一些学者研究了群落演替和动物物种变化之间的关系（Adams, 1908）。这时的动物生境研究逐渐从定性描述向定量分析转变。20世纪初到20世纪20年代，一些学者已经认识到气候、食物等因素是影响动物分布的主要因素（Grinnell, 1917）。并在以后的研究工作中发现，动物的分布不能仅以气候和资源条件来解释，其他因素也对动物的分布产生影响。Scardson（1949）和Hilden（1965）各自提出了动物的生境选择模式，并以此为基础，出现了多种动物生境研究方法和技术，建立和改进了生境选择模型。研究内容涵盖了生境因子、生态位、生境选择及其机制、微生境及其作用等，并用大量研究结果揭示了种内竞争、种间竞争、捕食作用、限制性因子、多因子互作、生境分布格局、生境演替和人为干扰等对动物生境利用的影响等（David, 1995）。例如，Lack（1933）在研究鸟类和生境之间的关系时发现，鸟类能识别环境中的某些具体特征，并依据这些特征来主动选择生境。张正旺等（1994）对斑翅山鹑（*Perdix dauuricat*）的巢址选择研究发现斑翅山鹑主动选择在远离林地的农田或灌丛筑巢。丛璐璐（2010）在研究达赉湖地区鸿雁（*Anser cygnoides*）巢址选择时发现鸿雁主动选择在有芦苇（*Phragmites australis*）的地方筑巢。

由于多学科融合和研究尺度的扩大，传统的研究方法越来越不能适应当前野生动物生境研究需要。3S技术的完善和发展，使其在野生动物生境研究中具备了应用基础。从20世纪80年代起，科研人员将遥感与地理信息系统结合，运用于野生动物生境研究（Davis & Delain, 1986；Lyon, 1987；Lancia, 2000；Liu, 2001）。他们利用遥感技术获取与野生动物生境相关的生境因子数据，运用地理信息系统的数据库管理系统和数据操作分析系统，进行生境分析和适宜性评价，并结合3S技术和多元统计技术，建立生境选择和评价模型，为野生动物保护提供基础资料。

1.2 3S技术在野生动物生境研究中的优势

3S技术以GIS为核心，集成了包括RS和GPS在内的高新技术，是对空间数据实时采集、更新、处理、分析的工具，并为各种实际应用提供科学决策咨询。

传统野生动物生境研究方法，在时空属性数据收集上，现时性、准确性和可靠性受到限制；在分析、解释和表达结果的手段和方法上存在局限；对生境信息综合分析能力较弱（颜忠诚和陈永林，1998）。3S技术在获取、处理和输出野生动物生境信息上，快速、实时、精确和可视化，并能进行分析和动态过程模拟，减少了工作量和资金投入，提高研究结果的精度和可信度，拓展时间和空间尺度，弥补了传统研究方法的缺陷，并为野生动物生境空间数据库建立，图形显示，报告生成提供支持。另外，3S技术能够促进野生动物生境数据的共享，可以在各种函数模型的支持下进行综合分析。3S技术在野生动物生境研究中，具有其他技术不可比拟的优势。

3S技术的优势主要源于GIS的两种成熟的软件技术，一是数据库管理系统（DBMS），一是计算机辅助设计（CAD），同时再加上管理和分析空间数据的专用函数。空间数据可以指任何一个涉及地理位置的数据。而GIS之所以超越传统的DBMS或者是CAD软件，其强大之处就在于它们捕获和管理地理对象，并且可以分析它们之间的关系。GIS提供了大量的专用函数，以此来进行特定的操作，包括测量、坐标转换、对象生成、拓扑叠加和网络分析等等。GIS对野生动物生境研究产生了如下的影响：

①　应用GIS进行野生动物生境空间数据库的建立、图形显示以及报告生成，降低了采用人工系统或传统的信息系统进行工作的时间和成本。

②　由于GIS可以提供统一的数据源和参照系，过去难于获得或者得不到正确解释的有关生境信息，现在可以在统一的格式下操作，减少了错误的发生。不同机构中的数据冗余和不一致也可以减少。同时，用专题地图取代数据表格，给数据带来了更好的交互表达形式。

③　过去看上去不能经济有效地解决的问题变得可以解决。以前大多使用的是零或一维的一般模型，现在则可以使用带有特定数据的二维、三维模型，乃至四维模型、三维空间加时间，同时激励大家考虑新的研究领域。

④　由于放在统一的空间坐标系下，使得数据具有通用性。这意味着不同学科之间共享数据源和数据结果变得更为简单和有效（张洪亮，2001）。

1.3　3S技术在野生动物生境研究中的应用现状

1.3.1　野生动物生境因子分析

通过野生动物生境因子分析，可以明确各生境因子的分布、生境因子之间的相互关系以及野生动物与生境因子之间的相互作用。传统野生动物生境研究方法，仅探讨单个生境因子或者少数几个生境因子对野生动物的影响（欧阳志云等，2001）。由于传统野生动物生境研究方法综合分析能力弱，不具备可视化结果展示和动态描述功能，难以在较大时空尺度上对多个生境因子的复合影响进行研究（David et al., 2008）。运用3S技术，通过图像解译和实地考察相结合的方法，可以在较大时空尺度上，对某一类或某一些生境因子的分布状况进行分类和可视化显示，并绘制专项地图，并进行多因子影响的叠加分析，为物种分布、种群动态和行为生态学研究提供依据。丁伟等（2003）对黑白仰鼻猴（滇金丝猴，*Rhinopithecus bieti*）研究发现：由于砍伐、放牧、开矿等因素的影响，该种群适宜生境破碎化程度较高，生境走廊状况较差；该种群被分割成相互隔离的小种群，生境走廊的维护和恢复已成为该物种保护成功与否的关键。Hooker（1999）应用3S技术，研究了加拿大东部海岸9种鲸鱼分布区的水深、温度、时间等生境因子，绘制出多个生境因子的分布图和鲸鱼的种群分布图、丰富度图，为评价和保护鲸鱼提供了科学依据。Liu（1997）利用GIS技术研究了卧龙自然保护区大熊猫分布与人类活动之间的关系，通过比较潜在生境分布和现实生境分布，找到了两者之间的差异，为大熊猫保护区规划与管理提供了有力支持。3S技术的应用，使大范围的野生动物生境因子分析和动态描述成为可能。

1.3.2 野生动物生境选择

传统的野生动物生境选择研究是在研究野生动物生境因子与生境结构的基础上，分析各生境因子及其复合作用对野生动物栖息地选择策略的影响，建立野生动物栖息地选择策略与生境因子间的数学模型，并确定野生动物对各类生境的偏爱性和利用率（刘丙万和蒋志刚, 2002a, 2002b；Darren et al., 2008；罗振华等, 2008）。由于野生动物的生境选择具有物种特异性、时空变化性等特点，研究野生动物生境选择需要研究野生动物的生境结构、野生动物适宜生境分布的空间格局、野生动物潜在生境分布范围、野生动物生境的可利用性和利用程度之间的对比关系等（宋延龄等, 1998）。仅依靠传统研究方法，无法满足当前野生动物生境选择研究的需要。运用3S技术，可以将各生境因子进行叠加分析，并结合生境选择数学模型，研究野生动物种群分布和潜在生境分布；还可以模拟生境状况的时空变化，进行定性定量预测，为制定野生动物生境管理的最佳决策提供依据。Lian和West（1997）在3S技术的支持下，综合利用多元统计技术和logistic回归模型，分析了驼鹿（*Ales alces*）的适宜生境空间分布格局及其动态变化，预测了驼鹿生境选择及其动态变化。Liu等（2005）在佛坪自然保护区利用GIS和无线电遥测研究了大熊猫的生境利用和生境选择，研究发现了大熊猫分布的主要生境，冬季和夏季影响其生境选择的主要因子，研究表明大熊猫对喜好生境具有选择性。Craig等（2008）利用GIS技术，在宏观和微观两个尺度上分析了美国棉尾兔（*Sylvilagus palustris*）的日间生境选择策略。

1.3.3 野生动物生境评价

野生动物生境评价的目的是在野生动物生境适宜度研究基础上，对不同分布区的生境进行综合评判。生境适合度指数模型和生境评价程序是生境评价最常用的方法。生境评价研究的尺度大，需要在动物种群分布和生境时空分布格局的基础上进行。运用传统的生境分析方法，难以获得实时定量的生境评价结果。只有发挥3S技术大尺度、动态性的优势，进而利用空缺分析方法（geographic approach to protection of biological diversity, GAP analysis）进行生物因子、非生物因子、人为影响因子的叠加分析，绘制生境适宜性等级分布图，并对照种群或生物多样性分布图，才能掌握保护的薄弱区域，有针对性地提出管理措施。Stephanie等（2002）利用Landset的CORINE土地利用影像，评价了德国及其相邻国家林区猞猁（*Felis lynx lynx*）的生境质量，并在景观尺度上分析了生境的结构和适宜性，以获得潜在优质生境的面积和分布图，掌握这些生境斑块之间的连通性并提出合理的保护管理对策。Pamela等（2006）利用已有的联邦遥感数据，并结合野外调查，对美国特拉华州和宾夕法尼亚州河流沿岸和海滨地区鹗（*Pandion haliaetus*）的营巢生境进行了评价，并探讨了沿河污染物排放对其生境质量的影响。欧阳志云等（2001）通过生境评价程序，对卧龙自然保护区的大熊猫（*Aliuropoda melanolecuca*）生境进行了综合评价。王秀磊（2004）利用遥感信息，在地理信息系统支持下，揭示了20世纪60年代以来普氏原羚（*Procapra przewalskii*）生境的景观格局变化；并采用景观生态学方法分析了普氏原羚生境影响因子的空间分布；在此基础上，进行了生境适宜性评价，对普氏原羚各亚种群的保护和生境恢复提出建议。应用3S技术评价目标物种的生境，是当前研究的一个热点领域。张博（2010）在前人研究的基础之上，选取植被类型、植物盖度、坡度、水源、道路、居民点、放牧点等7个生境因子作为蒙原羚（*Procapra gutturosa*）生境质量的主要影响因子，并建立蒙原羚生境评价体系的单因素评价标准。借助野外调查的数据，建立达赉湖地区遥感图像监督分类模板，完成监督分类，获取该地区植被分类图层，和以归一化指数（NDVI）为量度的植被盖度图层。在构建完达赉湖地区蒙原羚生境适宜度评价的数据库之后，使用ArcMAP软件的Spatial Analysis模块，运用模糊赋值求积法，进行达赉湖地区蒙原羚生境适宜度评价，得到潜在生境和实际生境的生境适宜度等级分布图。在达赉湖地区蒙原羚生境适宜度评价工作的基础之上，对位于达赉湖地区内的蒙原羚保护区，使用FRAGSTATS3.3软件进行景观格局分析。通过比较达赉湖地区蒙原羚实际生境与潜在生境的生境适宜度评价结果，以及蒙原羚保护区内景观格局指数的变化，研究分析了人为干扰因素对蒙原羚生境现状的影响。研究表明人为干扰导致蒙原羚适宜生境破碎化加剧和空间异质性降低。

野生动物生境适宜性评价流程如下：

开展野生动物生境评价，是根据野生动物生境理论和评价方法，以实地调研资料为准，并参考前人野外考察的资料和专家知识，明确野生动物的生境要求并确定限制其行为的因素，此基础上建立单项因素和综合因素的评价准则与模型，从而进行研究区野生动物生境适宜性评价（图1-1）。

在评价过程中，以ArcView、ArcGIS为工具，根据评价准则建立生境适宜度评价模型，进行空间模拟与分析。在建立评价模型时，首先分析单一因素的适宜性特征，然后综合分析坡度、坡向、生境植被类型等自然因素的适宜性分布特征，得到野生动物的潜在生境分布特征；然后分析人类活动影响强度的空间分布特征；综合自然因素及人类活动的影响，得到野生动物实际生境适宜性的空间分布特征。

从影响野生动物生境选择的主要因子的特点来看，利用3S技术进行野生动物生境选择研究时，存在两个难点：① 动物对某一生境喜好的界定，因为喜好和利用是两个不同的概念；② 并非所有影响动物生境选择的生态因子都可以定量描述。

```
                    ┌──────────────────────┐
                    │  野生动物物种的生境要求  │
                    └──────────┬───────────┘
                               ↓
                    ┌──────────────────────┐
                    │  明确限制性或主导性因素  │
                    └──────────┬───────────┘
          ┌────────────────────┼────────────────────┐
          ↓                    ↓                    ↓
┌──────────────────┐ ┌──────────────────┐ ┌──────────────────────┐
│ 非生物环境：地形、海 │ │ 生物因素：植被、食物、│ │ 人类活动：农业、交通建 │
│ 拔、坡度、坡向、水源等│ │ 天敌、竞争物种等   │ │ 设、森林采伐与造林、非 │
│                  │ │                  │ │ 林木产品的采伐       │
└────────┬─────────┘ └────────┬─────────┘ └──────────┬───────────┘
         │                    │                      │
         └────────────────────┼──────────────────────┘
                              ↓
                   ┌──────────────────────┐   ┌──────────────────┐
                   │                      │←──│ 单因素适宜性评价准则 │
                   │  单项因素适宜性分析与评价 │   └──────────────────┘
                   └──────────┬───────────┘
                              ↓              ┌──────────────────────┐
                              │         ←────│ 生境综合适宜性评价准则  │
                              ↓              └──────────────────────┘
                   ┌──────────────────────┐
                   │   生境适宜性综合评价    │
                   └──────────────────────┘
```

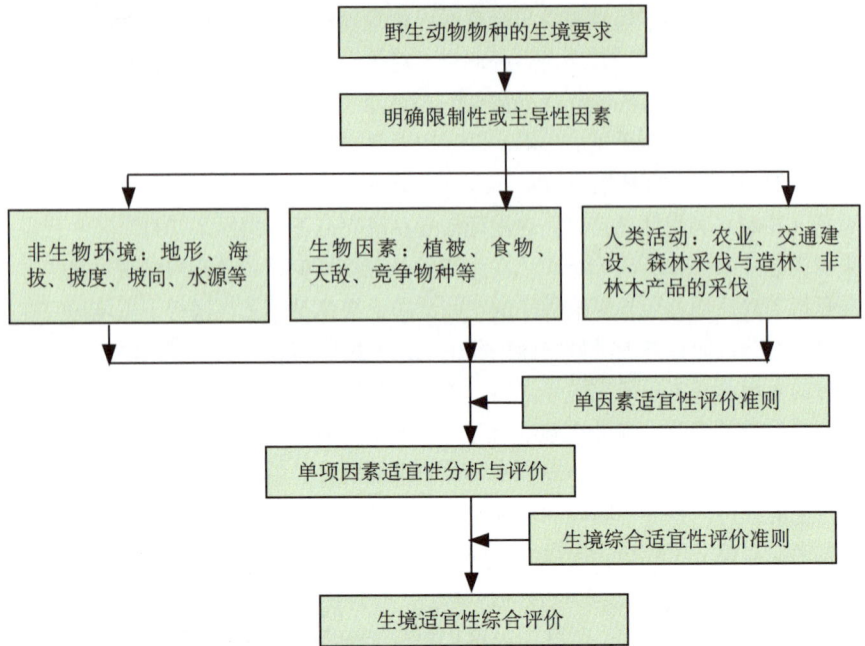

图 1-1 野生动物生境适宜性评价流程图

1.3.4 生境景观格局和破碎化

生境的景观格局是生态系统或系统属性空间变异程度的具体表现，可以反映不同的景观功能和生态过程（肖笃宁等，1997）。生境的景观格局变化会影响野生动物的生境选择、迁移、觅食及繁殖等活动。因此，研究生境景观格局的变化，可以掌握生态系统受干扰程度、生态承载力大小和生境适宜性的变化。生境破碎化是由于人为因素或环境变化导致景观中面积较大的自然栖息地被分隔破碎或生态功能降低。这不仅减少野生动物栖息地面积，同时增加了种群的隔离程度，限制了种群间的个体交换，降低了物种的遗传多样性和种群的生存力（张洪亮，2001；Darren et al., 2008）。传统研究方法获得的数据量小，综合多因子的能力弱，数据更新速度慢，不能直观全面的显示生境景观格局和破碎化状况，不能对野生动物种群之间的动态关系进行模拟和预测，无法开展大尺度、动态性的研究。3S技术具有研究范围大、研究精度高、处理速度快的特点，可以在野生动物生境评价的基础上，绘制出适宜生境和不适宜生境分布图（Liu et al., 2004），进行实时生境景观格局展示；计算各种生境破碎化参数，进行生境破碎化分析；结合生境动态模型和专家系统，可以对生境景观格局和破碎化动态变化进行模拟，探讨生境变化对野生动物种群的影响。陈立顶等（1999）利用3S技术对卧龙自然保护区大熊猫生境破碎化进行了研究，指出最适宜和适宜大熊猫生存的地区处于极度破碎状态，不利于大熊猫的生存和保护。张爽等（2004）借助遥感和地理信息系统软件，对秦岭中段南坡地区3个保护区(佛坪、长青和观音山自然保护区)大熊猫栖息地的景观格局及其与大熊猫活动痕迹密度之间的关系进行了研究，该研究首先绘制了景观类型格局图并进行总体斑块格局分析，其次分别从保护区尺度和1km²尺度分析平均斑块分维数、破碎度指数和香农多样性指数，以进行比较；最后在1km²尺度上统计分析大熊猫活动密度同景观格局指数分布的相关性，研究表明不同的景观格局会影响到大熊猫的活动和生境利用。Gary等（2008）在华盛顿州北部Okanogan-Wenatchee 国家森林采用雪地足迹跟踪法，利用GPS和GIS进行记录和数据处理，研究了加拿大猞猁（*Felis lynx canadensis*）生境破碎化状况和种群动态。结果表明自然（火烧）和人为干扰引起的适宜生境丧失、生境格局改变和景观结构破碎化是影响猞猁种群持续和新种群迁入的最主要因素。

1.3.5 野生动物生境恢复

生境恢复是进行野生动物生境分析和评价的最终目的，也是进行生物多样性保护的途径之一。在野生动物生境现状研究和评价的基础上，以景观生态学理论为指导，将生境中的廊道、斑块与基质的数量和空间格局进行优化设计，为生物多样性保护创造良好条件。3S技术能充分利用多尺度、动态的生境研究结果，分析生境景观格局动态、破碎化状况和各生境因子对动物的影响；可以利用生境评价标准和结果，对生境变化过程进行动态模拟，结合专家分析系统，并基于景观生态学和保护生物学原理，为生境恢复重建提供量化的科学依据；还可以通过模拟程序，进行方法选择，为管理决策提供有力的技术支持；另外，通过3S技术，可以使生境恢复方案定量化、可视化，并可根据实施过程中的具体情况，进行生境恢复方案的适时调整，使规划设计精确可靠，并在一定程度上，预测生境恢复的结果。Patricia等（2004）利用农业—自然资源保护部1982~1990年土地调查数据、图件和无线电跟踪技术，研究了美国得克萨斯州南部虎猫（*Leopardus pardalis*）的生境利用状况，指出特定的土壤类型和>95%的植被盖度是虎猫生境利用中的重要条件，并据此绘制了潜在的优质生境分布图。3S技术在开展当地虎猫生境恢复中得到充分应用，为管理者提供了生境恢复工程实施的备选区域。Wang等（2008）利用遥感影像和分布区专项考察资料，研究了中国云南喜马拉雅山区9种雉类的生境退化和保护现状。他们分析了包括地理分布、海拔区间、植被盖度和标准化植被差异指数（NDVI）在内的多个影响雉类鸟分布的重要生境因子，预测了各物种的理想生境分布。并与20世纪50年代后期的生境状况对比，分析了近半个世纪来的生境退化程度。通过GAP分析找到这些濒危物种保护的薄弱环节，探讨生境恢复的策略，指出应该尽快在保护空缺地区建立保护区，调整现有保护区功能区划和保护对策，还提出了具体的生境恢复策略。

1.4 结语

野生动物生境研究是野生动物保护研究的重要组成部分。随着人们对野生动物生境认识加深，生境研究也不断深入。将3S技术应用于野生动物生境研究，拓展了生境研究的时空尺度范围和深度，促进了生境研究的定量化和决策化，是野生动物生境研究的发展趋势。随着3S技术集成化，数据和技术规范化，资源共享普及化，动态分析和决策功能智能化程度的提高，它必将在生物多样性研究和保护中发挥不可替代的作用。

参考文献

陈利顶, 刘雪华, 傅伯杰. 1999. 卧龙自然保护区大熊猫生境破碎化研究. 生态学报 19(3): 291-297.

丛璐璐. 2010. 内蒙古达赉湖地区鸿雁(*Anser cygnoides*)巢址选择研究. 哈尔滨: 东北林业大学硕士毕业论文.

丁伟, 杨士剑, 刘泽华. 2003. 生境破碎化对黑白仰鼻猴种群数量的影响. 人类学学报 22(4): 338-345.

刘丙万, 蒋志刚. 2002a. 普氏原羚的采食对策. 动物学报 48(3): 19-25.

刘丙万, 蒋志刚. 2002b. 普氏原羚生境选择的数量化分析. 兽类学报 22(1): 15-21.

罗振华, 刘丙万, 刘松涛. 2008. 内蒙古达赉湖地区蒙原羚春季生境选择研究. 兽类学报 28(4): 342-352.

欧阳志云, 刘建国, 肖寒, 谭迎春, 张和民. 2001. 卧龙自然保护区大熊猫生境评价. 生态学报 21(11): 1869-1874.

宋延龄, 杨亲二, 黄永青. 1998. 物种多样性研究与保护. 杭州: 浙江科学技术出版社, 168-180.

王秀磊. 2004. 普氏原羚生境的景观动态与适宜性评价研究. 北京: 中国林业科学研究院硕士毕业论文.

肖笃宁, 布仁仓, 李秀珍. 1997. 生态空间理论与景观异质性. 生态学报 17(5): 453-461.

颜忠诚, 陈永林. 1998. 动物的生境选择. 生态学杂志 17(2): 43-49.

张博. 2010. 达赉湖地区蒙原羚适宜度评价研究. 哈尔滨: 东北林业大学

张洪亮. 2001. 应用GIS技术进行野生动物生境研究概况及展望. 生态学杂志 20(3): 52-55.

张爽, 刘雪华, 靳强, 李纪宏, 金学林, 魏辅文. 2004. 秦岭中段南坡景观格局与大熊猫栖息地的关系. 生态学报 24(9): 1950-1957.

张正旺, 梁伟, 盛刚. 1994. 斑翅山鹑巢址选择的研究. 动物学研究 15(4): 37-43.

Adams CC. 1908. The ecological succession of birds. Auk 25(5): 109-153.

Craig AF, Nova JS, Roel RL, David HL, Philip AF, Markus J. 2008. Diurnal habitat use by Lower Keys Marsh rabbits. Journal of Wildlife Management 72(5): 1151-1167.

Darren MS, Alex ML, Terry C, Brendan AW. 2008. The sensitivity of population viability analysis to uncertainty about habitat requirements: implications for the management of the endangered Southern Brown Bandicoot. Conservation Biology 22(4): 1045-1054.

David JF, Stanley AT, Robert NR. 2008. Effects of forest edges on Ovenbird demography in a managed forest landscape. Conservation Biology 15(1): 173-183.

David RB, Vickie LL, Brean WD, Rebecca BS, Donna MO, Michael FG. 1995. Landscape patterns of Florida Scrub Jay habitat use and demographic success. Conservation Biology 9(6): 1442-1453.

Davis LS, Delain LI. 1986. Linking wildlife habitat analysis to forest planning with Ecosym. In: Venner J, Morrison ML, Ralpg CJ ed. Wildlife Madison. Wisconsin: University of Wisconsin Press, 361-370.

Gary MK, Benjamin TM, Jeff AVK, Keith BA, Robert BW, Robert HN. 2008. Habitat fragmentation and the persistence of Lynx populations in Washington State. Journal of

Wildlife Management 72(7): 1518-1524.

Grinnell J. 1917. Filed tests of theories concerning distributional contral. American Naturalist 51(9): 115-128.

Hilden. 1965. Habitat selection in birds: A review. Annales Zoologici Fennici 2: 53-75.

Hooker SK. 1999. Marine protected area design and the spatial and temporal distribution of cetaceans in a submarine canyon. Conservation Biology 13(3): 592-602.

José LT, Manuela GF, Fernando H, José AD. 1998. Conflicts between Lesser Kestrel conservation and European agricultural policies as identified by habitat use analyses. Conservation Biology 12(3): 593-604.

Lack D. 1933. Habitat selection in birds with special reference to the effects of afforestation on the Breckland avifauna. Animal Ecology 2: 239-242.

Lancia RA. 1986. Temporal and spatial aspects of species habitat models. In: Venner J, Morrison ML, Ralpg CJ ed. Wildlife 2000. Madison, Wisconsin: University of Wisconsin Press, 177-182.

Lian L, West E. 1997. GIS modeling of Elk calving habitat in a prairie environment with statistics. Photogrammetric Engineering and Remote Sensing 63(2): 161-167.

Liu X, Toxopeus AG, Skidmore AK, Shao X, Dang D, Wang T, Prins HHT. 2005. Giant panda habitat selection in Foping nature reserve, China. Journal of Wildlife Management 68 4: 1623-1632.

Liu XH. 2001. Mapping and Modelling the habitat of Giant Pandas in Foping Nature Reserve, China. ISBN 90-5808-496-5. Printer: Febodruk BV, Enschede, The Netherlands.

Liu XH, Bronsveld MC, Skidmore AK, Wang TJ, Dang GD, Yong YG. 2004. Mapping habitat suitability for giant pandas in Foping Nature Reserve, China. In: Lindburg D, Baragona K. ed. Giant Pandas – Biology and Conservation. London: University of California Press, 176-186.

Liu XH, Bronsveld MC, Toxopeus AG, Kreijns MS. 1997. GIS application in research of wildlife habitat change – a case study of the Giant Panda in Wolong Nature Reserve. The Journal of Chinese Geography 74: 51-60.

Lyon JG. 1987. Spatial data for modeling wildlife habitat. Journal of Surveying Engineering 113(2): 8-100.

Merrian CH. 1890. Results of a biological survey of the San Francisco Mountains region and deserts of the Little Colaroda Rever in Arizona. USDA Bureau of Biology, Survey of American Fauna 3(2): 1132

Pamela CT, Mary CC, Barnett AR, Mary AO. 2006. Evaluation of Osprey habitat suitability and interaction with contaminant exposure. Journal of Wildlife Management 70(4): 977-988.

Patricia MH, Michael ET, Gerald LA, Linda LL. 2004. Habitat use by ocelots in south Texas: implications for restoration. Wildlife Society Bulletin 32(3): 948-954.

Scardson G. 1949. Competition and habitat selection in birds. Oikos 1: 157-174.

Stephanie S, Felix K, Petra K, Eloy R, Thorsten W, Ludwig T. 2002. Rule-based assessment of suitable habitat and patch connectivity for the Eurasian Lynx. Ecological Applications 12(5): 1469-1483.

Wang W, Ren G, He Y, Zhu J. 2008. Habitat degradation and conservation status assessment of Gallinaceous birds in the Trans-Himalayas, China. Journal of Wildlife Management 72(6): 1335-1341.

作者简介

刘丙万 博士，东北林业大学副教授，承担本科生《地理信息系统》、《3S技术》、《景观生态学》、《生物地理学》、《野生动物研究方法》、《动物生态学》、《野生动物行为学》、《野生动物生态与管理》、《自然地理学》、《生态学原理》、《野生动物管理学》、《保护生物学》和研究生《3S技术在野生动物研究中的应用》、《野生动植物生境分析与评价》、《GIS在区域旅游规划中的应用》、《野生动物行为学》等教学任务。在教学中，注重知识体系的完整性，利用多种教学手段开展教学工作。注重教学研究，主持和完成新世纪高等教育教改工程项目"野生动物与自然保护区专业学生创新能力培养的研究与实践"1项。

（其他介绍见P247）

Email：liubw1@sina.com

刘雪华 博士，清华大学环境学院，副教授。

（其他介绍见P43和P234）

Email：xuehua—hjx@tsinghua.edu.cn

应用篇

第2章

应用专家系统和神经网络集成方法评价大熊猫生境

刘雪华

2.1 大熊猫介绍

大熊猫（*Ailuropoda melanoleuca*）（图2-1）是中国的国宝，已经成为中国的一个象征。大熊猫被称为"活化石"，是因为它是很久以前灭绝的一族动物中仍然存活的成员。大熊猫在自然界中是一个喜独居动物，在野外的多数时间回避与家族中其他成员个体直接接触。

大熊猫的分类地位迄今仍存在争议。它与熊家族很接近，但没有冬眠。缺乏冬眠的原因一是它的自然食物缺乏足够的热量和蛋白，从而不能使它积存足够的脂肪而维持一个漫长的冬眠期；原因二是大熊猫栖息在一个整年度食物资源都非常丰富的生境中。

野生大熊猫6岁左右时达到性成熟，在晚春和夏初时进入交配期。交配后，雌雄个体各自分开，雌性个体怀孕5个月时间，通常一胎只分娩一只幼仔，即使出现同时生产2只的情况，也只有一只幼仔会得到雌体大熊猫的抚养而自然存活下来。大熊猫的野外存活寿命有不同的报道，但野外平均寿命是10~15年，但也有个别能存活25年。

2.1.1 大熊猫的食物

大熊猫原本有很广的食物结构，这与大熊猫曾经分布范围广大有关（朱靖和龙志，1983）。历史记录中大熊猫有50多种自然食物，然而现生大熊猫已经转变为植食性动物，几乎较绝对的只采食竹子。在大熊猫的分布区中大概生长

图 2-1 陕西佛坪保护区的野生大熊猫（母熊猫和幼仔）（雍严格摄于 2006 年）

有15种不同的竹子，食物丰富。虽然大熊猫也吃一些其他植物，但食物中99%是竹叶、竹茎、竹笋、竹根等。野生果实也是大熊猫喜爱的食物，大熊猫还吃龙胆属植物Gentians、鸢尾属植物Irises、藏红花植物Crocuses，偶尔也吃竹鼠、鱼。在圈养条件下，大熊猫喜欢切碎的食物，如香蕉、梨和苹果等，在卧龙自然保护区的大熊猫保护研究中心，大熊猫还被提供牛奶和火腿。

大熊猫为了获得足够的营养以维持生存，每天要花10~16小时吃食物，消耗10~18kg的竹叶和竹茎。大熊猫的漫游行走几乎都是为了获取食物，每天要行走8~9km。它们在吃食和行走过程中排便，这也是为什么大熊猫不冬眠的原因。根据魏辅文和胡锦矗（1994），竹子开花降低了大熊猫的环境承载容量。如1983年的竹子开花，卧龙五一棚对于大熊猫的环境承载容量由62只降低到50只，当时5年内的年下降率是4.21%。21世纪的第一个10年里，在四川、甘肃、陕西的大熊猫分布区的许多地方又开始了较大面积的竹子开花，我们关注竹子开花动态，采取措施使大熊猫环境承载容量的下降速度减慢。

2.1.2 大熊猫种群、生境及其分布

针对大熊猫种群数量有不同的估计。De Wulf et al.（1988）写道，1975年时野外存活的大熊猫有1200只左右，但当时的几次调查表明数量进一步减少。1974~1976年 和1983年几种竹子在岷山和邛崃山大面积开花和随后死亡导致大熊猫种群数量下降，据WWF1980~1981的年度报告（1981），20世纪70年代中

期至少有140只大熊猫死于由竹子开花死亡而引发的饥饿。Lu（1993）提到大多数文献报道大熊猫在野外的种群数量约为1000只，而其他一些人则认为仅西南四川就生活着1000只左右大熊猫个体。潘文石（1995）报道中国还活有1200只大熊猫，约有230只生活在秦岭山。

中国政府分别于20世纪70年代、80年代及90年代末至21世纪初对大熊猫的种群数量和栖息地进行了3次全国调查，得到的大熊猫种群数量列于表2-1。

由于地理屏障和人为入侵活动所阻隔，大熊猫被分隔为几十个小种群。据报道，大熊猫有35个被隔离的种群，而每个种群的个体数都小于20只。范志勇（1994）进一步阐述到，其中一些小种群只有3到5只个体，这表明小种群里将发生近亲交配，并将阻碍个体间或小种群间的基因交流，从而使大熊猫种群的质量下降，最终加速大熊猫的灭绝。关于大熊猫种群的未来命运，动物学家也持有不同观点，一部分认为该物种正处在灭绝的边缘线上，种群数量正在减少。而另外一些学者则认为没有足够的基础确认该物种正走向灭绝。Schaller et al.（1985，1987）及其多数学者都认为大熊猫生境的破碎化和种群的隔离及变小将是大熊猫生存的一个长期威胁因素，会导致小种群中大熊猫近亲繁殖，从而降低繁殖率，生产力和幼仔的存活率，且对野外大熊猫的最直接威胁是人类的偷猎和生境破坏。

大熊猫的自然栖息地现仅存于我国的四川、甘肃和陕西三省的六大山系：从南到北分别为凉山、大相岭、小相岭、邛崃、岷山和秦岭。总面积从20世纪70年代第一次全国大熊猫调查，到80年代第二次全国大熊猫调查，再到2000年前后的第三次全国大熊猫调查一直在变化着（表2-2）。图2-2是大熊猫及其栖息地在中国的地理分布范围，包括实际占有栖息地和潜在栖息地，前者指有大熊猫分布的栖息地，后者指暂无大熊猫分布的栖息地，但环境特征及其条件都能够让大熊猫存活。潜在栖息地很重要，是连接大熊猫实际占有栖息地的重要区域，也是大熊猫种群扩散的备用栖息地。

表2-1 我国三次大熊猫全国调查得到的野生种群数量（源于全国第三次大熊猫调查）

时间 \ 山系	20世纪70年代第一次全国大熊猫调查*	20世纪80年代第二次全国大熊猫调查	20世纪90年代末~21世纪初第三次全国大熊猫调查
秦岭		109	275
岷山		581	708
邛崃		233	437
大相岭		20	29
小相岭		16	32
凉山		155	115
大熊猫种群数量总数	2459（不含幼体数）	1114（不含幼体数）	1596（不含幼体数）

*全国第一次大熊猫调查各山系的数据无资料

表 2-2 三次全国大熊猫调查获得的栖息地面积

	第一次调查			第二次调查			第三次调查		
	四川	甘肃	陕西	四川	甘肃	陕西	四川	甘肃	陕西
栖息地面积（km²）	31500	2347	664	13824	1132	1204	26674	2390	5811
所涉及的行政县（个）	35	3	5	28	1	5	34	4	11
栖息地总面积（km²）	34511			16160			34875		

注：表中三次全国大熊猫调查中的栖息地面积为"实际占有栖息地＋潜在栖息地"

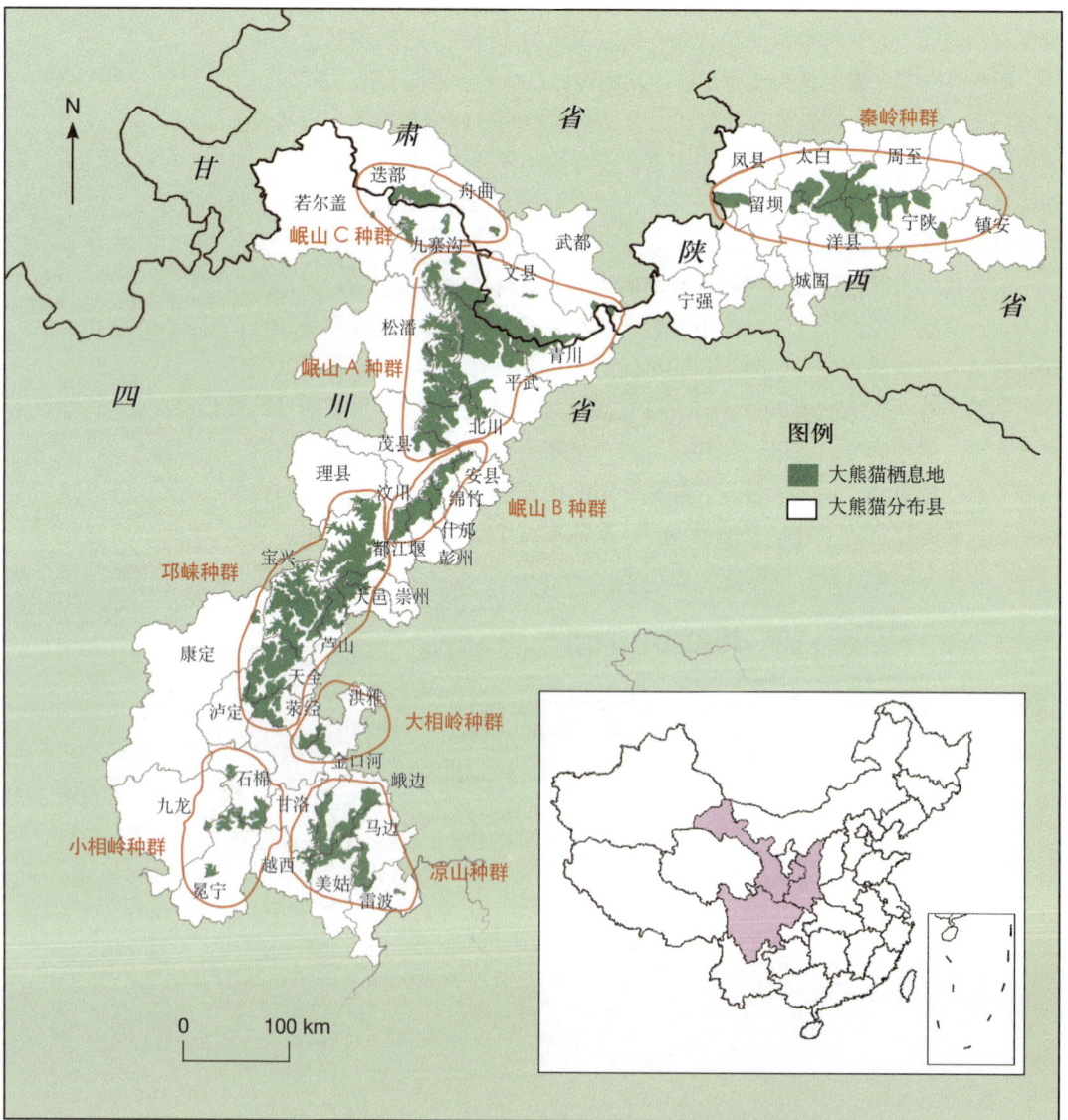

图 2-2 大熊猫及其栖息地的地理分布（仿刘雪华，2006）

2.1.3 大熊猫及其生境的保护状态

大熊猫继续生存的其中一个重要环节是高质量自然生境的存在。从上个世纪起，特别是近20多年来，我国政府主管部门采取了各种有力措施，借以加强大熊猫的保护工作（冯祚建，2006）。实践证明，建立自然保护区是保护野生动物最有效的措施，到2007年年初，我国已建立大熊猫保护区59个（赵学敏，2007）。使超过50%的大熊猫栖息地和超过60%的大熊猫种群纳入了保护区的管护之下（刘德望，2006）。表2-3显示了自20世纪60年代到2007年的大熊猫保护区数量及面积增长情况。

2.1.4 大熊猫生境的国内外相关研究

（1）生境类型、空间格局及适宜性评价研究

以有效方式获得大熊猫生境信息是当前一个值得关注的研究领域，遥感和GIS是非常有效的技术，很多学者已应用GIS进行大熊猫生境研究。任国业等（1993）应用地理信息系统调查与管理大熊猫主食竹资源。刘雪华等（1997）利用GIS研究了卧龙的大熊猫生境变化，分析了卧龙大熊猫潜在生境和人为活动的关系；建立了卧龙的数字高程模型并应用于卧龙大熊猫潜在生境适宜性评价（刘雪华，1998）。陈利顶等（1999）利用GIS技术分析了卧龙自然保护区的生境景观的格局，对卧龙大熊猫生境的破碎化进行研究，为加强管理提供了依据。欧阳志云和刘建国（2001）利用GIS对卧龙的大熊猫生境做了进一步评价。李军峰等（2005）在GIS技术支持下，对秦岭地区大熊猫栖息地质量因子开展了研究。Feng et al.（2009）利用GIS技术评价了秦岭大熊猫的核心栖息地。

遥感技术在大熊猫的生境制图和评价中应用也正在推广深化。崔海亭和张妙弟（1990）早在90年代初始就利用遥感影像对秦岭兴隆岭大熊猫生境进行了解译；同年，李芝喜（1990）也利用遥感对大熊猫的生活环境开展了研究。为避免单纯利用传统的光谱信息进行遥感分类而不能避免山区阴影导致误分类的情况，Liu（2001）将人工智能系统引入制图并应用到野生动物生境评价中，创建了一个集成的专家系统和神经网络分类器，并绘制和评价了复杂的大

表 2-3 大熊猫的自然保护区数量的年代变化

年代	大熊猫自然保护区数量	面积（hm²）
20世纪60年代	5	328263
20世纪70年代	13	805094
20世纪80年代	15	916538
20世纪90年代	33	1860169
2000~2002	40	2175780
2002~2007	59[a]	3000000

a 《大熊猫研究进展》（赵学敏，2007），其余数据来自于《全国第三次大熊猫调查报告》（国家林业局，2006）

熊猫生境。该方法的应用目的是有效地综合利用TM遥感数据、GIS数据（包括数字高程模型、坡度模型及坡向模型），地面调查数据（包括样方调查数据和无线电追踪数据），以及专家知识，最终高精度地绘制大熊猫生境图并提取生境信息，本章节后面的内容就是关于这部分的研究。Liu et al. (2001) 通过解译卧龙的遥感影像，配合地面调查，对卧龙的生境变迁进行了研究。徐卫华等（2006a, 2006b）基于遥感分别对大相岭和秦岭的大熊猫生境进行了整体评价。Wang et al. (2009) 利用冬季获取的遥感影像对佛坪的冬季巴山木竹林分布进行了判读，为确定佛坪大熊猫的冬季食物分布地奠定了基础。

（2）生境选择利用研究

大熊猫生境选择利用研究已有很多，但部分研究是没有利用GIS和遥感的，如胡锦矗等（1985），潘文石等（1988, 2001），任毅等（1998, 2002），杨兴中等（1998）。利用GIS进行生境选择利用研究是近十多年来发展起来的，Liu et al. (2005) 利用GIS技术提取了佛坪的大熊猫无线电颈圈定位数据的生境类型，进而分析了大熊猫的生境选择利用情况。Liu et al. (2002) 通过GIS技术的应用对历时5年（1991~1995年）获得的6只大熊猫的无线电颈圈定位数据对佛坪自然保护区的大熊猫季节性迁移行为进行了透彻分析；还对卧龙历时3年（1981~1983年）获得的6只大熊猫（3只♀，3只♂）的无线电颈圈定位数据进行了大熊猫移动行为分析（刘雪华等，2008）。这些研究在原来数据基础之上，利用GIS进一步对该区域内大熊猫的垂直移动和水平移动规律进行研究，更详细地揭示了大熊猫的移动行为和生境利用特征。利用GIS有针对性地研究大熊猫分布密集区的生境特征和大熊猫的生境喜好也不多见，刘雪华和金学林（2008）选择秦岭南坡的佛坪和长青两个自然保护区进行大熊猫密集分布区生境特征分析，并与大熊猫对密集区生境条件的选择进行分析比较，旨在探索大熊猫所喜好的特有生境条件，为寻找大熊猫潜在生境提供科学依据。

（3）生境管理研究

大熊猫现今只分布在中国的六大山系，其森林生境随着时间的推移已大量减少并破碎化。为有效保护大熊猫，清楚大熊猫当前的生境状况及其变化是非常重要的。De Wulf 等（1988）强调说：从长远看，建立大熊猫的数字化生境数据库和生境监测系统将能为有效保护管理大熊猫及其生境提供有利工具。陈立顶等（2000）利用GIS技术对卧龙的大熊猫生境景观结构进行设计，并探讨了与大熊猫保护的关系。金学林等（2003）对大熊猫保护管理GIS 方案进行了设计研究。李纪宏和刘雪华（2006），Liu & Li (2008)利用RS/GIS技术对陕西老县城大熊猫自然保护区进行了功能分区研究，目的在于建立一套科学客观的大熊猫保护区功能分区方法。Xu et al. (2006) 在遥感和GIS的基础上设计了邛崃山系大熊猫栖息地的保护计划。何祥博等（2008）对佛坪自然保护区利用GIS进行保护区的多方面管理进行了分析讨论，并提出了存在的问题。所有这些都将为大熊猫栖息地的科学管理提供支撑。

2.2 大熊猫的生境需求

现今大熊猫的栖息地分布在六大山系海拔适中的地方，其环境特征是山地环境、雨量充沛、寒冷潮湿，林冠层生长着针叶林、阔叶林或针阔叶混交林，林下长有大熊猫喜食的不同竹种，山体常缭绕着云雾（Reid et al., 1991；Taylor & Qin, 1989）。大熊猫一生以竹子为主食，自由自在地漫游在森林竹海之中。对于大熊猫的栖息地，可以归纳5个主要条件：栖息地面积足够大、竹子食物充足，水源距离适中，繁殖场所存在，人为干扰少或无。而关键条件可被归纳为3个：竹子、水和产崽巢穴。

四川岷山、邛崃山和大小凉山，甘肃岷山以及陕西秦岭（图2-3）等山系的中山地带，为大熊猫提供了最佳的湿润气候和丰富食物资源。在一定的海拔范围内分布着常绿落叶阔叶混交林、针阔叶混交林、针叶林，该地带由于土壤肥沃，雨量充沛，适合竹子的生长。然而，大熊猫只生活在有桦树、枫树、铁杉、冷杉、云杉以及竹子分布的区域。刘雪华（2006）总结概括了六大山系的大熊猫栖息地特征。

2.3 生境评价区域：陕西佛坪国家级自然保护区

陕西佛坪国家级自然保护区，1978年经国务院批准建立，是直属于国家林业局的以保护大熊猫及其栖息地为主的森林和野生动物类型国家级自然保护区，位于陕西省佛坪县西北部（图2-4），地理位置为107°41′~107°5′E，33°33′~33°46′N，总面积29240hm^2。其中，核心区面积10326hm^2，缓冲区面积为1141hm^2，实验区面积13773hm^2。保护区东至陕西省观音山林业局，西连陕西长青自然保护区，西北接陕西省太白林业局，北与陕西周至自然保护区及老县城自然保护区接壤，南与佛坪县岳坝乡相连。区内地形呈"M"形（图2-4），西北高而东南低，最高点鲁班峰海拔2904m，最低点大古坪泡桐沟海拔920m，相对高差1984m。

图 2-3 秦岭大熊猫的秋-冬-春栖息地（左，以巴山木竹 *Bashania fargesii* 为主）和夏季栖息地（右，以秦岭箭竹 *Fargesia qinlingensis* 为主）（刘雪华 摄于 *2000* 年 *8* 月）

本区受东西走向的秦岭山脉的自然地理屏障作用，阻挡了北方来的寒冷空气，成为大熊猫的最北避难所。又由于汉江河谷暖温气候的滋养，气候温和湿润，雨量充沛，夏无酷暑，冬无严寒，属于亚热带季风性湿润气候。年平均气温11.5℃，极端高温37℃，极端低温-12.9℃。年降水量950~1200mm，多集中在7、8、9月。每年日照时数高于1724小时，降雪始于10月，终于翌年4月末。植物生长期在140~160天之间（Gustafson et al., 1994）。

本区的植被呈现多样性的特点和垂直分布的规律，由低至高依次分布有落叶阔叶林（1000~2400m，占全区的50%以上）、针阔混交林（1700~2800m）、亚高山针叶林（2400~2900m）和高山灌丛和草甸（2800m以上）。该保护区为暖湿带和北亚热带两个类型植物区系的接壤地带，区内有高等植物1582种，其中国家二级保护植物11种，三级保护植物13种。陆生脊椎动物309种，其中国家一级重点保护野生动物6种，二级38种。保护区内自然植被生长完好（任毅等，1998），林下分布着两种不同的大熊猫喜食竹种：巴山木竹和秦岭箭竹（潘文石等，1988，田星群，1989和1990，雍严格等，1994，Liu et al., 2005），生长良好、储量丰富，成为秦岭大熊猫取之不尽的食物资源。

1500m以下为中山的陡坡峡谷，人为活动密集，而1500~2000m则为中山的缓坡宽谷和平坦山脊区域，2000m以上是中山的陡坡和宽阔山头区域。保护区内主要有四条水系，流经全区，为西河、东河、金水河和龙潭子河，均由北向南流（潘文石等，1988，田星群，1989，1990，雍严格等，1994，Liu et al., 2005）。保护区的试验区内还有一个自然村。

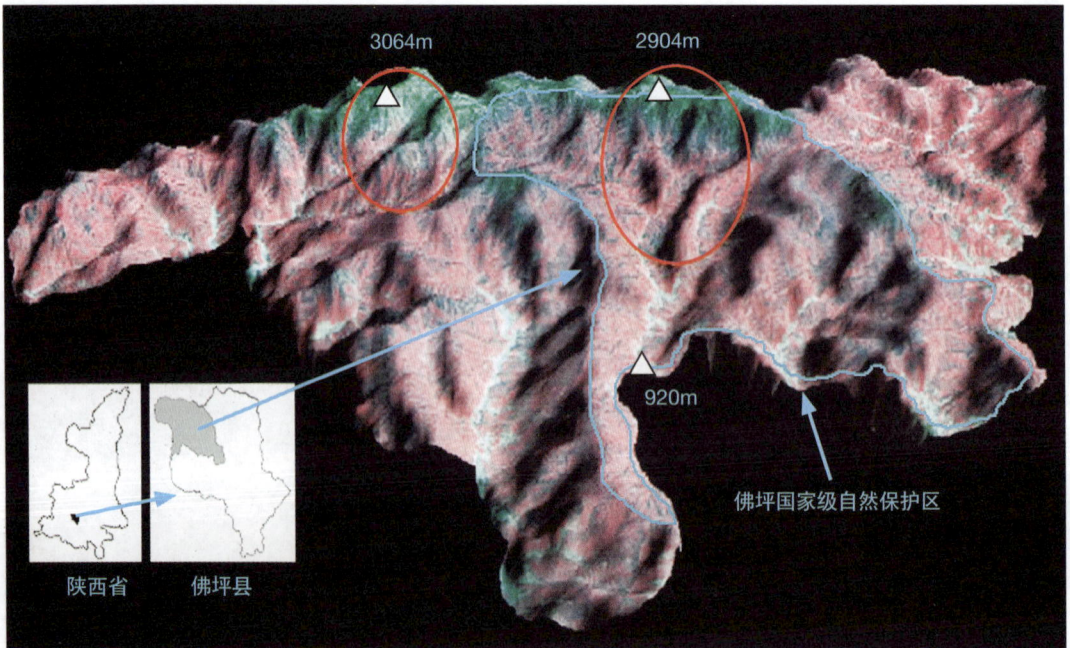

图 2-4 佛坪自然保护区地理位置和地形地势（TM 遥感影像 +DEM 三维显示），左侧为长青自然保护区，右侧为观音山自然保护区，红圈范围为大熊猫最密集区。

2.4 生境评价方法

2.4.1 分类方法描述

图2-5显示了本研究的生境制图方法——集成的专家系统和神经网络方法（ESNNC）。前提假设是遥感影像能够反映土地覆被状况，野外具有生境参数测定和观测信息的样方能够反映生境条件（Doering & Armijo, 1986）。为了比较ESNNC制图的精确度，本研究还同时应用了3种单一制图方法：反向传播神经网络方法（BPNNC）、规则基础上的专家系统方法（ESC）、传统的最大似然法（MLC）。

MLC是常用的参数方法，其假设前提是数据呈现多个正态分布。具备了统计参数就可以计算"马哈拉诺贝斯距离"，该距离可以表达为一个给定像素属于某个特定类别的可能性。MLC的决策规则是：如果一个像元距离某一类别平均值的"马哈拉诺贝斯距离"最短，则将该像元划分到那个类别。该算法需要考虑所有训练样点构成的空间形状、大小和方向。如果各个类别训练样点在其特征空间呈现正态分布，那分类结果出错的可能性最小，这种情况下MLC是最佳选择（刘雪华, 2006；任国业等, 1993）。然而，各个类别的训练样点在特征空间有时并不呈现正态分布。该方法依赖于样点数据。

ESC法通常也被看作知识库系统，它与后面叙述的神经网络系统方法都已经在影像理解过程中被用来综合各种GIS信息（Scepan et al., 1987）。专家

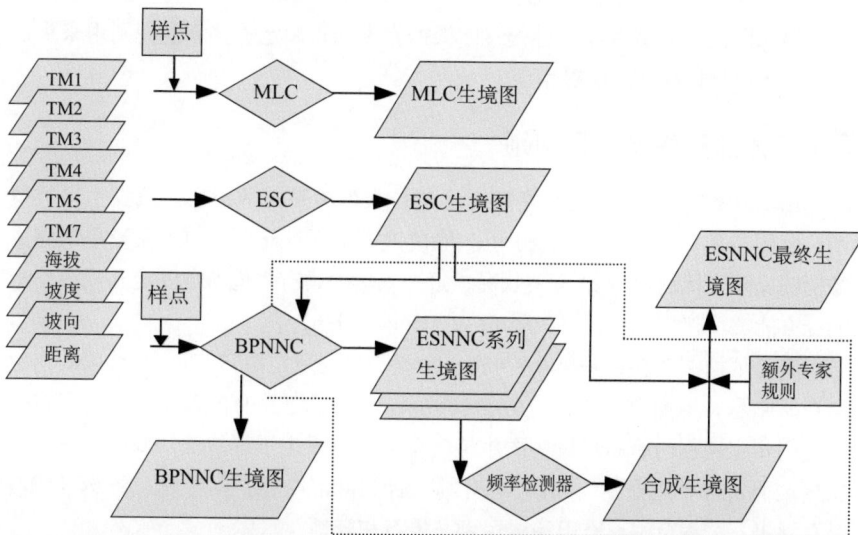

图2-5 方法流程图 用于绘制大熊猫生境图的集成专家系统和神经网络分类器（ESNNC）

输入数据TM1~TM5和TM7代表TM影像的波段1~5和7数据； 输入数据"距离"指的是与人为活动区的距离；"MLC"、"ESC"和"BPNNC"分别代表最大似然分类法、专家系统分类法和反向传播神经网络分类法。

系统结构变化多端，但它们均有两个特征组成（Feng et al., 2009; Prasad et al., 1991）："知识库"和"推理器"。前者用来储存专家知识和规则，后者用来处理整个系统。当然还有另外两个也很重要的成分："知识获取模块"和"解释界面"。这里的推理器是以规则为基础的模型，通过贝叶斯概率论进行推理（Prasad et al., 1991）。该方法是建立在推理基础之上，而非样点数据，故不依赖于样点数据，且是非参数方法。

BPNNC法通过对训练样点的学习来分辨光谱特征，而不依赖于训练样点的统计特征，是非参数方法。它们通常由3~4层节点、一层输入层、一或多层中间隐蔽层和一层输出层构成。分类中包含两个阶段：训练阶段和分类阶段。训练过程中，神经网络的输出结果和目标结果之间的"错误"通过不断调整整个系统中的所有权重而减小，直至"错误"减小到预先定义的阈值之下。训练一旦结束，神经网络系统那一时刻的所有权重和参数就被用来进行分类，计算出各个像元的结果并确定像元的类型。神经网络方法因为要从样点数据学习，故依赖于样点数据提供信息的准确性。

ESNNC法是本研究的新创方法，将上述ESC法和BPNNC法集成为一体，主体是神经网络系统，专家系统的结果含有非常有用的信息，被作为一层新的数据层输入神经网络系统，然后通过样点数据训练整个系统以达到目标结果。这一过程为ESNNC的第一阶段，其原理是神经网络对于输入数据的微小变化很敏感，故建立在专家知识基础上的结果给神经网络系统带来了新的信息。考虑到系统的敏感性，在整体样方数据中利用分层随机采样采取一定训练样点，故每次训练样点均不一样，分类结果也不一样。利用一个"吻合频率检测程序"对所有分类结果进行像元基础上的比较，将出现频率最高的类型值赋予该像元。第二阶段为分类后处理过程，即根据专家知识制定一些新的规则用来更正分类结果中仍然存在的明显错误。

2.4.2 大熊猫生境类型判别

图2-5中的生境图在此专指以土地覆被类型为基础的潜在大熊猫生境类型图，制图主要基于160个土地利用/土地覆被类型调查样点。前提假设是遥感影像能够反映土地利用/土地覆被状况，野外采集的具有生境参数测定和观测信息的样方能够反映生境条件（Doering & Armijo, 1986）。

野外地面调查在1999年7~8月进行，是为了与所用的1997年7月获取的遥感影像所吻合，地面调查总样点数为160个，记录了地面的生境类型。为了在一定时间一定路程内跨越尽量多的生境类型，调查采用了样线法。我们将研究区域内地面覆被类型概括为8种：针叶林、针阔叶混交林、阔叶林、竹丛（或与灌草混生）、灌草地、农田和居民点、岩石和裸地、水体。

分类中，50个样点首先从160个总样点中被随机采出，留用作独立的检测样点。生境制图利用了9个数据输入层，包括遥感数据（TM1-5，TM7）和地形数据（海拔、坡度、坡向）。专家系统的专家知识是根据野外调查及经验给出的。

2.4.3 大熊猫生境适宜性评价

图2-5中的生境图在此指大熊猫生境适宜性评价图，制图不仅基于野外调查样点（含有大熊猫痕迹数据），还基于无线电颈圈跟踪数据。前提假设是熊猫痕迹（如粪便、采食）多的区域及有卧穴的区域是熊猫的适宜生境，具有熊猫满意的环境条件。无线电颈圈跟踪数据能够很好反应大熊猫对生境的选择。

绘制生境适宜性图时总共用到了1585个样点，其中包括160个野外调查样点及其1425个无重叠的无线电颈圈跟踪定位点。1585个样点的适宜性类别是根据表2-4中的指标定义的，此研究中将生境分成8个适宜性等级：最适宜冬季生境、适宜冬季生境、最适宜夏季生境、适宜夏季生境、冬夏季生境过渡带、勉强生境、不适宜生境、水体。

分类中，700个样点首先从1585个总样点中被随机采出，留用作独立的检测样点。该生境制图利用了10个数据输入层，包括遥感数据（TM1-5，TM7）、地形数据（海拔、坡度、坡向）和人为活动数据（离人为活动区的距离）。专家系统的专家知识是根据野外调查及经验给出的。

表2-4 定义绘制生境适宜性图所用样点的适宜类型的指标

指标 ＼ 适宜性[a]		vsw	sw	tr	vss	ss	ms	us	war
海拔（m）		≤ 1949		1949～2158	≥ 2158				
大熊猫痕迹		多	存在		多	存在			
坡度（°）		≤ 35	≤ 35		≤ 35	≤35	> 35		
土地利用/土地覆被为基础的生境类型								fas[b] rab shgr	war
离夏季活动范围中心的距离[c]（m）					≤1000	>1000			
离冬季活动范围中心的距离[c]（m）	005 & 043 [d]	≤1500	>1500						
	127 & 065	≤1300	>1300						
	045 & 083	≤1000	>1000						
离交配活动范围中心的距离（m）	043	≤500	>500						
	045	≤1000	>1000						

a　"vsw, sw, vss, ss, tr, ms, us, war"分别代表8个生境适宜性类型：最适宜冬季生境，适宜冬季生境，最适宜夏季生境，适宜夏季生境，冬夏季生境过渡带，勉强生境，不适宜生境，水体。

b　"fas, rab, shgr, war"分别代表4个生境类型：农田和居民点，岩石和裸地，灌草地，水体。

c　具体描述见(Liu, 2001)。

d　005，043，127，065，045，083,是6只大熊猫在无线电颈圈跟踪时的编号。

2.5 生境评价结果及分析

图2-6a显示的是由ESNNC绘制的以土地利用/土地覆被为基础的大熊猫生境类型图及其可得性分析。生境类型在空间及数量上的分布表明：针阔混交林和阔叶林一起覆盖了保护区近乎91%的面积，而北部和西北部山脊的高海拔针叶林和秦岭箭竹一起只占保护区面积的6%，这97%的生境构成了佛坪保护区大熊猫的家园。灌草丛及岩石裸地总百分比只有2.5%，一部分分布在高山，一部分分布在河谷，分布在河谷的灌草地及裸地多数情况下是因为人为活动干扰后形成的。农田和居民点主要分布在保护区南部河谷区的龙潭子、岳坝及大古坪，面积很小。检测出的水体面积也很小。

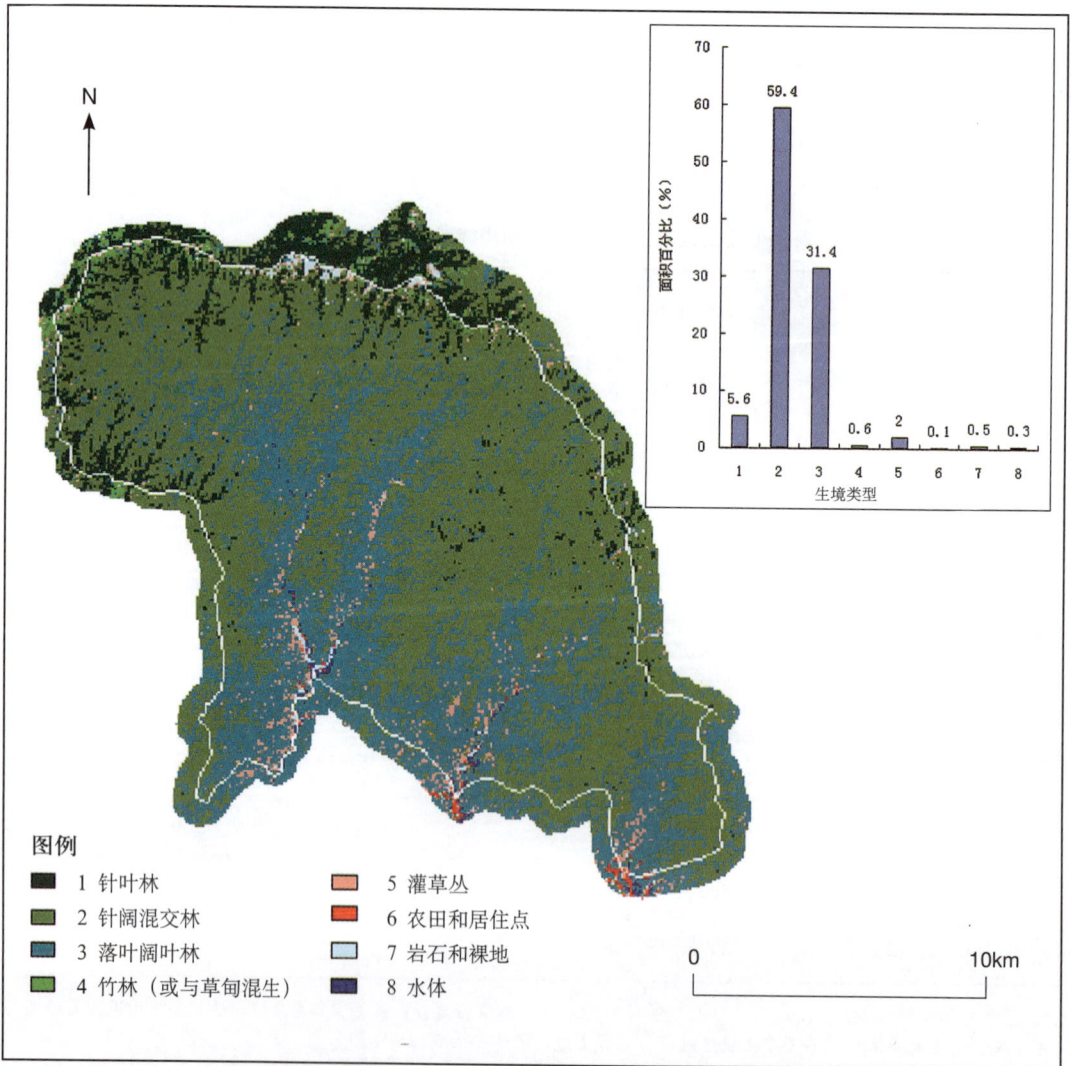

图例

■ 1 针叶林　　　　　■ 5 灌草丛
■ 2 针阔混交林　　　■ 6 农田和居住点
■ 3 落叶阔叶林　　　□ 7 岩石和裸地
■ 4 竹林（或与草甸混生）　■ 8 水体

0　　　　　　　　10km

图 2-6a　集成的专家系统和神经网络分类器（ESNNC）绘制的以土地利用／土地覆被
为基础的大熊猫生境类型图和各类型的面积百分比图。
白色边框是佛坪自然保护区的边界，边界以外显示保护区周围的生境类型。

　　图2-6b显示的是由ESNNC绘制的大熊猫生境适宜性图及其可得性分析。生境适宜性类型在空间及数量上的分布表明：适宜及最适宜的夏季生境主要分布在佛坪保护区的西北、北和东北边界区域，面积约占16%，其中最适宜夏季生境仅占6%，较集中分布在光头山附近。而适宜及最适宜的冬季生境占据佛坪保护区的中部腹地及绝大部分南部区域，面积占到52%，为保护区的一半面积，其中最适宜的大熊猫冬季生境有多处呈现大面积连续分布，如东河一线东岸山坡、三官庙北部一片、佛坪西南角一片、及大古坪－岳坝之间的一片。可见佛坪保护区大熊猫的冬季生境面积要远多于夏季生境。冬季和夏季生境之间存在一个过渡带，占近20%的保护区面积，根据野外调查，过渡带的竹子分布不均匀，有的地方有，有的地方无，且生长不好；过渡带的空间格局也不一

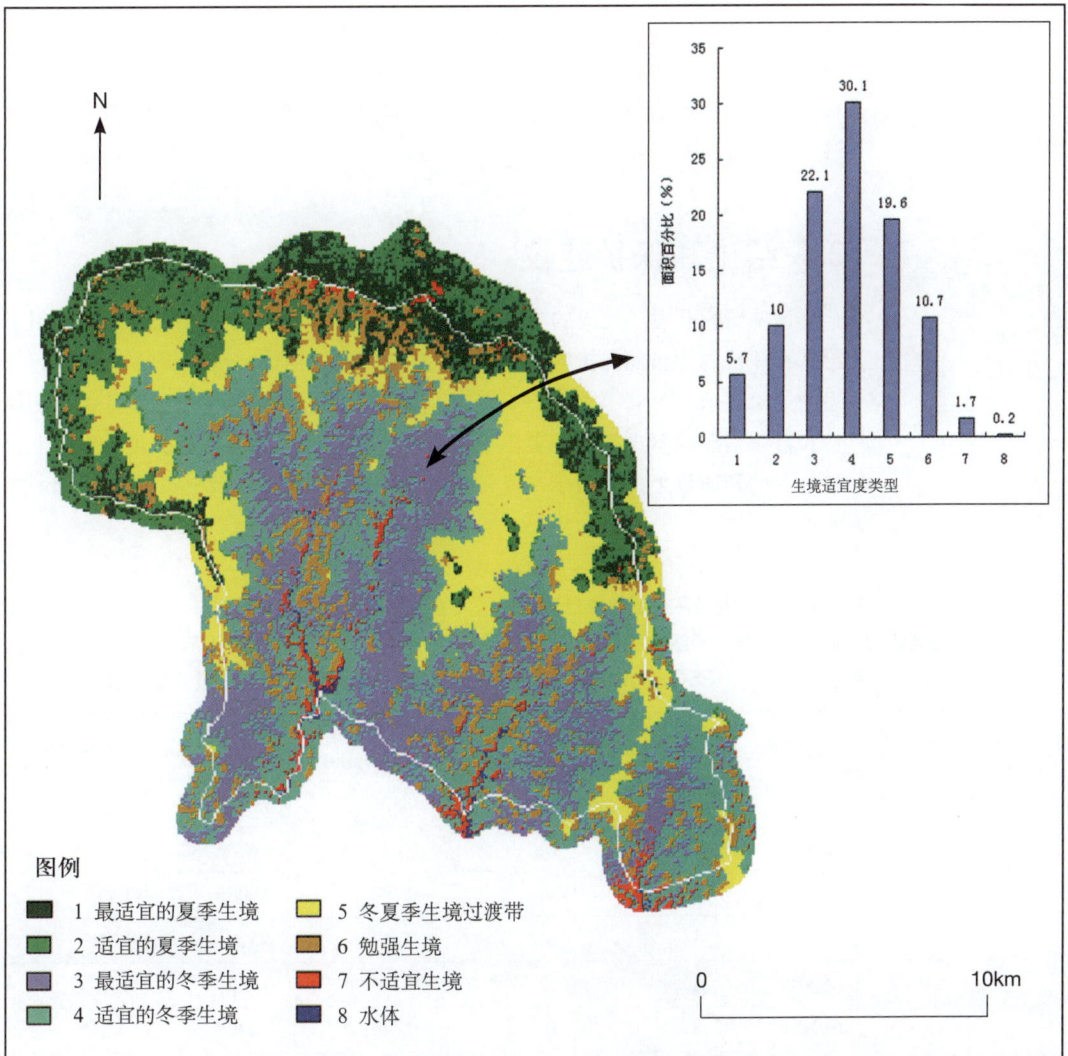

图 2-6b　集成的专家系统和神经网络分类器（ESNNC）绘制的大熊猫生境适宜性图和各类型的面积百分比图
　　　　白色边框是佛坪自然保护区的边界，边界以外显示保护区周围的生境类型。
　　　　黑色箭头显示当地老百姓与保护区外游客进出保护区及到达三官庙的通道。

样，东河和西河北部的过渡带比较窄，这可能也是为什么佛坪大熊猫选择该区域往返于冬夏季生境；而大部分过渡带都较宽。勉强生境的主要限制因素是坡度陡，超过35°，散布于保护区内，占到保护区面积的11%。不适宜生境面积很小，仅占2%，主要分布在河谷低地的人为活动区、河谷岩石区、高山岩石区。

表2-5评价了4种分类方法在绘制评价两种大熊猫生境图时能够判别出来的类型数目，分类的总体精度、卡帕精度，以及用于比较两个分类器好坏程度的Z值。传统的最大似然法没有生成令人满意的大熊猫生境图，在绘制生境类型图时只识别出3个类型，而在生境适宜性评价中识别了7个类型。对于建立在光谱信息基础上的最大似然法只能识别有足够样点数的地物类型，因为样点数不够是不能形成用于分类的统计参数的。ESNNC在大熊猫生境制图中产生了最高的分类总精度（即84%和83%）。而对于单一的BPNNC，在绘制生境类型图时，分类总精度为70%，低于ESC的精度即76%；而在绘制生境适宜性图时，BPNNC的精度达到了76%，远好于ESC的精度48%，这说明对于大熊猫生境适宜性的指标分级专家经验仍不足。Z值表明ESNNC在多数情况下要较其他分类器好，且统计差异显著。

2.6 结论和保护建议

该项研究开发了集成的专家系统和神经网络分类器（ESNNC），并应用于绘制和评价佛坪自然保护区大熊猫的生境图，该分类器能够处理多层数据。应用的结果显示ESNNC达到了最高分类精度，为佛坪保护区大熊猫及其生境的保护和自然资源的管理提供了更多更清楚直观的大熊猫生境信息，包括空间上，数量上的和质量上的。对于难度较大区域，本研究也提供了一个的较实际的制

表2-5　4个分类器在绘制佛坪自然保护区大熊猫生境图中的精度评价，
及集成的专家系统和神经网络分类器（ESNNC）与反向传播神经网络方法（BPNNC）、
规则基础上的专家系统方法（ESC）、传统的最大似然法（MLC）的两两比较（通过Z统计分析）

制图类型	分类器	判别出的地物类型数目	总　精　度（%）	卡帕值(Kappa)	卡帕变化	Z统计值
绘制生境类型图	ESNNC	8	84	0.801	0.0041	
	BPNNC[a]	8	70	0.622	0.0066	1.00
	ESC	8	76	0.703	0.0055	1.73*
	MLC[a]	3	NM	NM	NM	NM
绘制生境适宜性图	ESNNC	8	83	0.742	0.0004	
	BPNNC[a]	8	76	0.640	0.0005	3.25**
	ESC	8	48	0.358	0.0005	12.72**
	MLC[a]	7	NM	NM	NM	NM

a：只运行一次分类；*：显著差异（90%C.I.）；**：显著差异（95%C.I.），NM表示不提，因为没有判别出所有8个类型。

图方法，即利用有限的样点进行整个区域的高精度制图。

制图及评价的结果还表明佛坪自然保护区维持了大熊猫所需的好生境，即97%的区域被森林覆盖，成为大熊猫的潜在生境，再则，68%的区域是大熊猫的适宜生境（包括冬夏季生境）。然而，美中不足的是佛坪的腹地，也是大片连续的最适宜冬季生境所在地，仍有一个村民小组（约60人左右）世代生活和生产在那里，如果能将这块土地上的人们做妥善安排，逐渐恢复自然生境，佛坪的腹地将成为大片连续的大熊猫乐园。生境适宜性图中箭头所在位置，即佛坪东北角处，因采取措施进行保护，自然上，该区域已是大熊猫冬夏季生境的过渡带，也是连接北部夏季生境与南部夏季生境的重要卡口，生境条件欠佳，如果人为活动干扰日益扩大并严重的话，这块生境就可能失去，并直接影响到佛坪内部最佳的冬季生境，故建议应严格控制在该区域进行旅游开发活动。

参考文献

陈利顶, 刘雪华, 傅伯杰. 1999. 卧龙自然保护区大熊猫生境破碎化研究. 生态学报 19(3): 291-297.

陈利顶, 傅伯杰, 刘雪华. 2000. 自然保护区景观结构设计与物种保护. 自然资源学报 20(2): 164-169.

崔海亭, 张妙弟. 1990. 秦岭兴隆岭大熊猫栖息地遥感分析. 见: 生物地理与土壤地理研究. 北京: 科学出版社, 64-70.

范志勇. 1994. 中国保护大熊猫及其栖息地工程与实施. 见: 冯文和, 胡锦矗著. 成都国际大熊猫保护学术研讨会论文集. 成都: 四川科学技术出版社, 16-21.

冯祚建. 2006. 大熊猫的兴衰与保护前景. 见: 赵雪敏主编. 大熊猫——人类共有的自然遗产. 北京: 中国林业出版社, 240-242.

何祥博, 刘雪华, 刘新玉, 王力平. 2008. 3S 技术在自然保护区中的应用探讨. 西北大学学报(自然科学网络版) 6(2): 1-6.

胡锦矗, 夏勒, 潘文石, 朱靖. 1985. 卧龙的大熊猫. 成都: 四川科学技术出版社.

国家林业局. 2006. 全国第三次大熊猫调查报告. 北京: 科学出版社.

金学林, 马俊杰, 赵牡丹, 汤国安, 刘咏梅. 2003. 大熊猫保护管理GIS方案设计研究. 西北大学学报(自然科学版) 33(1): 99-102.

李纪宏, 刘雪华. 2006. 基于最小费用距离模型的自然保护区功能分区. 自然资源学报 21(2): 217-224.

李军锋, 李天文, 金学林, 刘学军, 吴琳. 2005. 基于GIS的秦岭地区大熊猫栖息地质量因子研究. 地理与地理信息科学 21(1): 38-42.

李芝喜. 1990. 利用遥感技术进行大熊猫栖息环境的调查研究. 环境遥感 5(2): 94-101.

刘德望. 2006. 大熊猫的未来需要什么. 见: 赵学敏主编. 大熊猫——人类共有的自然遗产. 北京: 中国林业出版社, 246-249.

刘雪华, Bronsveld MC, Toxopeus AG, Kreijns MS, 张和民, 谭迎春, 汤纯香, 杨建, 刘明聪. 1998. 数字地形模型在濒危动物生境研究中的应用. 地理科学进展 17(2): 50-58.

刘雪华. 2006. 大熊猫的栖息地. 见: 赵学敏主编. 大熊猫——人类共有的自然遗产. 北京: 中国林业出版社, 94-99.

刘雪华, Andrew K, Skidmore, Bronsveld MC. 2006. 集成的专家系统和神经网络应用于大熊猫生境评价. 应用生态学报 17(3): 438-443.

刘雪华, 王亭, 王鹏彦, 杨健. 2008. 无线电定位数据应用于卧龙大熊猫迁移规律的研究. 兽类学报 28(2): 180-186.

刘雪华, 金学林. 2008. 秦岭南坡两个大熊猫活动密集区的生境特征及生境选择分析. 生态学杂志 27(12): 2123-2128.

欧阳志云, 刘建国. 2001. 卧龙自然保护区大熊猫生境评价. 生态学报 21(11): 1869-1874.

潘文石, 高郑生, 吕植. 1988. 秦岭大熊猫的自然庇护所. 北京: 北京大学出版社.

潘文石, 吕植, 朱小健. 2001. 继续生存的机会. 北京: 北京大学出版社.

任国业, 喻歌农, 晏懋昭. 1993. 应用地理信息系统调查与管理大熊猫主食竹资源. 西南农业学报 6(3): 33-39.

任毅, 王玛丽, 岳明, 李智军. 1998. 秦岭大熊猫栖息地植物. 西安: 陕西科学技术出版社.

任毅, 杨兴中, 王学杰. 2002. 长青国家级自然保护区动植物资源. 西安: 西北大学出版社.

田星群. 1989. 秦岭大熊猫分布区的竹类. 陕西林业科技 3: 72-75.

魏辅文, 胡锦矗. 1994. 大熊猫种群生存力分析. 见: 冯文和, 胡锦矗编. 成都国际大熊猫保护学术研讨会论文集. 四川科学技术出版社, 116-122.

徐卫华, 欧阳志云, 蒋泽银, 郑华, 刘建国. 2006a. 大相岭山系大熊猫生境评价与保护对策研究. 生物多样性 14(3): 223-231.

徐卫华, 欧阳志云, 李宇, 刘建国. 2006b. 基于遥感和GIS的秦岭山系大熊猫生境评价. 遥感技术与应用 21(3): 931-942.

杨兴中, 蒙世杰, 雍严格, 汪铁军, 张陕宁. 1998a. 佛坪大熊猫环境生态的研究——II夏季栖息地选择. 西北大学学报(自然科学版) 28(4): 348-353.

杨兴中, 蒙世杰, 张银仓, 雍严格, 汪铁军, 党高弟, 梁齐慧, 王学杰. 1998b. 佛坪保护区大熊猫的冬居地选择. 见: 胡锦矗, 吴毅, 郭延蜀主编. 脊椎动物资源及保护. 成都: 四川科学技术出版社, 20-32.

雍严格, 王宽武, 汪铁军. 1994. 佛坪大熊猫的移动习性. 兽类学报 14(1): 9-14.

赵学敏. 2006. 大熊猫——人类共有的自然遗产. 北京: 中国林业出版社.

赵学敏. 2007. 大熊猫研究进展. 北京: 科学出版社.

朱靖, 龙志, 1983. 大熊猫的变迁. 动物学报 29(1): 93-104.

De Wulf RR, Goossens RE, MacKinnon JR, Wu S. 1988. Remote sensing for wildlife management: Giant Panda habitat mapping from LANDSAT MSS images. Geocarto International (1): 41-50.

Doering III JP, Armijo MB. 1986. Habitat evaluation procedures as a method for assessing timber-sale impacts. In: Verner J, Morrison ML, Ralph CJ ed. Wildlife2000 - Modelling habitat relationships of terrestrial vertebrates. Wildlife2000. Stanford Sierra Camp, Fallen Leaf Lake, California, 7-11 October 1984. The University of Wisconsin Press, 407-410.

Feng TT, Frank TVM, Zhao NX, Li M, Wei FW. 2009. Habitat Assessment for Giant Pandas in the Qinling Mountain Region of China. Journal of Wildlife Management 73(6): 852–858.

Gustafson EJ, Parker GR, Backs SE. 1994. Evaluating spatial pattern of wildlife habitat: a case study of the wild turkey (Meleagris gallopavo). The American Midland Naturalist 131(1): 24-33.

Liu JG, Marc L, Ouyang ZY, An L, Yang J, Zhang HM. 2001. Ecological Degradation in Protected Areas: The Case of Wolong Nature Reserve for Giant Pandas. Science. 292: 98-101.

Liu XH. 2001. Mapping and Modelling the habitat of Giant Pandas in Foping Nature Reserve, China. ISBN 90-5808-496-5. Printer: Febodruk BV, Enschede, The Netherlands.

Liu XH, Albertus G, Toxopeus, Andrew K, Skidmore, Shao XM, Dang GD, Wang TJ, Prins HHT. 2005. Giant panda habitat selection in foping nature reserve, China. The Journal of Wildlife Management 69(4): 1623-1632.

Liu XH, Bronsveld MC, Toxopeus AG, Kreijns MS. 1997. GIS application in research of wildlife habitat change – a case study of the giant panda in Wolong Nature Reserve. The Journal of Chinese Geography 7(4): 51- 60.

Liu XH, Li JH. 2008. Scientific Solutions for the Functional Zoning of Nature Reserves in China. Ecological Modeling 215(1-3): 237-246

Liu XH, Skidmore AK, Wang TJ, Yong YG, Prins HHT. 2002. Giant panda movement pattern in Foping Nature Reserve, China. Journal of Wildlife Management 66(4): 1179-1188, 50-58.

Lu Z. 1993. Newborn panda in the wild. National Geographic 183(2): 60-65.

Pan WS. 1995. New hope for China's Giant Pandas. National Geographic 187(2): 100-115.

Prasad SN, Chundawat RS, Hunter DO, Panwar HS, Rawat GS. 1991. Remote sensing snow leopard habitat in the trans-Himalaya of India using spatial models and satellite imagery preliminary results. In: The resource technology 90' proceedings. International symposium on advanced technology in natural resources management. ASPRS 1991, Washington D. C., 519-523.

Reid DG, Taylor AH, Hu JC, Qin ZS. 1991. Environmental influences on bamboo Bashania fangiana growth and implications for Giant Panda conservation. Jounnal of Applied Ecology 28: 855-868.

Scepan J, Davis F, Blum LL. 1987. A geographic information system for managing California condor habitat. In: GIS'87 Proc. 2nd international conference, San Francisco, 476-486.

Schaller GB, Hu JC, Pan WS, Zhu J. 1985. The Giant Pandas of Wolong. Chicago University Press, 298.

Schaller GB. 1987. Bamboo shortage is not only cause of panda decline. Nature 327: 562.

Taylor AH, Qin ZS. 1987. Culm dynamics and dry matter production of bamboos in the Wolong and Tangjiahe Giant Panda Reserves, Sichuan, China. Jounnal of Applied Ecology 24: 419-433.

Wang TJ, Skidmore AK, Toxopeus AG, Liu XH. 2009. Understory Bamboo Discrimination Using a Winter Image. Photogrammetric Engineering & Remote Sensing 75(1): 37-47.

WWF. 1981. World wildlife fund yearbook 1980-1981, 406-414.

Xu WH, Ouyang ZY, Andrés V, Zheng H, Liu JG, Xiao Y. 2006. Designing a conservation plan for protecting the habitat for giant pandas in the Qionglai mountain range, China. Diversity and Distributions 12: 610–6191.

作者简介

刘雪华 1964年生，江西新余人。博士，清华大学环境学院副教授。1986年于南京大学生物系获得理学硕士；1991年于中科院生态中心获得生态学硕士；1997年于荷兰国际航空测量与地球科学学院获得环境系统监测专业硕士学位；2001年于荷兰国际航空测量与地球科学学院获得保育生态学博士学位。曾在中科院地理所自然地理室工作了近10年。2006年10～11月，在荷兰国际航空测量与地球科学学院做访问学者；2009年10～11月在美国伊利诺伊斯大学做访问学者。为International Journal of Remote Sensing, Acta Theriologica, Ecological Modelling, Frontiers of Environmental Science & Engineering in China (associate editor), Journal of Environmental Management，中国科学D辑、生态学报、中

国环境科学、清华大学学报（自然科学版）、北京大学学报、兽类学报（编委）、动物学杂志、生物多样性、生态学杂志等25种刊物审稿。

研究方向：保育生态学、生态评价与规划、及遥感（RS）和地理信息系统（GIS）应用研究等。出版专著4部，发表科技期刊文章70多篇（其中SCI/EI类20篇），著作文章40多篇。曾获2005年《秦岭山系大熊猫种群对不同生境类型的适应性研究》项目获陕西省林业厅科技进步一等奖、2006年《秦岭山系大熊猫种群对不同生境类型的适应性研究》项目获陕西省科学技术奖三等奖。

（其他介绍见P234）

Email：xuehua—hjx@tsinghua.edu.cn

第3章

西双版纳尚勇自然保护区亚洲象栖息地评价

张立　冯利民

3.1 亚洲象介绍

亚洲象（*Elephas maximus*）隶属于长鼻目（Proboscidea）象科（Elephantidae）亚洲象属（*Elephas*）（图3-1），是我国一级重点保护野生动物，被世界自然保护联盟（IUCN）列为濒危物种（汪松，1998）。

亚洲象体型巨大。雌性肩高2.24~2.54m，体重达2720~4160kg，较大的雄性肩高可达3.2m，体重为5400kg（Shoshani & Eisenberg，1982）。通体为灰棕色，前额左右有两大块隆起，称为"智慧瘤"。其最高点位于头顶，但它的脑很小。头盖骨很厚，虽然骨骼内充满了气孔，可以减轻重量，但颈部的负担仍然很重。背部向上弓起。四肢粗壮，几乎垂直于地面，像4根柱子，前肢5指，后肢4趾。前行时步法与其他哺乳类不同，同侧两肢同时着地或腾空，称为溜蹄。亚洲象的鼻子是动物中最长的，实际上是鼻子和上唇的延长体。它由4万多块肌肉组成，里面有丰富的神经联系，不仅嗅觉灵敏，而且是取食、吸水的工具和自卫的有力武器。雄象嘴里还长着一对终生不断生长，但永不脱换的长大门齿，称为象牙，长度为2m左右，单支重30~40kg。雌兽的门齿较短，不突出口外。象牙的作用很大，是掘食的工具，也是搏斗时武器。亚洲象耳大，宽度近1m，有利于收集音波，由于耳部的褶皱很多，大大增加了散热面，可以降低体温，还能驱赶热带丛林中的蚊蝇和寄生虫。皮肤虽然厚达1~3cm，但身上的毛却比较稀少，所以既畏寒，又要避开热带地区白天烈日的暴晒，常躲避于山谷间的林荫之处，觅食的时间也多在气温稍低的清晨和傍晚。

图 3-1 亚洲象 （冯利民摄于云南西双版纳）

亚洲象是典型的群居动物。象群由具有血缘关系的雌象和未成年雄象组成，由一头年长的雌象担任首领，每天的活动时间、觅食地点、行动路线、栖息场所都由首领指挥（Schulte, 2000）。其他成员都按年龄大小、体质强弱排列秩序，不幸受伤的个体常常被伙伴们夹在中间，一起前进。如果有的个体死亡，群体成员还会用推倒或卷翻的树枝和小树，一层一层地覆盖在死象的身上，形成一个很大的倒木堆。如果首领死亡，群体就会在很短的时间里，再选出一个新的领头者，继续统一指挥群体的行动。雄象在成年后离开象群，除发情期外一般都单独活动。独象性情异常凶猛。

亚洲象可以发射和接受次声波，通过它在个体间实现长距离通讯。大象的叫声包括rumble（低沉地叫）、scream（尖叫）、trumpet（大叫），其中rumble的声频范围是5~30Hz，大部分属于次声波；包括亚洲象在内的所有大象均能发出次声波。在协调群体关系、争夺资源和优势地位、吸引配偶、宣告生殖信号时，象会发出次声波；带有幼象的雌象、家族象，发出次声波较多，雄象则相对较为沉默。研究表明，亚洲象发出的次声波能在亚洲的密林中传播数十千米，成为其信息交流的重要组成部分，使其能够在大范围内协调社群关系和行为。

3.1.1 亚洲象的食性和繁殖习性

亚洲象喜食野芭蕉、黄竹、硬杆子草、三棱草、棕叶芦，还吃一些木本植物的嫩枝叶，它的食物主要为禾本科和桑科的植物，另外还包括锦葵科、豆科、棕榈科、莎草科的植物（张立等，2003; Chen, 2006）。亚洲象还经常取食农作物如甘蔗、香蕉、水稻、玉米、花生、蔬菜、瓜果等，为村民造成较大的经济损失。象群游荡觅食，每天可移行数十千米，因此常在不同生境、甚至不同国家间迁移（Rasmussen & Schulte, 1998；Sukumar, 2003）。

亚洲象属于多配偶制动物，11~15岁性成熟，繁殖时会出现雌性对配偶的选择。成年的雄象只有在发情的时候才重新回群体中寻找交配的对象，成年的雄象之间会为争夺配偶而进行斗争。发情的雄象非常具有攻击性，它通常会使其他的雄象受伤甚至死亡（Poole & Moss, 1989）。在一年之中，雄象个体发情的时间都是相近的，发情的信号也都是相似的（Rasmussen & Schulte, 1998；Poole & Moss, 1981）。发情的雄象会炫耀自己的高度、滴下尿液以及从颞腺分泌液体等。雌象更喜欢与发情的雄象交配，雄象也更愿意接近动情的雌象（Sukumar, 1989; Poole & Moss, 1989; Poole, 1999）。雄象会在交配之前或交配之后陪伴雌象几天，然后离开，去寻找其他雌象（Moss & Poole, 1983）。雌性的发情周期可长达16周，但只有一周的接受期，因此性活跃的雌性个体是一种稀缺资源。雄兽与雌兽交配时，总是双双躲进僻静的密林深处进行。雌象首次排卵一般在7~23岁，孕期20~22个月，每胎产1仔，平均产仔间隔在4年左右（Dublin, 1983；Sukumar, 1994）。雄性虽然在14岁左右就能够产生精子，但是它们只有在25岁左右才有机会与雌象进行繁殖活动（Law, 1969; Eisenberg, 1980)，也是它们第一次进入发情期的时候，此时它们才有能力与其他的雄象进行竞争（Kurt, 1974; Poole, 1994）。亚洲象寿命可达60~70年。在自然状态下，亚洲象种群的出生率很低。幼象易遭受猛兽攻击，再加上偷猎和意外死亡，使得种群死亡率较高。

3.1.2 亚洲象的分布

在我国，3000多年前野象最北分布于中条山至泰山之间3个狭窄地带，处于北纬36°附近，随后不断由黄河流域向南推移至淮河流域、长江以南，到宋代时越过南岭，现今野生亚洲象仅存在于北纬22°左右的云南省南部地区（图3-2）。20世纪60年代的调查表明，亚洲象分布在西双版纳的勐养、勐腊，普洱*的西盟，临沧的沧源南滚河，德宏的盈江。80年代生活在普洱西盟、德宏盈江的亚洲象消失。

目前，中国的野生亚洲象仅存于云南省的西南边陲的3个地区：西双版纳、普洱、临沧，形成了几乎相互隔离的6个分布区域（图3-3），种群数量为182~234头（表3-1），其中80%以上（135~182头）的亚洲象分布在西双版纳的勐养、勐腊和尚勇3个子保护区及其周边区域。

3.1.3 国内外研究

在非洲的大象研究和管理中，无线电和卫星遥感技术已经被广泛应用，为研究大象的分布模式、家域大小、栖息地选择、季节迁徙和长距离活动等提供了许多宝贵的数据（Douglas-Hamilton, 1971; Lindeque & Lindeque, 1991; Whyte,

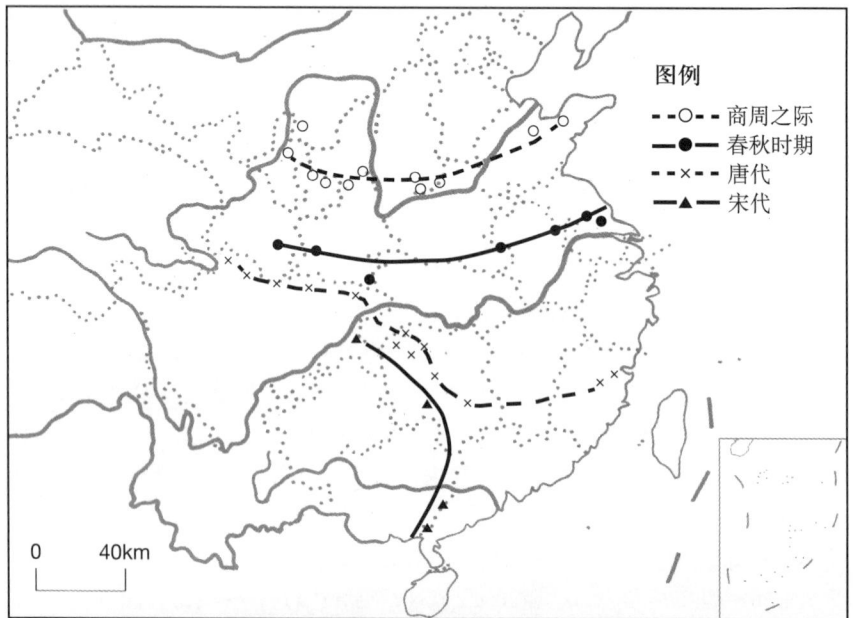

图3-2 不同历史时期亚洲象在中国的分布北界（自孙钢等，1998）

＊2007年之前该地名为思茅，2007年4月8日正式更名为普洱。

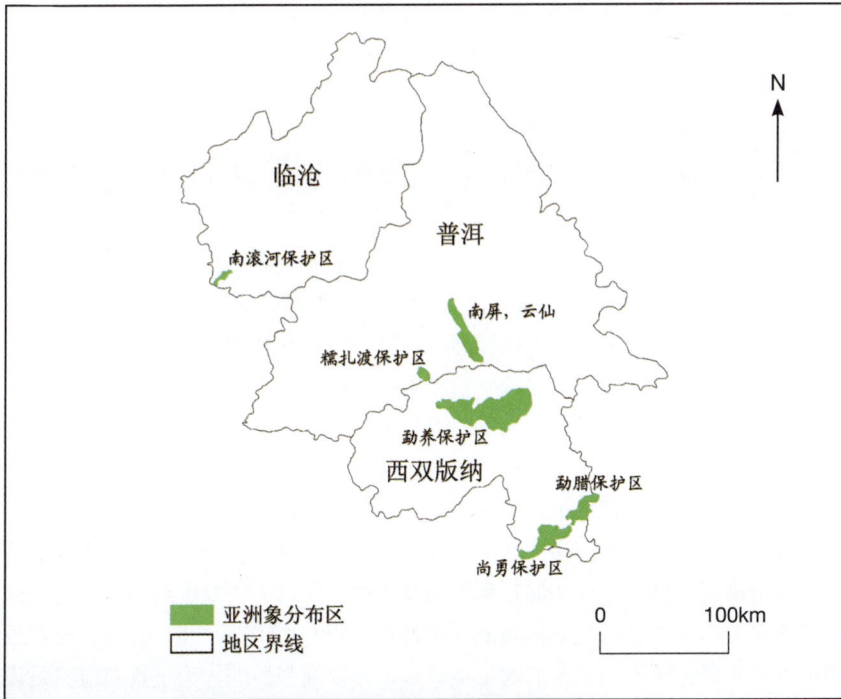

图 3-3 目前中国亚洲象分布图

表 3-1 中国亚洲象种群数量

地区/年份		1976	1983	1997	2003	2005	2006	2009
西双版纳	勐腊	37	23	0	14～17	12～24	30	25～32
	勐养	26	130	115～137	80～100	80～100	46～69	50～82
	尚勇	38	60	50～60	90～100	40～80	60～80	60～68
普洱	南屏，云仙	7	0	18	5	4	4	16
	糯扎渡	0	0	0	11	11	12	13
临沧	南滚河	22	12	18	18	18～23	18～23	18～23
盈江		16	0	0	0	0	0	0
总计		146	225	201～233	218～251	165～242	160～218	182～234

1993; Thouless, 1995, 1996；Blake et al., 2001），此外，卫星遥感技术还被应用于与大象保护有关的土地利用管理、人象冲突的缓解以及管理措施对象群活动的影响等（Fay & Agnagna, 1991; Kushwaha & Roy, 2002）。

在20世纪90年代中期，GPS技术开始被野生动物学家所利用，Douglas-Hamilton（1998）率先在肯尼亚的Amboseli国家公园为两头雄象挂上了GPS项圈，通过几个月的监测，他们惊讶地发现那里的大象大部分时间都不在国家公园内活动。因此这项先驱性的试验表明，GPS项圈技术可以提供高质量的大象分布模式，从而为栖息地的管理提供可靠的科学依据。此后，RS、GIS、GPS技术便被广泛结合应用于野生大象的调查和栖息地管理中。

在国内，尚未将GPS项圈技术运用于亚洲象的野外研究，其栖息地利用、分布范围等工作主要还是靠研究者实地调查完成，因此存在着一定的局限性。李芝喜等（1996）根据野生亚洲象野外活动足迹数量的抽样调查，建立了包括植被类型、水源距离、坡度、坡向、海拔、人为活动强度等因子生境评价模型。张立等（2003）对云南普洱地区的一个由5头雌象组成的亚洲象小种群进行了栖息地选择和利用研究。冯利民（2005）调查了云南省野生亚洲象的野外信息，首次获得了目前中国野生亚洲象种群分布、数量和栖息地的较为全面详细的基础数据信息。该研究显示了栖息地的片断化造成了中国野生亚洲象的种群隔离，非法盗猎已经严重影响了中国野生亚洲象种群的生存。冯利民和张立（2005）研究了西双版纳尚勇自然保护区的亚洲象种群对栖息地的选择。结果表明亚洲象喜欢海拔1000m以下的区域，坡度小于10°的区域，坡位为平坦的沟谷和山坡的下部，坡向为南、北两个方向。偏好的植被类型有竹阔混交林、灌丛和高山草甸。林柳等（2006）利用3S技术初步探讨了西双版纳国家级自然保护区建立生态走廊带的规划区域及其可能性。Lin et al.（2008）研究了西双版纳勐养自然保护区亚洲象种群的生境选择，并发现强烈的人为干扰和盗猎是影响该地区亚洲象分布的主要因素。冯利民等（2010）研究了云南南滚河国家级自然保护区内的亚洲象孤立小种群旱季的生境选择，同时利用3S技术分析了该地区自1988年以来3个不同历史阶段的栖息地变化状况，并提出了该小种群的保护策略。

3.2 亚洲象的生境需求

大象是陆地上最大的动物，食量巨大，活动能力强，而且是非反刍动物，食道容量大，进食速度快，能够忍受营养价值低的食物（Sukumar, 2003），因此，大象拥有很广泛的食性，能够在许多种植被类型中找到食物，而那些能提供最多食物资源的栖息地也往往成为它们最喜欢的地方（Kabigumila, 1993; De Boer et al., 2000; Sukumar, 2003; 冯利民和张立，2005; 冯利民等，2010），例如次生林地，Chen et al.(2006) 在对西双版纳尚勇亚洲象的食性研究发现，亚洲象的食物中59%为先锋物种，次生林地由于分布有许多大象喜爱的先锋植物，因此是大象喜爱光顾的栖息地之一（Ishwaran, 1993）。图3-4拍摄的是亚洲象的生境类型。

植物所提供的食物资源和食物质量会随季节而变化（Styles & Skinner, 1997），因此许多地区的研究都发现大象的栖息地选择具有显著的季节性（Sukumar, 1989; Ishwaran, 1993; 张立等，2003; Pradhan & Wegge, 2007; 冯利民等，2010）。在云南的普洱，张立等（2003）发现，在旱季，象群的活动区域面积为35.67km²，有3个核心活动区，而在雨季的活动区域面积反而更小，为18.42km²，并且只有一个核心活动区，认为在旱季，象群要在较大区域内觅食

分散生长的野生食物，而在雨季，不仅森林中的野生食物丰富，而且由于象群
会取食农作物，一个地区的农作物就可以维持象群的生存，因此雨季象群的活
动面积较小且只有一个核心区。

图 3-4 亚洲象生境（拍摄者：冯利民，拍摄于西双版纳）
（A. 热带雨林；B. 季雨林；C. 常绿阔叶林；D. 竹阔混交林；E. 河岸灌丛；F. 草地）

3.3 评价区域：西双版纳尚勇自然保护区

西双版纳国家级自然保护区位于100°16′～101°50′ E, 21°10′～22°24′ N，为横断山脉南延部分，与中南半岛毗连。总面积2474.39 km²。地貌以山地丘陵为主，其中分布较多的宽谷盆地。澜沧江由北向南流经本区中部，其大小支流分布于本区东西和南部。气候类型属于北热带湿润气候，年均气温15.1~21.7 ℃，年降水量1196~2492mm，其中5~10月雨量占全年的84.1%，为雨季，炎热多雨；11月至第二年4月雨量占全年的15.9%，为旱季，暖热干燥。保护区下辖5个子保护区——曼稿、勐养、勐仑、勐腊和尚勇，其中3个有亚洲象分布，分别为勐养子保护区（面积1029.13km²）、勐腊子保护区（面积939.94km²）、尚勇子保护区（面积321.85km²）（西双版纳自然保护区综合考察团，1985；西双版纳国家级自然保护区管理局等，1998），温暖湿润的气候以及复杂的植被类型，使得这里成为野生动植物的天堂，也是亚洲象、印度野牛等大型珍稀濒危动物的最适宜栖息地。

本研究主要在尚勇保护区开展的。尚勇保护区位于西双版纳州勐腊县南部，在尚勇乡以西、勐满乡以东，国境线以北河南腊河以南。以中山、低中山为主。为切割较深的中山峡谷型地貌。海拔最高的大包包山1691m，最低南腊河谷610m（图3-5）。

图 3-5 尚勇保护区及周边区域叠加 Landsat 7 ETM+ 影像的三维视图

长期以来，随着自然环境的不断恶化和人类活动的持续影响，亚洲象栖息地遭到严重破坏，由此造成了生境破碎化、种群隔离、基因流中断，再加上人为猎杀，使亚洲象的生存受到严重威胁（冯利民，2005；冯利民和张立，2005；杨帆，2006；冯利民等，2010）。为保护亚洲象，我国采取了一系列措施，先后在云南省西双版纳地区，普洱地区和南滚河地区建立了自然保护区，并取得了初步的成效。

西双版纳国家级自然保护区成立于1958年，保护区内及周边社区居住着以傣族为主，包括汉、哈尼、拉祜、布朗、彝、基诺、瑶、佤、回、白、景颇、壮等13个民族，2002年自然保护区范围内有122个村寨，周边有138个村寨，社区总人口48129人，其中区内社区人口有18415人，周边社区人口有29714人，经济结构以农业经济为主，林业生产主要用于满足社区群众生活需要（西双版纳国家级自然保护区管理局和云南省林业调查规划院，2005），但近几年来随着国际市场上橡胶产品价格的攀升，在西双版纳，越来越多的天然林被砍伐，土地用来种植橡胶，保护区内也不能幸免，一方面使保护区逐渐成为"生态孤岛"，另一方面也使保护区内的栖息地日益破碎化。因此应及时对亚洲象的栖息地现状进行调查和评价，以开展有效的栖息地管理来更好地保护这种珍稀的大型动物。

3.4 生境评价方法

3.4.1 亚洲象栖息地选择

亚洲象栖息地选择以野外实地调查为主。首先参照经过地理校准的卫星影像图，在使样线能覆盖各种植被类型的前提下设定样线。在样线中，每隔2 km停下记录GPS位点，并在该位置点设立一个20m×20m大小的样方，记录样方内植被类型、海拔、坡度、坡位和坡向等地理信息，并记录样方内亚洲象的活动痕迹。调查区域覆盖了西双版纳尚勇自然保护区和勐腊自然保护区。野外调查共记录141个GPS点，其中69个为亚洲象生境选择点。

运用Vanderploge- Scavia选择系数W_i和选择指数E_i为衡量野生亚洲象对生境选择喜好程度的指标（Vanderploeg & Scavia, 1979），计算方法如式（1）和（2）：

$$W_i = (r_i/p_i)/\sum(r_i/p_i) \tag{1}$$

$$E_i = (W_i-1/n)/(W_i+1/n) \tag{2}$$

其中W_i为选择系数，E_i为选择指数；i为某特征的等级，n为某特征的等级数（$i = 1, 2, 3, \cdots, n$）；p_i为环境中具有i特征等级的样点数占所有样点数的比例；r_i为动物所选择的具有i特征等级样点数占全部发现动物样点数的比例。

E_i值介于-1~1 之间。若$E_i > 0$ 表示喜爱；$E_i = 1$表示特别喜爱；$E_i < 0$为不喜爱；$E_i = -1$为不选择，$E_i = 0$为随机选择，接近于0时表示几乎随机选择。

3.4.2 栖息地评价

(1) 数据准备

卫片解译：通过野外栖息地样线调查（2003~2008年）获得植被信息，对2002年4月5日的Landsat 7 ETM+卫星影像进行监督分类和目视解译校正，得到研究区域内的植被分类图，根据卫星影像图中斑块的类型和当地植被的实际状况，以及本研究的实际需要，将地面覆被分为：热带雨林、季雨林、常绿阔叶林、竹阔混交林、灌丛、草地、非天然林地（包括居民点及农田、公路、水体、橡胶林），分类精度达到了96%。

DEM生成：使用ERSI公司的Arcview GIS 3.2软件对扫描的1：50000地形图进行手工数字化，然后运用ERSI ArcGIS 9.2软件生成DEM，通过Spatial Analyst，获得坡度、坡向图层。

在整个流程中还包括卫星图片的地理校准、把各种来源不同图层转换到统一的坐标投影中。

(2) 栖息地评价流程

方法如图3-6（Kushwaha，2002）：

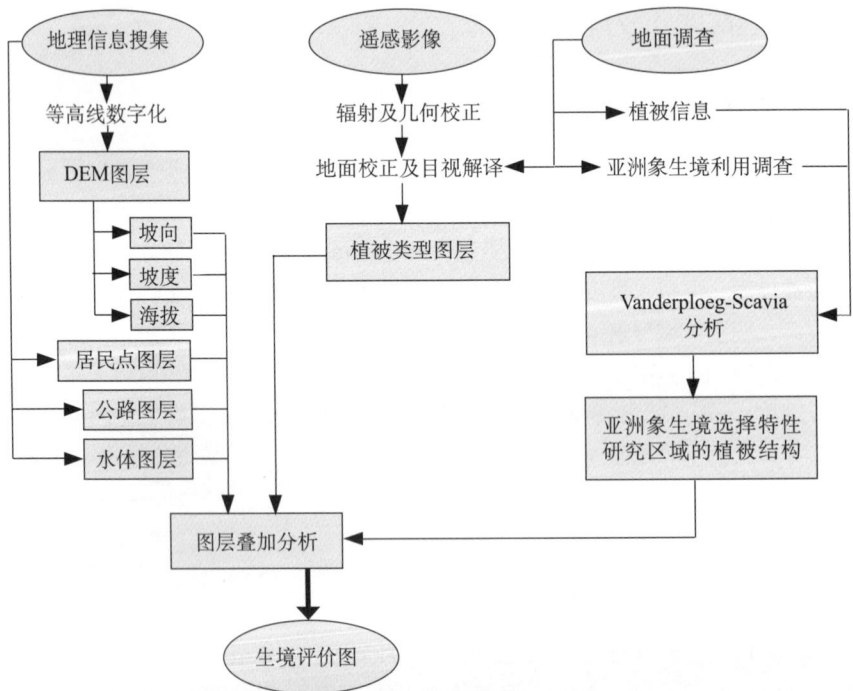

图 3-6 亚洲象生境评价流程图（引自 Kushwaha, 2002）

3.5 生境评价结果与分析

3.5.1 亚洲象的生境选择

通过Vanderploge & Scavia选择指数和选择系数分析结果表明：在植被类型上，亚洲象偏好灌丛、竹阔混交林（包括竹林）、草地，而对于原生的或天然的热带雨林、季雨林和常绿阔叶林则不喜好或者随机利用；在海拔上，亚洲象喜欢在该保护区内的高海拔区域（1300~1690m）和低海拔区域（1000m以下）活动，不喜欢在中等海拔区域（1000~1300m）活动；在坡度上，亚洲象喜欢坡度较缓区域（0~15°），不喜欢坡度大于30°的陡峭区域，而对于坡度在15°~30°之间的区域则随机选择；在坡位上，亚洲象喜欢谷地和山梁，不喜欢山体的中部和上部，对山体的下部则随机选择；在坡向上，亚洲象几乎随机选择（表3-2）。

表 3-2 亚洲象对生境因子选择情况

生境因子	等级 i	GPS点总数	有亚洲象分布的点数	选择系数W_i	选择指数E_i	生境利用情况
植被类型	热带雨林	9	4	0.1376	-0.0954	NP
	季雨林	18	5	0.0860	-0.3192	NP
	常绿阔叶林	79	36	0.1411	-0.0830	AR
	竹阔混交林	13	9	0.2144	0.1252	P
	灌丛	13	9	0.2144	0.1252	P
	草地	9	6	0.2064	0.1066	P
海拔（m）	618~1000	79	46	0.3819	0.0676	P
	1000~1300	47	13	0.1813	-0.2954	NP
	1300~1690	15	10	0.4370	0.1346	P
坡度（°）	0~15	81	44	0.5219	0.2205	P
	15~30	49	24	0.3908	0.0794	AR
	>30	11	1	0.0873	-0.5848	NP
坡位	谷地	26	15	0.2458	0.1027	P
	下部	52	28	0.2294	0.0685	AR
	中部	27	4	0.0631	-0.5202	NP
	上部	11	4	0.1549	-0.127	NP
	山梁	25	18	0.3067	0.2107	P
坡向	东北	7	3	0.1127	-0.0519	AR
	东	13	6	0.1213	-0.0149	AR
	东南	11	5	0.1195	-0.0225	AR
	南	17	8	0.1237	-0.0052	AR
	西南	12	5	0.1095	-0.0659	AR
	西	11	6	0.1434	0.0686	AR
	西北	19	10	0.1384	0.0508	AR
	北	18	9	0.1315	0.0252	AR

注：P：喜爱；NP：不喜爱；AR：随机选择。

3.5.2 亚洲象的生境评价

生境评价结果图3-7显示，尚勇保护区及其周围的亚洲象的生境，其中质量最好的生境主要分布在保护区的西北部分，此处主要植被为竹林或竹阔混交林，海拔大部分处于1000m以下；保护区中部及南部主要是海拔在1000m以下的河谷区域，沿河形成的热带雨林和灌丛构成了亚洲象质量良好的栖息地；保护区西南部和东部，由于海拔较高，平均在1300m以上，坡度大，植被主要为季风常绿阔叶林，其质量不及前两类，为质量一般的栖息地；保护区界线以外，由于森林的砍伐，已经变成了橡胶林和农田，已经不适合亚洲象的生存，是质量最差的栖息地。

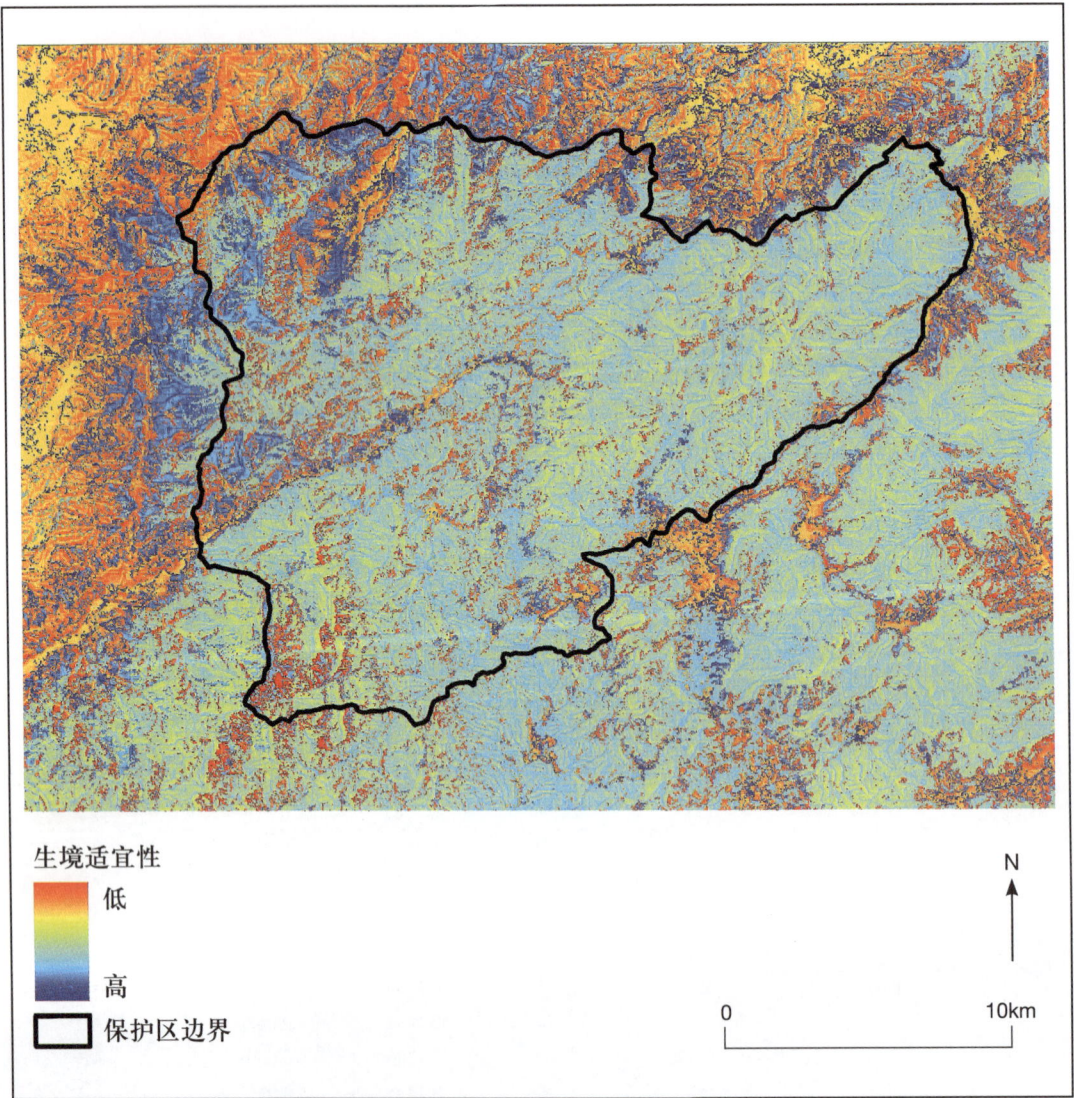

生境适宜性
低
高
保护区边界

N

0   10km

图 3-7 尚勇保护区及其附近地区亚洲象生境适宜性分布图

3.6 讨论和保护建议

从研究结果可以看出，目前尚勇保护区内的生境保护总体比较良好，50%左右的栖息地质量良好，但是主要分布在保护区西部的边缘、保护区内低海拔区域的河谷两岸。其植被为竹林、竹阔混交林或者河岸灌丛。这与日常的亚洲象监测结果一致。这些区域是尚勇保护区亚洲象的主要活动和觅食场所。但是，同时，这些区域也是橡胶等作物的适合生长区域。由于经济利益的驱使，近些年，保护区外周围大量的森林被砍伐、保护区边缘被逐渐蚕食，用来种植橡胶，造成了质量良好的亚洲象栖息地消失严重，对亚洲象的长期生存造成严重的影响，同时亚洲象食物资源的减少可能会加深当地的人象冲突（冯利民和张立，2005）。所以加强对尚勇自然保护区及周围天然植被的保护，尤其是对良好栖息地的保护，是维持该区域野生亚洲象目前生存和种群稳定的先决条件。由于目前亚洲象的分布区都处于热带地区，在保护区内，总体上森林的成长、发育、更替的速度快，植物之间的竞争更为激烈，高大的乔木层接受了绝大部分的光和热而得到了进一步的生长，从而更加抑制了林下植被的生长，这往往对亚洲象这样的大型草食性动物是不利的。在保护区中科学地形成一些"林窗"，让其次生出灌丛斑块，科学地进行栖息地管理，这对丰富亚洲象的食物来源具有积极的意义。

从亚洲象分布区的尺度来讲，由于栖息地的严重片断化，现今中国野生亚洲象种群已经被分割成几个孤立的种群。为了中国亚洲象种群的长期生存和未来的发展，必须将地理上相互临近，在实际操作上存在可能性的区域通过建立生态走廊带，为这些隔离种群之间的重新连接提供条件（冯利民，2005；杨帆，2006；Zhang et al.，2006）。在西双版纳，勐养自然保护区的种群已经长期和勐腊、尚勇保护区的种群隔离。目前，勐养自然保护区森林分布区域与勐腊、尚勇自然保护区之间区域，村寨、农田分布密集，人口众多，道路密集，天然植被斑块极为破碎（冯利民，2005；林柳等，2006）。连接这两个区域，将会花费很大的代价。勐腊自然保护区和尚勇自然保护区这两个区域之间相互靠近，并且目前两者之间还存在一段天然植被带的连接。由于尚勇保护区的面积仅321.85km^2，无法独立支持种群的发展和长期生存，而勐腊保护区面积将近尚勇自然保护区面积的3倍（939.94km^2），如果这两个区域能够保持连接，则该地区亚洲象的潜在栖息地将得到很大的扩展，有利于尚勇自然保护区亚洲象种群的稳定和正常扩张。事实上，尚勇自然保护区的亚洲象部分种群近些年也曾通过该走廊带扩散至勐腊自然保护区（冯利民，2005；陈德坤，2008）。所以保护和扩充勐腊自然保护区和尚勇自然保护区之间残存的天然走廊带对该区域的亚洲象种群具有极其重要的意义。

目前，在中国境内，尚勇自然保护区与勐腊保护区外的大部分区域已经被人类开发利用，天然植被主要限制在保护区内。即便将这两个区域的连接成一个整体，总面积对于该地区亚洲象种群的长期生存发展还是不够。尚勇自然保护区和勐腊自然保护区分别和老挝人民民主共和国北部的南塔省（Luang Nam

Tha）和风沙里省（Phong Saly）相接壤。在老挝的北部两省境内，目前存在着大面积的天然森林植被，如南塔省的南木哈国家公园（Nam Ha National Park）面积达到2224km^2，幸运的是尚勇自然保护区与勐腊保护区与老挝境内的这些天然植被在景观上保持连接。尚勇自然保护区的亚洲象种群也经常来往于国界两侧，直接进入老挝的南塔省，或者通过勐腊自然保护区到达老挝的风沙里省（冯利民，2005；陈德坤，2008）。这一大片景观连通的区域将会为尚勇自然保护区亚洲象种群的长期生存和发展提供充足的空间。由于老挝的经济发展水平比较落后，亚洲象的保护措施更不完善，同样面临严重的盗猎和栖息地丧失的压力。在多方的推动下，中老双方开始尝试建立了跨境保护机制，与2009年签署协议建立跨国境保护区。接下来需要完善保护区的规划和管理，深入对种群和栖息地的调查和研究。

除了栖息地的保护和管理之外，加强反盗猎也是保护的重要措施之一。在近些年，盗猎已经成了威胁中国野生亚洲象生存的重要因素之一（冯利民，2005）。将亚洲象已迁徙定居的地区划为重点保护区域，避免类似发生在普洱地区的大规模的毁林，这不仅有效地保护了亚洲象，而且以亚洲象为"旗舰"物种，带动对该地区的其他物种和生物多样性的保护，这也是进行亚洲象保护的一个重要意义。

参考文献

陈德坤. 2008. 西双版纳勐腊自然保护区亚洲象 (Elephas maximus) 的现状: 分布、数量、来源和卧息地利用的初步研究. 北京师范大学硕士学位论文. 北京: 北京师范大学, 1-50.

冯利民. 2005. 中国亚洲象 (Elephas maximus) 的现状: 分布、数量和栖息地利用. 北京师范大学硕士学位论文. 北京: 北京师范大学, 1-54.

冯利民, 王志胜, 林柳, 杨绍兵, 周宾, 李春华, 熊友明, 张立. 2010. 云南南滚河国家级自然保护区亚洲象种群旱季生境选择及保护策略. 兽类学报 30(1): 1-10.

冯利民, 张立. 2005. 云南西双版纳尚勇保护区亚洲象对栖息地的选择. 兽类学报 25(3): 229-236.

李芝喜, 李红旮, 陆峰. 1996. 亚洲象生境评价. 环境遥感 11(2): 108-115.

林柳, 冯利民, 赵建伟, 郭贤明, 刀剑红, 张立. 2006. 在西双版纳国家级自然保护区用3S技术规划亚洲象生态走廊带初探. 北京师范大学学报(自然科学版) 42(4): 405-409.

孙刚, 许青, 金昆, 王振堂, 郎宇. 1998. 野象在中国的历史性消退及与人口压力关系的初步研究. 东北林业大学学报 26(4): 47-50.

汪松. 1998. 中国濒危动物红皮书——兽类. 北京: 科学出版社, 211-214.

西双版纳国家级自然保护区管理局, 云南省林业调查规划院. 2005. 西双版纳国家级自然保护区. 昆明: 云南教育出版社.

西双版纳国家级自然保护区管理局. 1998. 西双版纳国家级自然保护区生物环境本底调查(动植物部分)报告, 37-106.

西双版纳自然保护区综合考察团. 1985. 西双版纳自然保护区综合考察报告集. 云南: 科技出版社, 99-100.

杨帆. 2006. 中国亚洲象 (Elephas maximus) 分子系统地理学及种群遗传结构研究. 北京师范大学硕士学位论文. 北京: 北京师范大学, 1-52.

张立, 王宁, 王宇宁, 马利超. 2003. 云南思茅亚洲象对栖息地的选择利用. 兽类学报 23 (3): 182-195.

Blake S, Douglas-Hamilton I, Karesh WB. 2001. GPS telemetry of forest elephants in central Africa: results of a preliminary study. African Journal of Ecology 39: 178-186.

Chen J, Deng XB, Zhang L, Bai ZL. 2006. Diet composition and foraging ecology of Asian elephants in Shangyong, Xishuangbanna, China. Acta Ecologica Sinica 26(2): 309-316 .

De Boer WF, Ntumi CP, Correia AU, Mafuca JM. 2000. Diet and distribution of elephant in the Maputo Elephant Reserve, Mozambique. African Journal of Ecology 38: 188-201.

Douglas-Hamilton I. 1971. Radio-tracking of elephants. In: symposium of biotelemetry. CSIR, Pretoria.

Douglas-Hamilton I. 1998. Tracking African elephants with a global position system (GPS) radio collar. Pachyderm 25: 82-91.

Dublin HT. 1983. Cooperation and reproductive competition among female African elephants. In: Wasser SK ed. Social Behaviour of Female Vertebrates. New York: Academic Press, 291-313.

Eisenberg JF. 1980. Recent research on the biology of the Asiatic elephant_Elephas m. maximus. SriLanka. Spolia Zeglavica 35: 213-218.

Fay JM., Agnagna M. 1991. Forest elephant populations in the Central African Republic and Congo. Pachyderm 14: 3-19.

Ishwaran N. 1993. Ecology of the Asian elephant in lowland dry zone habitats of theMahaweli River Basin, Sir Lanka. J Tropical Ecol. 9(2): 169-182.

Kabigumila L. 1993. Feeding habits of elephants in Ngorongoro Crater, Tanzania. African Journal of Ecology 31: 156-164

Kurt F. 1974. Remarks on the social structure and ecology of the Ceylon elephant in the Yala National Park. In: Geist V, Walther F ed. Behavior of Ungulates and Its Relation to Management. InternationalUnion for Conservation of Nature and Natural Resources, Publication 24: 618-634.

Kushwaha SPS, Roy PS. 2002. Geospatial technology for wildlife habitat evaluation. Tropical Ecology 43(1): 137-150.

Laws RM. 1969. Aspects of reproduction in the African elephant, Loxodonta africana. J. Reprod. Fertil 6: 193-217.

Lindeque M, Lindeque PM. 1991. Satellite tracking of elephants in north-western Namibia. African Journal of Ecology 29: 196-206.

Lin L, Feng L, Pan W, Guo X, Zhao J, Luo A, Zhang L. 2008. Habitat selection and the change in distribution of Asian elephants in Mengyang Protected Area, Yunnan, China. Acta Theriologica 53(4): 365-374.

Moss CJ, Poole JH. 1983. Relationships and social structure in African lephants. In: Hinde RA ed. Primate Social Relationships: An Integrated Approach. Oxford (UK): Blackwell, 315-325.

Poole JH, Moss CJ. 1989. Elephant mate searching: group dynamics and vocal and olfactory communication. Symposium of the Zoological Society of London 65: 111-125.

Poole J. 1994. Sex differences in the behaviour of African elephants. In: Short RV, Balaban E, ed. The Differences Between the Sexes. Cambridge University Press, NY, 331–346.

Poole JH, 1999. Signals and assessment in African elephants: evidence from playback experiments. Animal Behaviour 58: 185-193.

Poole JH, Moss CJ. 1981. Musth in the African elephant Loxodonta africana. Nature 252: 830-831.

Pradhan NMB, Wegge P. 2007. Dry season habitat selection by a recolonizing population of Asian elephants Elephas maximus in lowland Nepal. Acta Theriologica 52(2): 205-214.

Rasmussen LEL, Schulte BA. 1998. Chemical signals in the reproduction of Asina and Africal elephants. Animal Reproduction Science 53: 19-34.

Shoshan J, Eisenberg JF. 1982. Elephas maximus. Mammalian Species 182: 1-8.

Schulte BA. 2000. Social structure and helping behaviour in captive elephants. Zoo Biology 19: 447-459.

Styles CV, Skinner JD. 1997. Mopane diaspores are not dispersed by epizoochory. African Journal of Ecology 35: 335-338.

Sukumar R. 1989. The Asian Elephant: Ecolody And Magament. Cambridge University Press, 60-85.

Sukumar R. 1994. Elephant Days and Nights: Ten Years with the Indian Elephant. London: Oxford University Press, Delhi.

Sukumar R. 2003. The Living Elephants (volutionary ecology,behavior and conservation). London: Oxford University Press, 158-170, 175-180, 298-299.

Thouless CR. 1995. Long distance movements of elephants in northern Kenya. African Journal of Ecology 33: 321-334.

Thouless CR. 1996. Home range and social organization of female elephants in northern Kenya. African Journal of Ecology 34: 284-297.

Vanderploeg HA, Scavia. 1979. Calculation and use of selectivity coefficients of feeding: zooplankton grazing. Ecological Modelling 7: 135-149.

Whyte IJ. 1993. The movement patterns of elephants in the Kruger National Park in response to culling and environmental stimuli. Pachyderm 16: 27-80.

Zhang L, Ma L, Feng L. 2006. New challenges facing traditional nature reserves: Asian elephant (Elephas maximus) conservation in China. Integrative Zoology 1: 179-187.

作者简介

张立 博士，北京师范大学生命科学学院副教授。目前主要从事亚洲象、印支虎、穿山甲等濒危物种的种群及行为生态学研究工作。现任国际生物科学联合会(IUBS)中国委员会委员；中国动物学会副秘书长；中国生态学会动物生态专业委员会委员，副秘书长；中国动物学会兽类学分会常务理事，《兽类学报》编委；国际自然保护联盟(IUCN)物种生存委员会(SSC)亚洲象专家组成员。福特汽车环保奖评委，中华宝钢环境奖评委。《濒危野生动植物种国际贸易公约》(《CITES公约》)亚洲象原产国对话会议的中方专家和联络员、《CITES公约》MIKE大象监测项目科学工作组成员，参与公约的大象科学和政策咨询等工作。

Email：asterzhang@gmail.com；asterzhang@vip.sina.com

冯利民 北京师范大学生命科学学院博士毕业，继续在北京师范大学做博士后研究。自2002年开始，长期在云南南部的野外从事中国野生亚洲象的种群数量和栖息地的调查及研究，全面地调查了现今中国野生亚洲象种群分布、数量和栖息地现状。自2005年，开始从事中国野生虎的保护和研究。先后在云南和东北进行中国野生虎的野外调查。2009年成为世界自然保护联盟(IUCN)物种生存委员会(SSC)猫科动物专家组成员(2009—2013)。

Email：fengliminye@gmail.com

第4章

图们江下游东北虎的生境评价

朱卫红　李颖　李冰

4.1 东北虎介绍

东北虎（*Panthera tigris altaica*）又称西伯利亚虎（图4-1），是世界上现存虎亚种中体形最大者，由于它处在食物链的顶端，不仅在自然生态系统中具有关键性的作用，而且也成为自然保护中的旗舰物种（马逸清，2005）。

虎（*Panthera tigris*）是亚洲体型最大的猫科动物，在分类地位上属食肉目（Carnivora）猫科（Felidae）的豹亚科（Pantherinae）豹属，仅存于亚洲。虽然从分子生物学的角度对虎的亚种分类有不同的研究结果（罗述金等，2006；吴平等，1997；张锡然等，1998；Wentzel et al., 1999；Goebel & Whitmore, 1987），但是从传统的形态学和地理分布区域的不同来论，目前保护界普遍赞同把虎分为8个亚种，即孟加拉虎（*P. t. tigris*）、东北虎（*P. t. altaica*）、华南虎（*P. t. amoyensis*）、里海虎（*P. t. virgata*）、印支虎（*P. t. corbetti*）、爪哇虎（*P. t. sondaica*）、苏门答腊虎（*P. t. sumatrae*）、巴厘虎（*P. t. balica*），这些亚种在体型、骨骼特征、体色和斑纹等方面都有明显的不同（Mazak, 1981；Herrington, 1987；Nowell & Jackson, 1996）。目前虎的8个亚种中已有3个灭绝，其中巴厘虎于20世纪40年代灭绝，里海虎在20世纪70年代灭绝，而爪哇虎在20世纪80年代灭绝，其余5个亚种现在的分布区已极度缩小，大部分亚种的分布区呈岛状，种群数量下降，处于濒危状态（马建章和金崑，2003；Nowell & Jackson, 1996）。华南虎已经于野外灭绝或者说是处于灭绝的边缘（Tilson et al., 2004）。

图 4-1 东北虎

2003 年 1 月 24 日夜，珲春东北虎国家级自然保护区管理局的工作人员使用远红外线自动照相机，
在三道沟保护站外围保护带的疏林地内成功拍摄到了珍贵的野生东北虎照片。

虎曾经是猫科动物中地理分布最广泛的物种之一，几乎延伸至南纬10°（爪哇虎和巴厘虎）和北纬60°（东北虎）并跨经度约100°的范围（Mazak，1996；Nowell & Jackson，1996）。

目前，由于非法捕猎活动和栖息地的丧失等因素（马建章和金崑，2003），虎的数量急剧下降。Jackson（1999）根据1998年各国政府和研究机构上报的数字汇编获得的虎的数量约为5000~7000只，然而最近几年的研究认为过去的估计值可能过于乐观，目前虎的种群数量可能仅为3000~5000只（Check，2006）。

东北虎起源于亚洲东北部，即俄罗斯西伯利亚地区、朝鲜和中国东北地区，有三百万年进化史，平均体长1.6m以上，雄性体长可达2.8m左右，尾长约1m，大者可达3m以上，雄性体重达180~320kg。东北虎头圆，耳短，四肢粗健，脚掌宽阔，爪能伸缩，冬毛较长而密，色较淡，夏毛短而色深。背部和体侧具有多条横列黑色窄条纹。头大而圆，前额上的数条黑色横纹，中间极似"王"字，栖居于森林、灌木和野草丛生的地带。独居，无定居，具领域行为，夜行性。感官敏锐，性凶猛，行动迅捷，善游泳。东北虎属国家一级重点保护野生动物，并被列入濒危野生动植物种国际贸易公约（CITES）附录Ⅰ。

4.1.1 东北虎的食性和繁殖习性

俄罗斯学者通过无线电遥测及多年的野外实际检测工作进行了很多东北虎野外种群生态学的研究。在中国，东北虎的主要猎物包括野猪（*Sus scrofa*）、马鹿（*Cervus elaphus*）、狍子（*Capreolus pygargus*）和梅花鹿（*Cervus nippon*）。在俄罗斯远东地区，东北虎的猎物除了以上提到的四种猎物外，还有驼鹿（*Alces alces*）、麝（*Mochus moschiferus*）等，其中野猪和马鹿是东北虎的主要食物，占84%（Miquelle, 1996）。

东北虎的每窝产仔数为2.5只，平均间隔21.8个月再产下第二窝，幼虎平均18.8个月离开母虎独立生存，主要繁殖季节为3~5月。

4.1.2 东北虎的历史分布

东北虎主要分布于俄罗斯乌苏里江、中国黑龙江流域及朝鲜（图4-2）。在19世纪，只有不到1/3的东北虎栖息地存于目前俄罗斯远东所在的区域，其他大部分自然栖息地都位于中国东北和朝鲜半岛。然而现在，超过95%的东北虎生活在俄罗斯（Pikunov, 2005）。

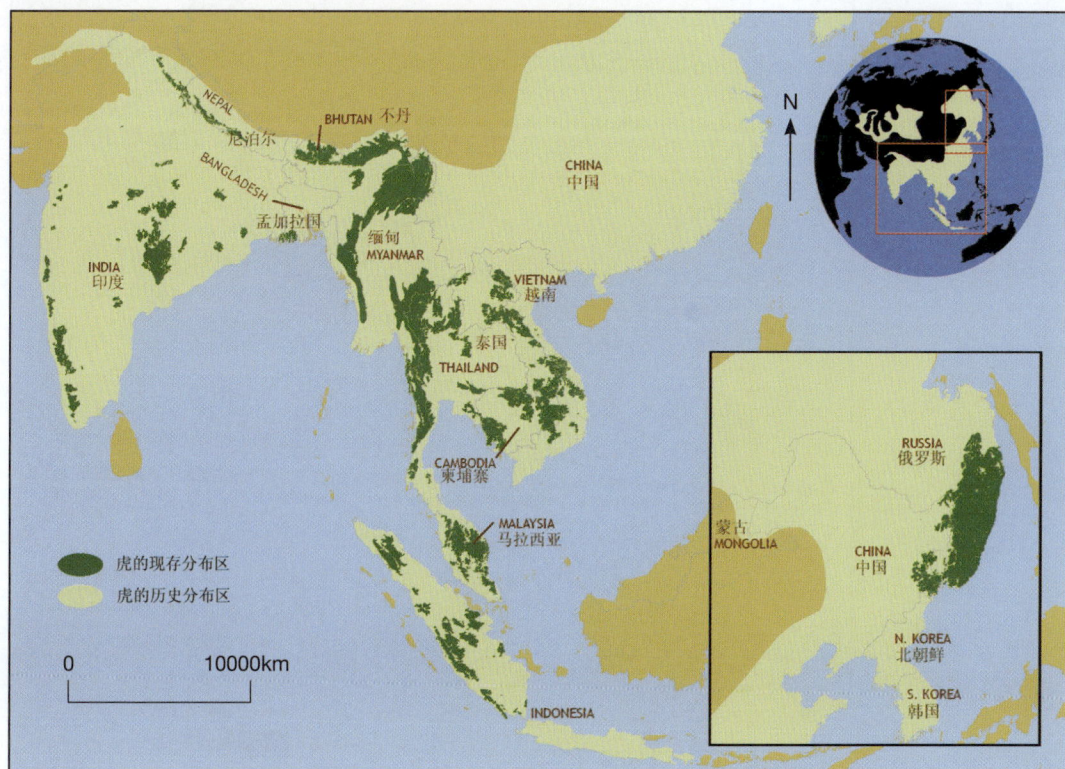

图 4-2 虎的历史和现在分布（改编自拯救老虎基金会网站地图）

4.1.3 我国东北虎的保护状况

目前中国境内的东北虎已不足20只（于孝臣等, 2000; 李彤等, 2001），吉林珲春国家级东北虎保护区的监测数据显示其在珲春地区的东北虎分布状况（图4-3），其主要威胁来自于：①栖息地的片断化、破坏和丧失；②猎物的密度减小；③由于人类活动直接造成的老虎数量减少（郝俊峰等, 1997；达尔曼等, 2006；马逸清, 2005）。

从1960年开始，人们越来越关注全球环境变化和物种的灭绝，濒危动物的保护与管理成为野生动物管理的一个重要内容，集合种群、最小存活种群、岛屿地理学等保护生物学理论为濒危动物管理提供了充分的科学研究基础；另外，保护行为学、保护遗传学、保护心理学等一些新的分支学科的出现也为管

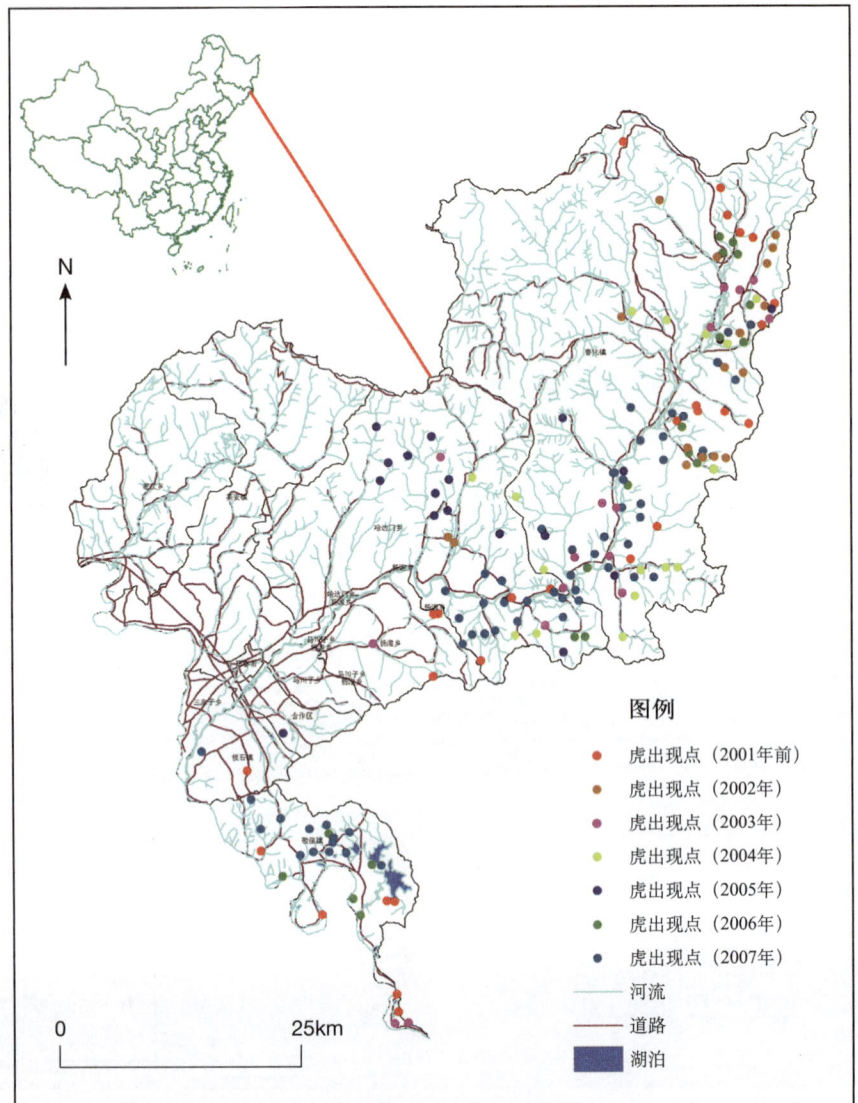

图 4-3 珲春东北虎的地理分布

理提供了更多支撑（李春旺等, 2007）。现在中俄两国相关政府部门及世界上其他的国家和国际组织都在为东北虎的保护工作而努力。

目前，野生东北虎的生境问题十分突出。不断有东北虎捕食家禽的事件，说明人类在生产生活用地方面与野生东北虎的栖息地之间矛盾日益显露。

4.1.4 国内外相关研究

国内对于野生东北虎生境问题的研究都是大规模的野外监测和调查，主要是对黑龙江和吉林的野生东北虎可能分布区域进行调查，结果大致相同。于孝臣等（2000）认为东北虎在黑龙江的分布已退缩成4个分布区，即老爷岭南部，老爷岭北部，完达山东部和张广才岭西部，并多为单独游荡个体。李彤等（2001）认为野生东北虎在吉林的实际分布区仅3个，即大龙岭，哈尔巴岭和张广才岭。3S技术的兴起与发展对大尺度的野生动物研究开辟了新的途径，在分析物种种群减少、濒危原因中成为重要手段。同时，还能为制定合理的保护对策提供依据，野外采集的数据通过3S技术可以轻松地实现数字化，并结合遥感影像分析其野外数据分布等具体信息，并利用地理信息系统中的各种空间分析可以达到评估、规划的目的。在生境因子的研究方面，Hooker等应用GIS技术对影响加拿大东海岸鲸鱼分布的水深，温度以及时间等生境因子的分析，获得了鲸鱼的分布图和丰富度图，为评价和保护鲸鱼提供了科学基础。国内刘雪华等（1997）也利用GIS技术研究了卧龙自然保护区大熊猫分布与人类活动之间的关系，通过比较潜在与现实分布找到差异。除此之外3S技术可以对地理空间进行编码，存储和提取，并进行模拟，结合生态学原理得到综合分析评价结果，如Jose采用贝叶斯综合模型对美国亚利桑那州红松鼠的空间分布格局和生境适宜进行评价（Pereira, 1991）。Harrison（1992）通过当地土地利用，人口密度，道路密度以及狼的数量等方面数据的分析，找到了狼生境变迁的规律。在其他方面如生境破碎化研究以及生境恢复等领域，3S技术也有很好的应用功能。但最重要的研究基础是准确可靠的数据信息。国外已经有一些结合3S技术的关于虎类的研究，例如基于GIS中的费用距离模型（cost distance model）结合30年的实地数据、当时的卫片和当地10年来的缓冲区恢复经验，Eric et al.（1997）为亚洲最大的捕食者东北虎的异质种群设计了保护景观：分析了虎的潜在生境廊道，暂时庇护所（Bzicw et al., 2004）。吉林珲春国家级保护区成立之后，关于东北虎的研究工作被广泛开展起来，与国际上的合作也越来越密切，例如与WWF、WCS等国际组织合作进行的研究工作在逐年开展。

根据俄罗斯给虎带上无线电项圈的研究发现，一只雌性繁殖虎的活动范围是450km^2，而且要让种群长期可持续繁衍，至少需要15到20只雌性虎，这意味着一个繁殖群体需要9×10^4 km^{2}栖息范围。栖息地的保护是保护东北虎的一项重要前提性工作。20世纪50年代以前，人们对东北虎的系统地位、生态、行为和生存状况研究很少。20世纪50年代以后，我国科研人员对东北虎开展了一系列的研究，主要集中在虎的生态学，以及捕食家畜的研究上，对东北虎生境的研究还较少。

4.2 东北虎的生境需求

东北虎需要的生存环境首先要有完整的食物链，被捕食动物野猪、狍、马鹿的密度要在2.5只/km²以上，这对其生存是第一重要的；其次自身要求的栖息地非常大。原始森林是东北虎繁衍生息的主要场所海拔800~1500m的中低山；人口压力在15人/km²以下。过去，中国东北人烟稀少、森林茂密，是可以满足东北虎的生存需要的。然而近百年来，由于东北人类活动频繁，采伐木材、劈山开矿、垦荒、修路、种参、养牛等，致使森林植被不断被破坏，结构复杂的原始森林不断减少并趋向简单化，草原破坏、湿地缩小，适合野生东北虎栖息的环境越来越小。目前我国野生东北虎的数量稀少，主要原因是生存环境无法满足其的需求（图4-4）。

4.3 评价区域：图们江下游吉林珲春自然保护区

图们江水系是我国重要的国际性河流之一，图们江下游地区（图4-5）位于吉林省东南部，其右岸属于朝鲜，左岸大部分属于中国，下游少部分属于俄罗斯。地理位置为129°52′~131°18′E，42°25′~42°30′N。本区属于长白山脉东部中低山区，三面环山，整个地势由北向南逐渐倾斜，形成东北、东南、西北部高，中部、南部低的簸箕状盆地，北部老爷岭是本区的最高峰，除沿江平原（珲春平原）外大部分是丘陵低山地带，境内山区面积达90%以上。本区有300多条河流，属图们江水系。自然地理条件独特，野生动植物资源丰富，是丹顶鹤等世界珍稀鸟类的栖息地，也孕育着东北虎、豹等国际濒危物种及10多种国家一级重点保护野生动物。除此之外，该地区还分布着芡莲、图们江红莲、大果野玫瑰等珍稀植物。

吉林珲春东北虎国家级自然保护区位于图们江下游边境地区，东与俄罗斯滨海边疆区克罗维亚、巴斯维亚、波罗斯维克等3个保护区接壤，西南隔图们江与朝鲜庆兴、雄基郡相望，北与黑龙江绥阳林业局相连。该区是目前我国境内东北虎数量和密度最高的地区，保护区有中国国家一级重点保护野生动物9种，如东北虎、豹、紫貂、丹顶鹤等，国家二级重点保护野生动物33种，如马鹿、黑熊等。

4.4 生境评价方法

生境的质量对生物的生存繁衍有重要的意义。据国内外相关研究，野生东北虎的活动区域广阔，通常雄性的活动区域面积可以达到600~800km²，雌性为300~500km²（李彤等，2001）。东北虎栖息地的范围不尽相同，这取决于东北虎的性别、年龄以及抚育的幼崽年龄和数量以及栖息地的生境因子影响，还取决于其主要食物——有蹄动物密度（达尔曼等，2006）。在冬季食物短缺时，白天也常出来觅食，且活动范围较大，猎物区域可达500~900km²（马志军和马志明，2004）。图们江下游的野生东北虎活动的范围及生存适宜的区域是本研究

图 4-4 东北虎生境（李颖拍摄于珲春马滴达东北虎发现地）

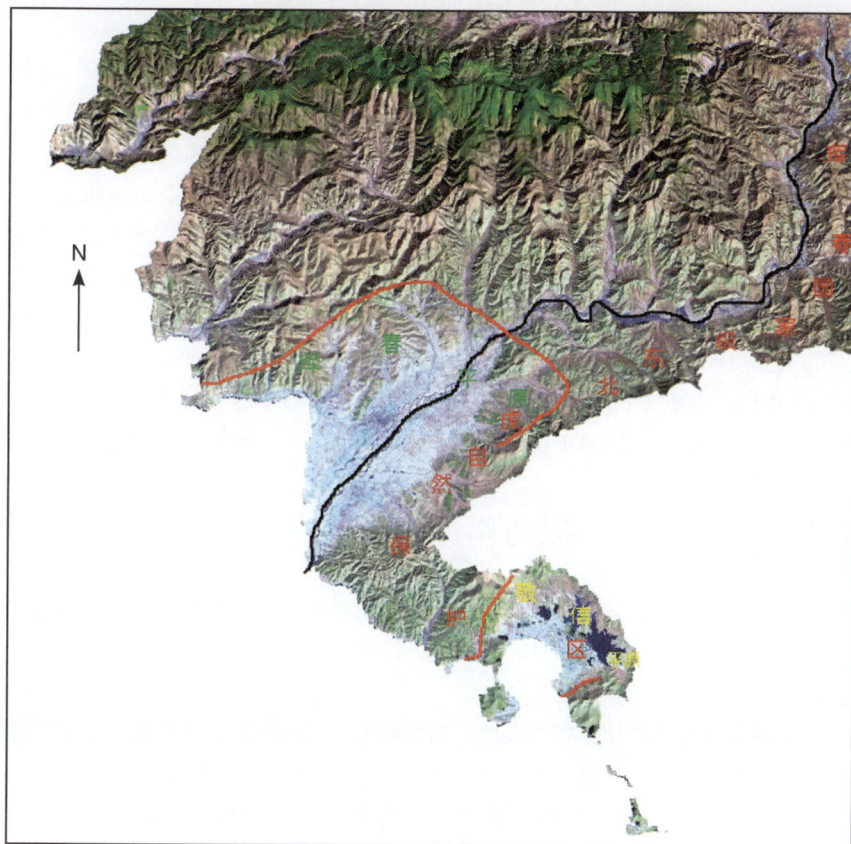

图 4-5 图们江下游空间图

的主要研究内容，对野生东北虎在中国境内的种群恢复有重要的意义。

本研究的资料：吉林珲春东北虎国家级自然保护区1989~2007年野生东北虎出现地点记录数据资料（共100余点）、2001年珲春地区TM影像2景、1∶20万地形图数字化后得到的数字高程模型图（DEM）、珲春地区的林相图。

我们利用东北虎对生境影响要素的选择进行主要信息提取最终赋值进行适宜度评价（图4-6）。

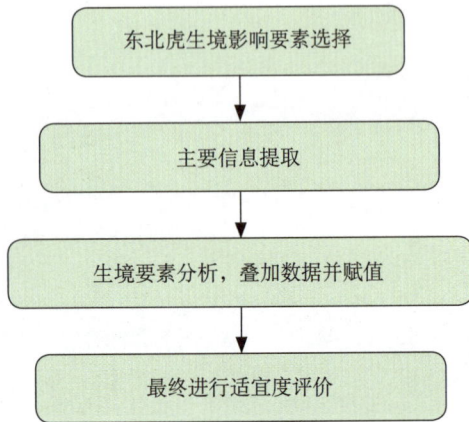

图 4-6 东北虎生境评价及分析流程图

一直以来，由于人难以接近这种大型野生食肉动物，对其的调查，都只能是以活动地的痕迹为研究，如以虎的足迹、扒痕、粪便等为依据（李潜等，2001）。采集的资料中绝大多数都是通过人工进行采集的。通过人工上山搜索调查，发现有东北虎活动过的地方，采用GPS技术精确定位，把地名和地理坐标、发现时间、信息概要等信息记录下来（表4-1）。近几年，引进了一些先进技术，如通过红外线数码相机，可以清晰地拍摄到东北虎活动的情景，给研究工作带来了方便。我们所利用的数据是珲春保护区所提供的1989~2007年记录的东北虎发现点，1989年1个点、1990年1个点、1991年1个点、1993年3个点、1994年2个点、1995年2个点、1996年3个点、1997年12个点、1998年6个点、2002年17个点、2003年18个点、2004年19个点、2005年17个点、2006年16个点、2007年57个点。

其中在1998年以前，野生东北虎出现都较少，而到了2002年，东北虎出现情况明显增多。

我们将珲春地区的野生东北虎的生境影响因素分为自然因素和人为因素，自然因素为：东北虎最适宜林相、离水源距离、海拔高度、地势坡度等几个要素；人为因素为：离公路的距离。

利用珲春地区林相图将珲春地区的各种生境进行提取，分类精度是按大类的基本分类，分别提取出针叶林-幼龄林、针叶林-中龄林、针叶林-成过熟林、针叶林-人工林、针阔混交林-幼龄林、针阔混交林-中龄林、针阔混交林-成过熟林、针阔混交林-人工林、阔叶林-幼龄林、阔叶林-中龄林、阔叶林-成过熟

表 4-1 对东北虎活动地调查记录的部分信息

序号	分布地点	发现时间	信息概要	提供人	备注
1	珲春敬信防川哨所-张鼓峰-洋馆坪沿线	1993.12	见虎足迹	黄占武	
2	洋馆坪	1993.12	该人被虎咬伤	金元国	信息1发生10余天后，为同一只虎
3	九道沟	1993.5	虎食牛6头	金永龙	
4	圈河东沟	1994.5	虎食牛6头，见虎足迹	金忠福	该村高龙春曾3次见到虎实体

资料来源：吉林珲春东北虎国家级自然保护区

林、阔叶林-人工林、柞树林-幼龄林、柞树林-中龄林、柞树林-成过熟林、柞树林-人工林、杨桦林-幼龄林、杨桦林-中龄林、杨桦林-中龄林、杨桦林-成过熟林、杨桦林-人工林、矮林-杂木林、母树林、经济林、灌木林、荒山荒地、灌丛地、农地特用林、疏林地、沙地、未成林造林地、沼泽地、采伐迹地、牧草地、岩石裸露地、火烧迹地等43种林相，与2002~2007年珲春东北虎出现分布点图分别以图层形式显示，然后叠加，进行分析，得出不同种类生境中东北虎出现频度。

利用DEM将珲春地区的坡度及海拔高度提取出来。并利用ArcGIS中的空间分析工具（3D Analyst Tools /Surface Spot）将东北虎发现点图层附加高度及坡度属性，得出坡度小于10°的点占到80%，海拔在500~800m的点占到80%，于是在本研究中定义珲春地区适宜东北虎生存的坡度是小于10°，适宜海拔为500~800m。

在ArcGIS中的缓冲区（Buffer）工具是对一组或一类地图要素（点、线或面）按设定的距离条件，围绕着组要素而形成具有一定范围的多边形实体，从而实现数据在二维空间扩展的信息分析方法（汤国安和杨昕，2006）。

除海拔及坡度之外，水源对任何一种生物都是必不可少的生存条件。将珲春地区的水系生成1km的缓冲区，在这个范围内则认为对东北虎的生存是很有利的环境区域。另外，除自然要素影响生物的生活，随着人类对环境影响越来越大，非自然要素对东北虎的生存环境也成为了很重要的因素。

利用ArcGIS把东北虎出现点建成图层，根据建立珲春自然保护区建立前后的不同，分别绘制出了建区前东北虎出现地图层和建区后东北虎出现地图层。利用地理信息系统对建区前后东北虎活动范围与道路、居民点的距离变化进行了分析。

利用ArcGIS 软件将重要居民区做成平面图取出中心位置，并测量所有数据点位置与居民区平面中心的距离，找出小于30km的点，并计算出占全部东北虎出现次数的比例。同样将建区前后的东北虎出现地点图层与珲春道路相叠加，测量出与公路距离小于2km的出现点的比例（表4-2）。

得到的结果表明，东北虎自2003年至今更接近人类生活环境，且公路对其生境破碎化的影响很大，公路的建设及人为因素的干扰对其食物的猎取，对其生存繁衍都极为不利，本研究仅以公路为一个代表作为对东北虎生存环境产生负面影响的要因。同样利用Buffer工具将珲春地区的道路生成1km的缓冲区，定义在这个范围内是不适宜东北虎生存的。

在ArcGIS中，图层合并是指通过把两个图层的区域范围联合起来而保持来自输入地图和叠加地图的所有要素。图层合并将原来的多边形要素分割成新要素，新要素综合了原来两层或多层的属性。打开工具箱（ArcToolbox），选择图层合并工具（Analyst Tools/Overlay/Union），利用已分析的要素进行图层合并。在评价的过程当中，利用前面提到的各自然影响要素及人为要素的属性列表，添加字段，在有利的要因条件中赋值为1，而对于道路这样不利的影响要因在其缓冲区的属性赋值为-1（表4-3）。

在合并后生成的图层文件属性列表中添加一个短整型字段。并对此字段进行赋值计算，最后此字段属性值进行符号化分级显示。分为3个等级：适宜，次适宜，非适宜。

4.5 生境评价结果及分析

通过每种林相与东北虎发现点图的叠加分析，得出发现东北虎的生境类型概率，发现次数最多的植被类型为柞树林，其次为阔叶林。可以进一步证实适宜东北虎生存的环境是遮蔽性较好的植被环境，并且猎物密度较高、人为干扰较轻的生境区域。

表 4-2 东北虎出现地点与居民地及公路的距离变化

对比时间	东北虎出现地点与居民地中心距离小于30km的比例（%）	东北虎出现地点与公路距离小于30km的比例（%）
保护区建立前	8.57	43.3
保护区建立后	18.69	59.8

表 4-3 影响东北虎生存环境的要因赋值

要因	海拔（m）		坡度（°）		水源（m）		林相		道路	
条件	500~800	其他	<10	≥10	<1km	≥1km	柞树林/阔叶林	其他	≥1km	<1km
赋值	1	0	1	0	1	0	1	0	0	-1

利用地理信息系统得出保护区建立前后的东北虎信息中可以分析出：保护区建立前东北虎的信息只有零星的几个点，而保护区建立后明显增多（图4-3），并可以发现保护区建立前后东北虎发现点的分布情况也有很大差别。保护区建立前东北虎出现在珲春地区东部的一条狭长国界地带上，分布区很小；保护区建立后东北虎出现区范围明显扩大，有向珲春地区的西北部扩大的趋势，东北虎与居民地的距离越来越近（图4-3）。保护区建立之前东北虎分布于珲春东部及南部一带，而2002年之后一直到2007年东北虎出现位置向西移，离密集的居住地越来越近。保护区建立后东北虎出现分布较建立前更为接近公路和居民区，而对于东北虎的生存来说并不适宜在有人为影响的环境中生存，珲春地区有频繁的东北虎吃牛事件，这一现象可以侧面反映出其原有生活环境中的食物链并不足以满足其生活的需求。

图4-7为利用ArcGIS的空间分析工具将影响珲春地区东北虎的自然要因及人为要因进行空间分析后得出的珲春东北虎生境适宜度情况。其中适宜生境约占整个区域的50%，次适宜生境占45%，不适宜生境占5%。

而现行吉林珲春自然保护区功能分区（图4-8）中红色区域为核心区，绿色区域为缓冲区，为了从事科学实验、教学实习、参观考察、旅游及驯化、繁殖珍稀濒危野生动植物活动的需要，特设黄褐色区域为实验区，保护区的区域范围就包括这3个区域，同时考虑到东北虎活动范围较大，在保护区北部缓冲区的外围设了一个保护带，作为保护区的过渡地带，为图中浅黄色区域，但这个区域允许农田耕种等一些生产经营活动，是属于社区共管区。

通过对比现行保护区功能分区可以看到，现行的保护区面积过小，不足以满足野生东北虎的生存活动。珲春地区对于东北虎适宜的潜在生境范围仍然很大。在目前还能适合野生东北虎生存的环境中也有很多人类活动，在每个区域中都有居民地以及农用地，并且有主要公路从保护区的核心区中穿过，保护区外的潜在栖息地的保护将会是东北虎种群能否恢复的关键。

一个生物物种能否继续生存并发展，最根本的是看它是否仍然具备自然繁殖能力。就东北虎这种独栖型大型食肉动物来说，需要具备几十只以上的大型成年个体的种群才能保证其正常繁殖，那可想而知需要多大的区域。有观点认为，珲春自然保护区可以依靠近邻俄罗斯境内的克罗维亚、巴斯维亚、波罗斯维克3个虎豹保护区来维持虎豹的繁殖。俄罗斯部分虎豹保护专家认为：我国境内的东北虎都是游荡虎，所有繁殖虎都生活在俄罗斯境内。虽然俄罗斯专家的这种说法还无法证实，但假如我国不尽快改善野生东北虎的生存环境，我国境内野生东北虎将会消失。

4.6 结论及保护建议

本研究利用GIS软件对珲春地区东北虎的生境进行分析，并得出东北虎适宜生境范围，其中很大一部分没被包含在保护区内，有很大范围是野生东北虎的潜在生境，对这部分环境的研究和保护对于东北虎在中国境内的种群恢复有

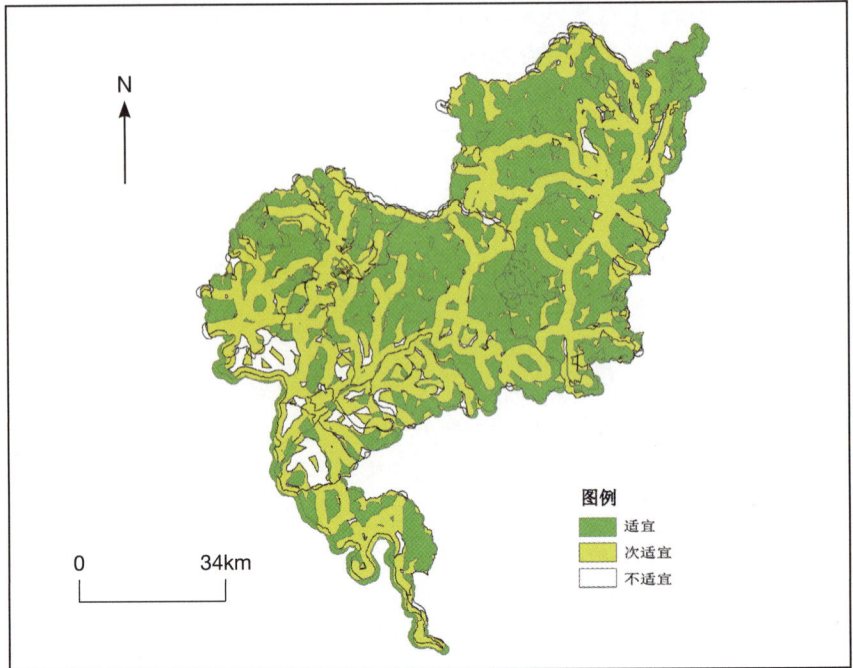

图 4-7 珲春地区东北虎生境适宜性示意图

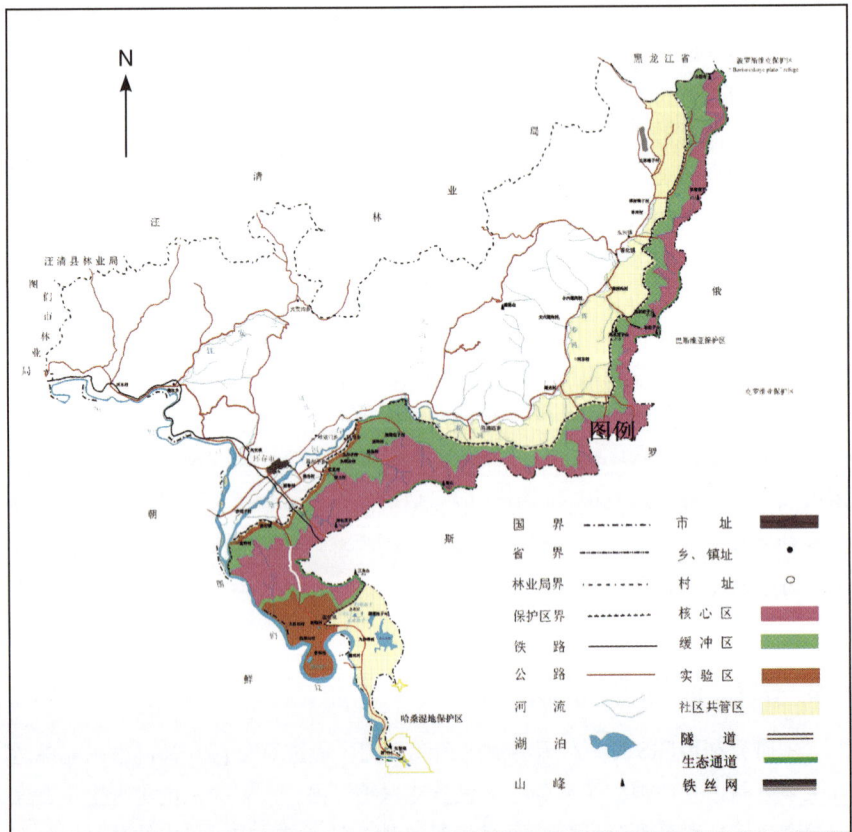

图 4-8 珲春地区现行保护区范围及功能分区（来自吉林珲春东北虎国家级自然保护区）

重要的意义。同时针对东北虎接近居民地与公路的情况可以推测出适宜东北虎生存的环境已出现问题，食物链被破坏等状况已严重影响了东北虎的生存环境。

基于以上研究对珲春地区的东北虎保护提出三点保护建议：

（1）**栖息地的保护**

协调林业部门与保护区管委局的工作。对栖息地的保护应投入更多的力量，其中包括可以影响东北虎生存的植被环境及捕食环境。历史上，东北虎广泛分布在东北这一带，后由于大量捕杀，生存环境严重破坏，导致东北虎可生存环境急剧减少。因此，在对其进行保护时，重点应是加强栖息地的保护与管理，建立更大范围的自然保护区，并尽可能使保护区生态系统恢复到接近原先自然的状态。目前恢复环境的实现手段可以是自然恢复和人工恢复，但主要采取自然恢复。自然恢复即是使得保护区不再遭受重复性和经常性的人为干扰，从而形成一系列不同时期的森林群落，为保护区东北虎及猎物资源的生存提供较好的栖息地条件。

（2）**建立生态走廊**

野生动物生境的隔离和破碎是导致大中型兽类濒危甚至灭绝的主要原因。东北虎这种生态系统中的顶级动物，要求生存的领域很大。在目前还能适合野生东北虎生存的环境中也有很多人类活动，在每个区域中都有居民地以及农用地，并且有主要公路从保护区的核心区中穿过。足以见证人类大量的开发利用自然环境，致使自然环境破坏，从而导致东北虎生活环境的破碎化，岛屿化，图4-8中最适合东北虎生存的核心区明显出现了分离，成为孤立的破碎岛屿环境（图4-7）。生境面积的退缩，生境的隔离，这将导致东北虎较低的种群互补效应，极易造成局部种群的灭绝。因此保护好东北虎的首要任务之一就是要建设生态走廊，把破碎的区域连接起来，使其成为一个相对大面积的完整栖息地，得以维持其繁殖种群，有效地降低局部种群的灭绝风险。

（3）**东北虎保护工作的科学化、合作化**

在对东北虎进行保护时，重点应在加强栖息地的保护与管理，建立跨国界自然保护区，并尽可能使保护区生态系统恢复到接近原先自然的状态。尽快恢复自然植被和有蹄类动物。采取封山育林措施，为野生动物提供较大面积的生存环境，监测东北虎的种群动态，查清其活动规律，在此基础上制定周密的保护行动。

自珲春东北虎国家级自然保护区建立以来，对东北虎进行了各种保护活动，并从法律上给予了保障，同时加强了公民对东北虎的保护意识，监测工作也取得很大的成绩。但东北虎当前在珲春地区的数量不容乐观，分布仅在我国的边界地区。对于东北虎的保护与研究工作仍存在多方面的困难，除政府支持外，社会各界的力量也是很需要的。

致谢

感谢上海绿洲生态保护交流中心对本文撰写提供的支持以及野生东北虎的前期研究基础。一并感谢珲春东北虎国际家自然保护区管理局对研究的大力支持。

参考文献

达尔曼Ю·А, 叶吉里留克В·Е, 佛敏科П·В, 彼尔谢尼耶夫Ю·И, 王凤昆. 2006. 俄罗斯远东地区东北虎现状及其保护. 野生动物杂志 2006: 19-23.

赫俊峰, 于孝臣, 史玉明. 1997. 东北虎分布区的历史变迁及种群变动. 林业科技 22(1): 28-30.

李春旺, 蒋志刚, 张恩权, 古远. 2007. 保护行为学——正在兴起的保护生物学分支学科. 生物多样性 15(3): 312-318.

李潜, 苏彦捷, 刘丹. 2005. 圈养条件下东北虎的个性差异. 科学中国人, 18-19.

李彤, 蒋劲松, 吴志刚. 2001. 吉林省东北虎的调查. 兽类学报 21(1): 1-6.

罗述金, Jae-heup K, Warren EJ, Dale GM, 黄世强, 潘文石, James LDS, Stephen JOB. 2006. 中国及其他分布区域野生虎的系统地理学和遗传起源研究进展. 动物学杂志27(4): 441-448.

马建章, 金崑. 2003. 虎研究. 上海: 上海科技教育出版社.

马逸清. 2000. 上世纪中国东北东北虎数量及分布. 见：张恩迪, Miquelle DG, 王天厚, 中国野生东北虎种群恢复进程和展望. 北京: 中国林业出版社.

马志军, 马志明. 2004. 东北虎. 北方环境 29(1): 61.

汤国安, 杨昕. 2006. ArcGIS地理信息系统空间分析实习教程. 北京：科学出版社. 196-242.

于孝臣, 孙宝刚, 关国生. 2000. 黑龙江省东北虎的分布和数量调查. 野生动物 21(2): 14-16.

Bzicw E. 2004. Designing a conservation Landscape for Tigers in Human-Dominated Environments. Conservation Biology, 18: 839-844.

Eric W, Meghan M, Eric D, Anup J, Bhim G, David S. 2004. Designing a conservation Landscape for Tigers in Human-Dominated Environments. Conservation Biology, 18: 839-844.

Harrison RL. 1992. Toward a theory of inter-refuge corridor design. Conservation Biology, 6: 293-295.

Pereira JMC, Itami RM. 1991. GIS-Based habitat modeling using logistic multiple regression：a study of the Mt. Graham red squirrel. Photogrammetric Engineering & Remote Sensing 57(11): 1475-1486.

Pikunov DG. 2000. Status of the Amur tiger in Russia Far East. 见：张恩迪, Miquelle DG, 王天厚, 中国野生东北虎种群恢复进程和展望. 北京: 中国林业出版社.

作者简介

朱卫红 1972年生，博士，延边大学师范学院地理系，教授；延边大学城市与环境生态研究所副所长；延边大学中青年骨干教师。现任国国立汉城大学东北亚生态恢复研究会，特聘研究员；东北亚生态文化研究会（国际），秘书长；延边野生动物保护协会，理事；国际景观生态工学会，委员。主要从事生态环境规划研究，特别是生态资源调查及分类；资源评价、生态环境可持续利用规划等。发表论文20余篇。对国内图们江下游生态环境领域上具有较深入的研究。

Email：weihongzhu@hotmail.com

李颖 1985年生，2008年保送延边大学人文地理研究生。主要研究方向为3S技术在野生动物保护中的应用及景观生态学，论文方向为野生东北虎生态学及栖息地保护研究，导师是朱卫红教授。2010年4月开始在WCS（国际野生生物保护学会）东北虎项目做项目实习生，主要负责协助东北虎野外研究及科研相关工作及志愿物种保护工作。

Email：23484530@qq.com

李冰 博士，现任上海绿洲生态保护交流中心主任，上海市野生动物保护协会理事，全球绿色资助基金会中国理事，上海市青年联合会委员，中国药学会中药与天然药物专业委员会动物药专业副组长等职位。主编了《中药资源与濒危野生动植物保护》、《远东地区野生动物足迹指南》等书籍。曾就职于国际野生生物保护学会，先后主持了亚洲保护交流项目、东北虎保护项目、江西九连山自然保护区人为干扰对生物多样性保护研究、江西官山自然保护区资源状况调查等学术项目。

Email：evebingli@163.net

第5章

滇金丝猴西藏种群生境及其变化

朱建国　黄勇

5.1 滇金丝猴介绍

滇金丝猴（*Rhinopithecus bieti*），又称黑白仰鼻猴（图5-1），隶属于灵长目（Primates）、猴科（Cercopithecidae）、疣猴亚科（Colobinae）、仰鼻猴属（*Rhinopithecus*）；是世界上为数不多的完全分布于温带、海拔分布最高、生境状况最为严酷的灵长类之一（Zhao et al., 1988; Long et al., 1994）；是我国特有的5种灵长类之一，国家一级重点保护野生动物，在世界自然保护联盟（IUCN）2010受威胁物种红皮书中被列为濒危物种并处于小种群状态（Endangered C1）（IUCN，2010），在2002年曾被列为世界25种最濒危的灵长类之一，近年来由于种群数量趋于稳定而退出了该名录（Mittermeier et al., 2007）。

5.1.1 分布与数量

400年前，仰鼻猴属广泛分布于我国南部、东南部和中部低海拔地区和西北部的甘肃和陕西等11个省份，由于人口数量增加、耕地扩张等原因，至200年前，东部和东南部沿海地区的种群已逐步消失，四川和贵州的种群数量也大幅度减少；近200年来，中、西部如湖北、四川等所有海拔1200m以下地区的种群也消失了（Li et al., 2002）。现存滇金丝猴仅分布在滇西北和藏东南地区金沙江和澜沧江之间云岭山脉的一个狭小区域内（98°28′～99°41′E, 26°14′～29°30′N），含西藏的芒康，云南的德钦、维西、丽江、兰坪、云龙等6个县（Long et al., 1994）（图5-2）。这一区域地处东喜马拉雅的横断山区，属长江上游，是全球公认的生物多样性最丰富的重点保护热点地区之一，分布着大片的原始森林及多种珍稀濒危物种。作为旗舰物种，通过保护滇金丝猴及其赖以生存的生态系统，也就保护了当地独特的自然景观。龙勇诚等（1996）于1987~1992年期间对滇金丝猴种群分布和数量进行普查后认为，其自然种群有13群，总数约为1000~1500只。丁伟等（2003）于1999~2002年期间的考察认为云南省境内的种群数是11群，西藏境内有2群，合计为1200~1700只之间，与龙勇诚等的报道相比，新发现种群4个，曾有记录的5个种群已消失。Xiang et al.（2007a）在2003~2005年对西藏芒康红拉雪山自然保护区6个猴群可能分布地进行调查后认为，西藏芒康县境内从北到南分布有执娜群约50只，小昌都群约210只，米拉卡群约50只，共3群至少300只，其中执娜群是新发现群。综合上述调查研究，目前普遍认为滇金丝猴种群现存约15群，数量约1700只；其中，云南省境内约有12群约1400只，西藏芒康县境内有3群约300只（Long & Wu, 2006）。

图 5-1 生活在中国云南和西藏的滇金丝猴（摄影：马晓峰）

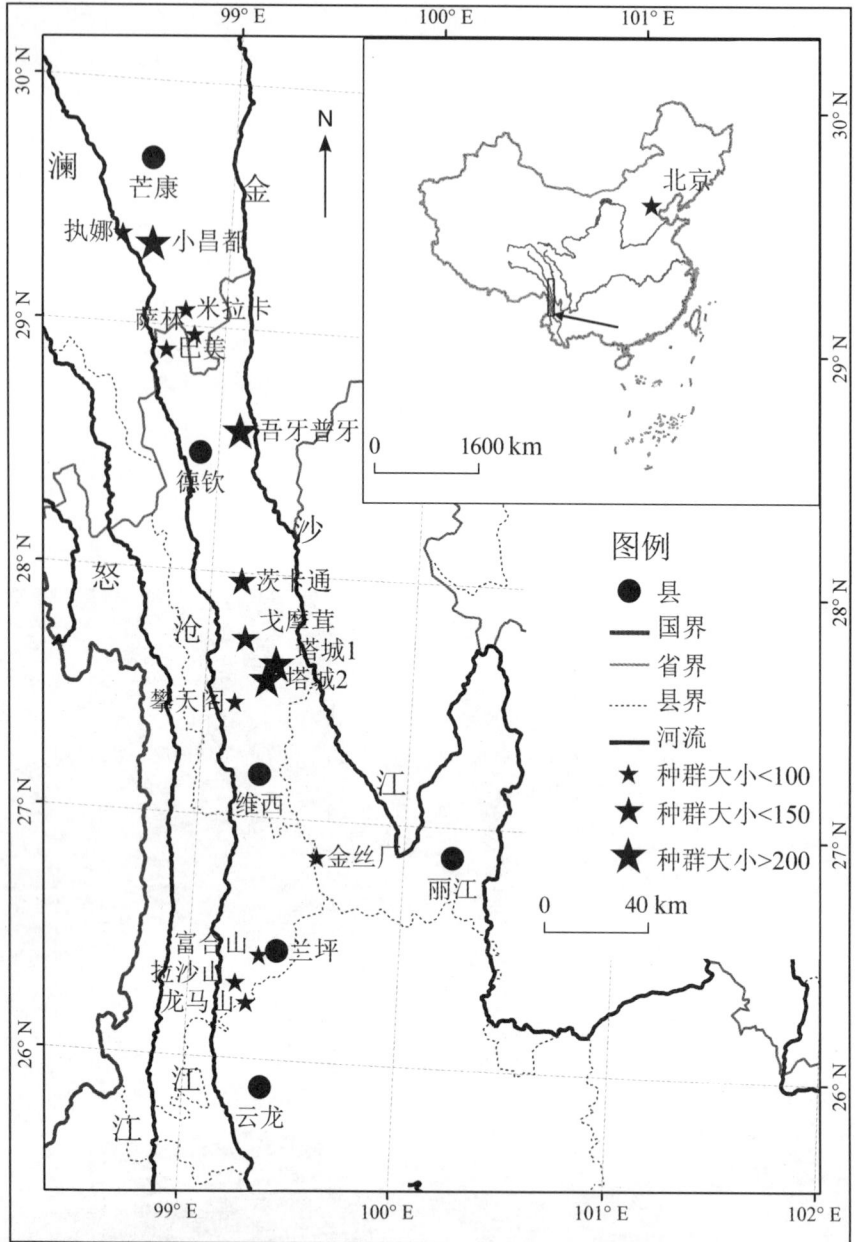

图 5-2 滇金丝猴分布区域（引自霍晟, 2005; Liu et al., 2007b）

5.1.2 食性

滇金丝猴分布区域呈狭长的南北走向，其南、北种群的食性有明显差异。总体上，随着纬度和海拔的降低，植物种类逐渐增多，滇金丝猴的食物种类也逐渐丰富（表5-1），从北到南，小昌都群、吾牙普牙群、塔城群、萨玛阁群和龙马山群随着纬度和海拔的降低，生境多样性增加，滇金丝猴取食地衣的比例逐步降低，大致为82.2%、75%、60%、67%、30%；而取食芽、叶、果实等的比例增加，并且滇金丝猴取食种类有明显的季节性差异，冬季种类最少而春

表 5-1 滇金丝猴在不同纬度分布的食性比较

| 研究地点 | 经纬度 | 研究时间(年) | 科 | 属 | 种 | 取食部位 | | | | | | 数据来源 |
						芽	叶	花	果实种子	其他	合计	
小昌都（北）	98.62° E 29.25° N	>1.5	13	19	25	11	16	6	2	13	48	Xiang et al., 2007b
塔城（中）	99.30° E 27.60° N	>2	28	42	59	15	29	/	29	17	90	Ding & Zhao, 2004
萨玛阁（中）	99.28° E 27.57° N	>1	23	/	80	16	76	6	24	15	137	Grueter et al., 2009
龙马山（南）	99.25° E 26.23° N	>1.5	27	52	97	94	64	69	42	39	308	霍晟, 2005

注："/"为无数据。

季明显增加，在食物丰富的季节还会取食少量的树皮和无脊椎动物。分布在北部的小昌都群在树上活动时更多地取食松萝，而在地面上活动时更多地取食芽和叶、花、果实等（Xiang et al., 2009）。分布在中部的塔城群取食28 科、42 属，共计59 种植物，其中9 种地衣、44 种乔木，3 种竹子和3 种草本植物。食性有明显地季节性变化，在冬季、春季、夏季和秋季，分别取食21、38、39 和47个植物部位。从全年来看，总计有90个植物部位被食用（有些植物被取食的部位超过1个）(Ding & Zhao, 2004)。萨玛阁群全年取食94种植物，其中取食最多的为6个属的植物（*Acanthopanax, Sorbus, Acer, Fargesia, Pterocarya, Cornus*），夏季取食竹枝但整年都取食竹叶。萨玛阁群（塔城格花箐附近）取食地面的草本植物、菌类、根茎甚至小型哺乳类；取食地衣占取食总量的67%，其余补充食物为16%的芽和嫩叶，11%的果实，4%的成熟叶和2%其他（Grueter et al., 2009）。龙马山群春季偏好落叶阔叶树的嫩芽与花；春末夏初偏好竹笋；秋季偏好果实；冬季偏好壳斗科的种子。全年的食用植物共计27 科52 属97 种，多于中部和北部猴群利用的种数（霍晟, 2005）。

5.1.3 滇金丝猴的社会组织、繁殖行为与家域研究

马世来等（1989）认为滇金丝猴的社会组织为以"小家庭"为基础，并具有三角式序位，具多雄多雌混合集群的社会结构，但这种小家庭实质并非独立的小繁殖集团。Wu（1993）报道滇金丝猴的大群可能也是由一些亚群为基本结构单位组成的。Kirkpatrick et al.（1998）观察到白马雪山吾牙普牙群具有两个层次的社会组织，OMU（one-male unit）是基本的繁殖单位，即由一只雄性、数只雌性及数量不等的未成年个体所组成的小群体，由若干这样的繁殖单位和至少一个全雄群（all-male unit，AMU）共同聚合成一个大群（band）。OMU 的形成认为是由于雄性间配偶竞争的结果（Kirkpatrick，1996）。Liu et al.（2007）对云南塔城群通过山谷和在水源地饮水过程的摄像机记录的研究表明，塔城群由366个个体组成，是目前所知最大的滇金丝群体，可以分为26个单位，其中有19个单雄多雌单位、5个多雄多雌单位和2个全雄单位；2/3以上的亚成年雄性个体和全雄单位一起活动，表明雄性可能会从其出生的单雄多雌单位

中迁移出来；猴群在地面活动时，全雄单位位于猴群的外围充当前卫和后卫。

云南富合山（99°20′E，26°25′N）群的游走行为研究表明，猴群终年以取食树叶为主，多在过夜地附近活动。在冬–春季，猴群一般在低海拔的南部活动，同时缩短日行走距离，花费较多的时间取食树叶，竹叶和竹笋；而在夏–秋季，猴群的活动模式与冬–春季相反，并取食大量果实（Liu et al., 2004）。塔城群年均活动时间比例为取食35%，休息33%，移动15%，社会活动13%（Liu & Zhao, 2004）。小昌都群在地上活动的时间比例高达15.0%；其中成年雄性、雌性以及未成年个体在地上活动的时间比例分别为16.6%，12.7%和15.6%（Xiang et al., 2009）。

关于滇金丝猴繁殖生物学的野外资料很少。白马雪山吾牙普牙群婴猴的出生多集中3~4月；出生间隔大致为两年，成年性比为3雌：1雄（Kirkpatrick et al., 1998）。对分布于北部西藏的小昌都野外种群的研究表明，交配时间为7~10月，出生时间为次年2~3月中旬（Xiang & Sayers, 2009）。

滇金丝猴的笼养研究始于1994年并获得成功，建立了第一个笼养种群，初步获得了性成熟年龄、孕期等繁殖参数（邹如金等，1994；1995；Ji et al., 1998）。对笼养已10年的一雄多雌猴群的繁殖行为研究发现，滇金丝猴的生育期为每年的12月至次年6月，3~5月为出生高峰期，生育间隔期均值为428 ± 87天（Cui et al., 2006）。

Kirkpatrick et al.（1998）对吾牙普牙群家域研究发现，基于用500m的网格法计算得到，第一年的家域最小估计是16km²，两年累计为25km²，其"多年家域"（1985~1994年的累计值）达到100km²，远远大于其他金丝猴的家域大小，这种逐年增加和变化的家域大小推测是由于松萝再生率极低，猴群只有逐年更替其觅食地域才能获取足够的食物，也不会对松萝造成破坏性过度利用。Yang（2003）对金丝厂群的家域研究结果为4km²；Ren et al.（2009）用全球定位系统项圈对金丝厂群中的1个体进行的家域范围研究表明，最小凸多边形法得到的家域范围为32.8km²，250m网格法得到的家域范围为17.8km²，500m网格法得到的家域范围为23.3km²。霍晟（2005）对最南部龙马山群研究，基于250 m网格法统计得到的家域面积为9.56km²。家域面积的估计受多种因素影响，猴群的大小（Kirkpatrick, 1996; Cipolletta, 2004）、所采用的调查方法和统计方式（Albernaz, 1997）、可利用资源的季节性差异（Chivers, 1994; Poulsen, 2001; Boonratana, 2000）、气候和天气状况(Zhao, 1999; Li, 2002)等。

5.1.4 适宜生境及其格局变化研究

Xiao et al.（2003）是最早应用卫星遥感影像和GIS对滇金丝猴生境进行研究，通过目视解译及手工数字化的方法，研究了1958~1997年云南省境内滇金丝猴适宜生境的情况，结果表明在过去39年间，云南省境内的滇金丝猴生境面积丧失了约31%（1887km²），而高山牧场面积扩增了204%（1291km²），生境平均斑块面积由15.6km²下降到5.4km²。分析还表明牧场面积与人口（以乡为单位）呈显著正相关，即牧场面积随人口增加而增加，因此，导致滇金丝猴生境丧失和破碎化的基本原因是生产方式改良甚少条件下的人口膨胀和牧场扩张（含全伐迹地）。

武瑞东等（2005）采用1999年和2000年覆盖整个滇金丝猴分布区的4景美国陆地卫星数据，应用RS和GIS技术对云南省境内滇金丝猴的适宜生境进行了研究。通过对滇金丝猴已有科考数据和相关研究成果的整理评估，综合得出了该物种适宜栖息地的生态学知识，建立空间模型，快速提取了适宜滇金丝猴生存的植物群落／土地覆盖类型和其适宜栖息地分布数据，结果表明云南省境内滇金丝猴适宜生境总面积为7788km^2，且基本上被分割为9大片区；现有种群分布在其中的5个片区内，其总面积为6449km^2。

李卓卿和许建初（2005）利用RS和GIS技术，结合野外实地参与式调查，对滇西北维西县塔城镇1990和1999年的土地利用类型和空间格局变化进行了分析。结果表明，塔城镇10年间土地利用类型和空间结构变化较小，仍以有林地为主。但林地的结构发生了变化，低覆盖度林地从9.9%增加到18.3%；高覆盖度林地减少了5.4%；中覆盖度林地减少了5.4%，森林植被质量下降。土地利用／土地覆被景观变化最大的区域在海拔3400m以上的塔城镇东南角和西南角，景观多样性、优势度降低，景观破碎化程度加深，严重影响该地区滇金丝猴的生境。

周汝良等（2008）利用RS与GIS技术对云南境内滇金丝猴的分布格局进行了探讨，认为云南境内的现有种群生存于白马雪山、攀天阁、老君山、黑山、富合山和龙马山这6片独立的生境之中，南部的黑山、富合山、龙马山破碎化严重；白马雪山片区连通性好，老君山次之；攀天阁片区是白马雪山南端生境破碎化形成的，老君山周边区域破碎化严重。

黄勇等（2008）利用GIS和RS技术，通过对西藏米拉卡群生境1986~2006年冬季Landsat TM卫星影像进行解译和分析，得到主要结果有：①在过去20年里该猴群的最适宜生境——暗针叶林面积减少了15.5%（25km^2），牧场面积增加了58.1%（18km^2），农田面积增加了17.8%（5km^2）；②暗针叶林的斑块数量增加了75.6%，平均斑块面积下降了51.8%（从0.15km^{2}到0.07km^2），最大斑块指数下降了54.7%；③暗针叶林面积变化与当地的人口数量呈显著负相关（$r = -1.000$），而夏季牧场和农田面积分别和当地人口呈显著正相关（$r = 1.000$）的结果，这表明米拉卡群生境的丧失和破碎化程度较为严重，生境丧失和破碎化是当地传统生产方式和人口增长共同作用的结果。

5.1.5 保护现状

由于人口膨胀过快，在采伐、放牧、采矿，公路、高山村寨等人类活动的干扰下，滇金丝猴生境的联结走廊受到阻隔（丁伟等，2003），现存滇金丝猴自然种群有86%为牧场所阻隔，几乎相互隔绝，呈岛屿状态，种群间不能进行基因交流（龙勇诚等，1996）。几乎所有猴群都承受着大规模商业采伐、新移民点（村寨）和个体经营的采矿业等所造成的生境丧失、破碎化和人类捕杀的巨大生存压力（Long et al.，1994）。滇金丝猴种群至今已分化为5个亚种群，5

个亚种群应作为不同的管理单元（management unit, MU）进行同步保护，以保护不同的管理单元中独特的遗传多样性；同时5个亚种群基因交流非常关键的生境走廊应作为优先恢复的区域（Liu et al., 2009）。

5.2 滇金丝猴的适宜生境

滇金丝猴分布区海拔较高，多为高山峡谷区，分布区内从北到南，生境的海拔高度逐渐降低，温度，降雨量以及植物多样性却逐渐增加（Long et al., 1994；龙勇诚等, 1996）。滇金丝猴所利用的生境类型从北到南大致可分为：暗针叶林（又可进一步分为：不含竹子——如西藏红拉雪山、吾牙普牙等；含竹子——如巴美、阿东和茨卡通等）、亚高山针阔混交林（如戈摩茸、金丝厂、塔城等），阔叶林（富合山、龙马山），适宜生境的海拔下限由南到北逐渐降低（丁伟等, 2003），形成了一个生态梯度。滇金丝猴主要在暗针叶林（冷杉 *Abies georgei* 和云杉 *Picea likiangensis*）中活动，其次是针阔混交林（包括落叶和常绿阔叶林），少数在常绿阔叶林（栎树）、灌木草丛和竹林中活动，偶见在云南松林（*Pinus yunnanensis*）中移动，不在牧场或者农田中活动（Cui et al., 2006; 丁伟等, 2003），其分布的海拔下限是2600m（Xiao et al., 2003）。

吾牙普牙群活动的月平均海拔高度在4000m左右，这种变化与气温之间无显著相关性，种群垂直迁移不存在明显的季节性（Kirkpatrick et al., 1998）。白马雪山群冬季喜欢选择避风的山沟夜宿，在山沟中偏爱选择阳坡中部的针叶树上过夜，这样既安全又可以在第二天早晨很早就晒到太阳，有利于使经过一夜蜷缩而变得麻木的身体关节快速恢复活动状态（Cui et al., 2006）。富合山群从不选择靠近山谷那些最高最大的树作为过夜点，倾向于选择朝南或东南向的半山腰过夜，这里一般有其他三面山脊挡风，坡度最大，且有好的日照。不管日间在何种林型活动，猴群均在暗针叶林中过夜，并经常在同一地点连续过夜，滇金丝猴更喜选择暗针叶林是因为其树高和树枝高度值最大，胸径也较粗；在冬春季会延长在过夜处的时间，同时也会缩减其游移的面积（Liu & Zhao, 2004）。最南端的龙马山群主要利用阴坡，而阳坡主要是云南松，该猴群处于100年来滇金丝猴从南向北的灭绝边缘，根据已经获得的研究结果认为人类活动以及由此造成的云南松扩张是滇金丝猴100年来灭绝的主要原因（霍晟, 2005）。

5.3 评价区域：西藏东南部芒康县

研究地点（98°20′~98°50′E，29°00′~29°30′N）位于西藏藏族自治区东南部，芒康县境内，面积约758km²。芒康地处川、滇、藏大香格里拉地区，是世界遗产"三江并流"和梅里雪山风景名胜区向北的自然延伸。研究地点是滇金丝猴分布区的最北端，地处红拉雪山滇金丝猴国家级自然保护区，其主要保护对象是滇金丝猴等珍稀动物及其生境（图5-3）。

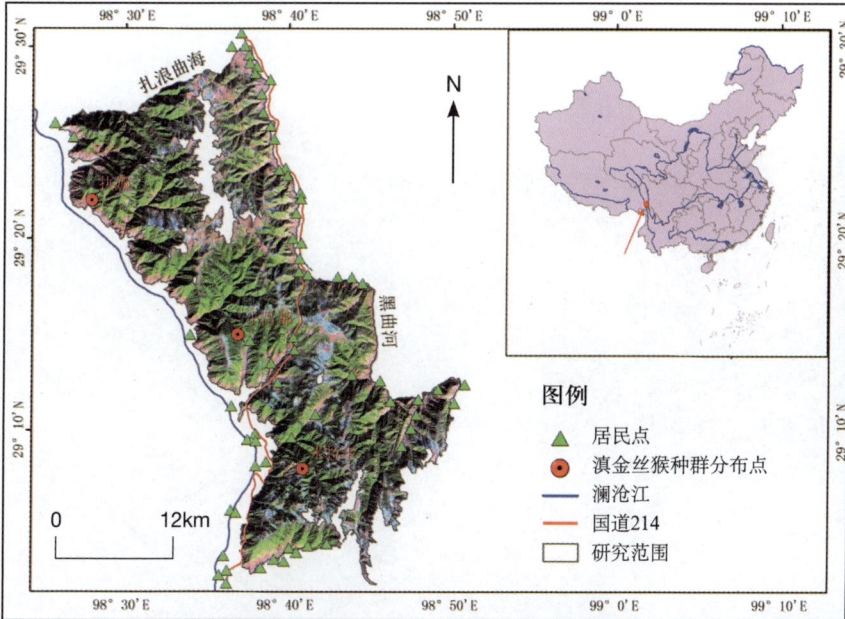

图 5-3 滇金丝猴西藏种群研究地点示意图

　　研究区域属于西南地槽区的横断山脉中部，云岭北端芒康山脉。由西边澜沧江与东边呷托河（又名黑曲河，为金沙江支流）夹持的一条由北向南延伸的山脉，澜沧江和呷托河在此有很多分支细流，如曲海、下勒、哈同龙等。主山脊海拔均在4500m以上，河谷区海拔仅有2300~3000m。山高、谷狭、坡陡，高山峡谷相间，地形破碎，裸露的岩石与山底原始森林镶嵌，是该地区最为典型的地貌特点。这里属高原温带半湿润性季风型气候，全年干湿季分明，平均年降水量485mm，主要集中于6~9月份；夏季气候温和湿润，冬季气候寒冷而干燥；年平均气温为3.5℃，1月份平均气温-6.3℃，7月份平均气温为11.5℃。由于地形复杂，小气候也复杂。年降水和温度具有典型的山地特征，降水集中在海拔3600~4000m之间，是森林植被在东西坡面分布的主要地带；河谷降水较少、温度高、蒸发量大，气候燥热，是温暖半干旱的气候。

　　根据《西藏植被》（中国科学院青藏高原综合科学考察队，1988）的划分，研究地点属于亚热带植被地带~东亚亚热带常绿阔叶林地区~横断山脉南部峡谷谷刺灌丛亚区~盐井~竹卡小区。由于地理位置特殊，海拔高差大，地形地貌复杂，山高坡陡，森林多呈斑块状分布，植被主要有以松科、壳斗科等植物为建群种的亚高山暗针叶林、硬叶常绿阔叶林、落叶阔叶林、灌木草丛4种类型。反映横断山脉地带性特征的松科、柏科、壳斗科等占很大比例，如在海拔3800~4600m分布的亚高山针叶林、高山栎矮林；其中落叶阔叶林较稀少，只在海拔3200~3600m的地带有零星分布。本研究地点为滇金丝猴分布的最北端，与其他分布区不同的是猴群在暗针叶林中活动，森林的上限就是猴群觅食地的上限，而猴群活动的下缘直接与农田相连，中间没有云南松林的过渡（图5-4）。

图 5-4 滇金丝猴西藏种群的典型栖息环境：暗针叶林（摄影：黄勇）

5.4 生境评价方法

5.4.1 通过对遥感影像解译获取土地覆被数据

本文使用的软件为Erdas 9.0和ArcGIS 9.0。

（1）影像的校正和裁剪

在现有的不同卫星影像中，美国NASA陆地卫星（Landsat）的TM影像由于价格相对低廉、周期短（每16天重复覆盖1次）；其波段选择能够很好地反映植被；空间分辨率（30m×30m）和光谱分辨率能够最大限度地区分不同的植被类型并监测其时间变化，因而被广泛应用于土地利用/土地覆被制图（Domaç, 2004; 赵英时, 2003）。本研究选择了1986年和2006年冬季的两幅Landsat TM卫星影像，进行了重投影和校正。根据野外实地调查和已有研究报道，由于海拔3200m以下是落叶灌丛带和干热河谷向森林过渡地带，猴群不会出现在这些地方；而在此区域猴群经常出现在海拔4500m以下，为了保守地估计猴群的生境变化，就以海拔3200m和4500m为界，分别"切除"其上下地带，然后解译裁剪后的图像。

（2）分类方案

结合滇金丝猴对生境的选择以及Landsat TM卫星影像的识别能力（Reese et al., 2002），将研究区域植被划分为4个类别制图：暗针叶林（包括原始暗针叶林和针阔混交林）、硬叶常绿阔叶林及灌木、夏季牧场和农田。其中暗针叶林和硬叶常绿阔叶林及灌木两类为有林地，夏季牧场和农田两类为非林地（表5-2）。混交林的海拔下限为适宜生境的下限。

（3）**影像解译**

为了提高该地区影像解译结果的准确性和效率，以1968年的地形图（1：100000）数据为参考，采用了目视解译分类和计算机分类（非监督分类和监督分类）相结合的方法。在Landsat TM卫星影像的543波段的真彩色合成下，暗针叶林呈暗或深绿色，分布在阴坡或半阴坡；硬叶常绿阔叶林及灌木呈亮或黄绿色，分布在阳坡或半阳坡；两者区分明显，解译时可用分布坡向作为参考。经野外实地调查发现，在高海拔地区，当地居民砍伐或者火烧后的迹地常被作为夏季牧场利用。因此，把海拔3200~4500m之间，除农田外的裸地划为夏季牧场；农田则位于居民点周围，由于气候原因，一般分布于海拔较低、林缘以下的地区。

在Erdas 9.0下先对每幅卫星影像进行非监督分类，然后对于错分或者未能正确划分的混合像元类别采用监督分类， 再进一步解译。影像解译的具体流程见图5-5。

5.4.2 生境面积和生境破碎化指数计算

植被制图完成后，应用Erdas 9.0和ArcGIS 9.0计算了不同植被类型的面积变化。为了定量探讨滇金丝猴生境破碎化情况，利用美国俄勒冈州立大学（Oregon State University）开发的Fragstats 3.3（McGarigal et al., 2002）软件计算研究区的生境破碎化指数（八邻规则）。本文选择的指数有斑块数量、平均斑块面积、最大斑块指数；景观丰富度指数、Shannon多样性指数和Shannon均匀度指数（McGarigal et al., 2002; 邬建国, 2000）（表5-3）。

表 5-2 滇金丝猴西藏种群区的植被制图分类方案及描述

地物覆盖类型	描述
1 有林地	有木本植物覆盖
1.1 暗针叶林	包括亚高山暗针叶林和针阔混交林。主要由云杉属（*Picea*）如云杉、冷杉属（*Abies*）如冷杉和松属（*Pinus*）如落叶松等树种组成的林地。常分布在阴坡和半阴坡，即西北坡和东北坡
1.2 硬叶常绿阔叶林及灌木	包括常绿硬叶阔叶林、落叶阔叶林和灌木草丛。主要由栎属（*Quercus*）如高山栎、桦属（*Betula*）如杨桦林、杜鹃属（*Rhododendron*）如北方雪层杜鹃等树种组成的林地。常分布于阳坡和半阳坡，即西南坡和东南坡
2 非林地	没有或很少有木本植物的区域，包括如城镇、村庄、农田，水体、高山流石滩、裸地/沙地/裸岩、草地、雪地等
2.1 夏季牧场	当地居民砍伐或火烧林地后形成的非林地常用作夏季牧场，把海拔3200~4500 m之间除农田外的裸地划为夏季牧场
2.2 农田	常位于居民点周围，由于气候原因，农田一般分布于低海拔、林缘以下

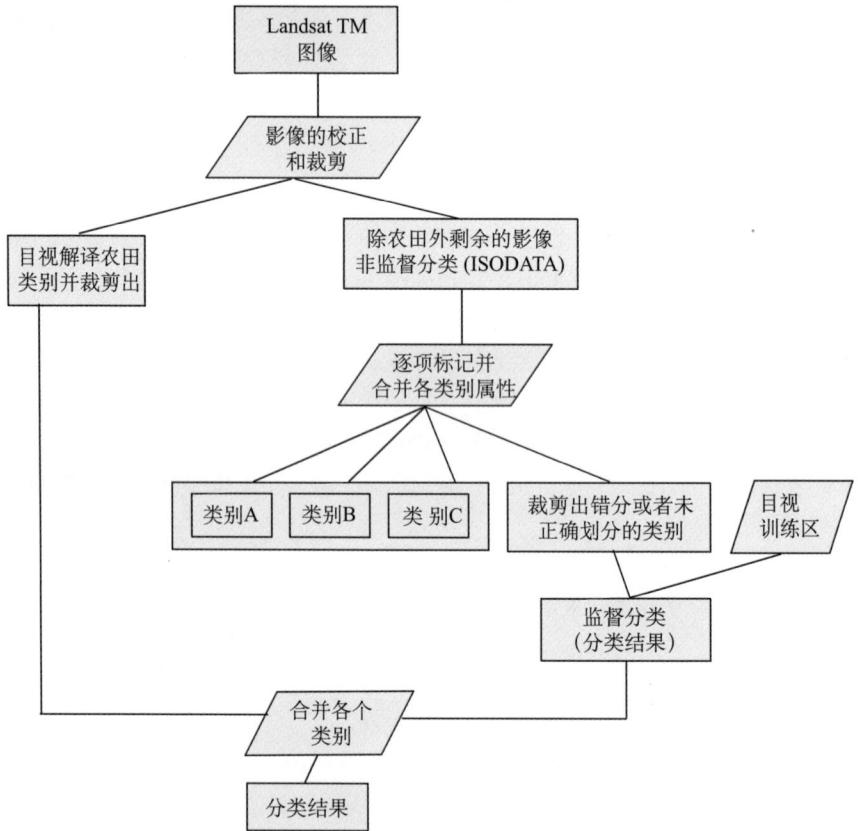

图 5-5 解译遥感影像获取土地覆被数据流程图

表 5-3 生境质量指标计算所选指数的名称、公式及描述

指数名称	公式	符号含义	作用
斑块数量 （NP）	$NP = N$	N为景观或某一斑块类型的斑块总个数	描述景观的异质性和破碎程度
平均斑块面积 （MPA）	$MPA = A/N$	A为景观或某一斑块类型的总面积，N为景观或某一斑块类型的斑块总个数	描述景观的破碎程度
最大斑块指数 （LPI）	$LPI = [Max \ (a_1, a_2 \cdots, a_n) \ /A] \times (100\%)$	a_n为景观或某一斑块类型的最大面积，A为景观或某一斑块类型的总面积	描述景观的优势类型
景观丰富度 （PR）	$PR = m$	m为景观中不同斑块类型的总数	描述景观组分
Shannon多样性指数 （SHDI）	$H = -\sum_{k=1}^{m} P_k \ln(P_k)$	P_k为斑块类型k在景观中出现的概率；m为景观中不同斑块类型总数	描述景观异质性，特别对景观中稀有斑块较为敏感
Shannon均匀度指数 （SHEI）	$E = \dfrac{H}{H_{\max}} = \dfrac{-\sum\limits_{k=1}^{m} P_k \ln(P_k)}{\ln(m)}$	P_k为斑块类型k在景观中出现的概率；m为景观中不同斑块类型总数	描述景观异质性

5.5 生境评价结果及分析

5.5.1 滇金丝猴西藏种群生境现状和面积变化

（1）生境现状

2006年滇金丝猴西藏种群研究区域的有林地面积是562km²，其中暗针叶林面积305km²，硬叶常绿阔叶林及灌木面积257km²；非林地面积195km²，其中夏季牧场面积131km²，农田面积64km²。排除海拔4500m以上的高山草甸及雪和海拔3200m以下的干热河谷区域后，1986年和2006年的Landsat TM影像解译结果见图5-6。

（2）生境面积变化

从1986年到2006年这20年期间，总林地面积减少了8.3%，非林地面积增加了34.5%；其中猴群主要栖息的暗针叶林（包括原始的暗针叶林和针阔混交林）面积减少了14.6%（52km²），硬叶常绿阔叶林及灌木面积增加了0.4%（1km²），而夏季牧场面积增加了47.2%（42km²），农田面积增加了14.3%（8km²）（表5-4）。夏季牧场和农田的面积增加的主要来源是暗针叶林面积的减少。

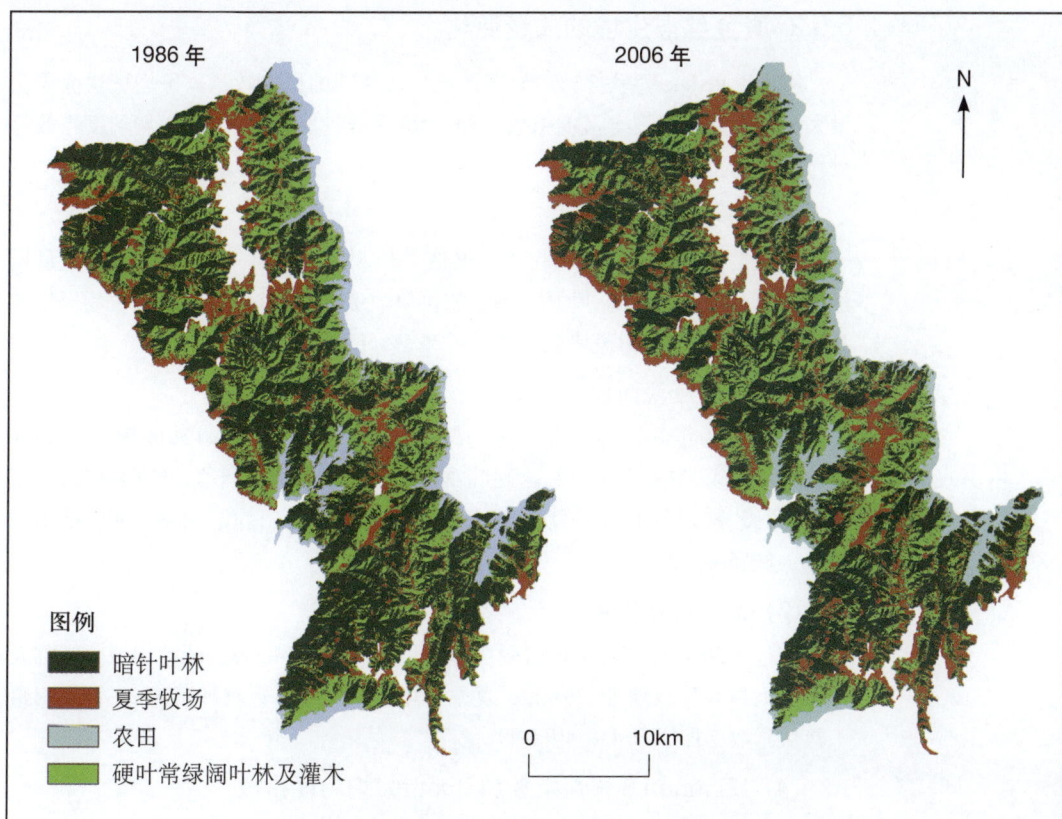

图5-6 1986年和2006年的Landsat TM影像解译结果

表 5-4 滇金丝猴西藏分布区 1986~2006 年不同土地覆被类别的总面积、
斑块数量、平均斑块面积和最大斑块指数及其变化

	总面积 (km²)			斑块数量			平均斑块面积 (km²)			最大斑块指数		
	1986	2006	变化 (%)	1986	2006	变化 (%)	1986	2006	变化 (%)	1986	2006	变化 (%)
暗针叶林	357	305	-14.6	2370	3990	68.4	0.15	0.08	-49.6	4.6	2.1	-54.3
硬叶常绿阔叶林及灌木	256	257	0.4	5437	6226	14.5	0.05	0.04	-12.8	1.1	1.2	9.1
夏季牧场	89	131	47.2	4022	5880	46.2	0.02	0.02	0	0.3	0.4	33.3
农田	56	64	14.3	49	36	-26.5	1.14	1.79	57.7	0.7	1.2	71.4

5.5.2 滇金丝猴生境的质量变化

应用Fragstat 3.3软件，对研究区过去20年间的斑块数量、平均斑块面积、最大斑块指数、景观丰富度指数、Shannon多样性指数和Shannon均匀度指数等进行了计算。

（1）斑块数量

在过去20年间，总的斑块数量增加了35.8%。其中，暗针叶林斑块数量增加了68.4%；硬叶常绿阔叶林及灌木的斑块数量增加了14.5%；夏季牧场斑块数量增加了46.2%；农田斑块数量减少了26.5%（表5-4）。

（2）平均斑块面积

在过去20年间，暗针叶林平均斑块面积从1986年的0.15km²减少到2006年的0.08km²，减少了49.6%；硬叶常绿阔叶林及灌木的平均斑块面积减少了12.8%；夏季牧场的平均斑块面积基本没有变化；农田的平均斑块面积增加了57.7%（表5-4）。

（3）最大斑块指数

在过去20年间，暗针叶林最大斑块指数减少了54.3%；硬叶常绿阔叶林及灌木最大斑块指数增加了9.1%；夏季牧场最大斑块指数增加了33.3%；农田最大斑块指数增加了71.4%（表5-4）。

（4）Shannon多样性指数和Shannon均匀度指数

在过去20年间，虽然景观丰富度并没有变化，但Shannon多样性指数和Shannon均匀度指数分别增加了2.7%（表5-5）。

表 5-5 研究区域 1986~2006 年间的景观异质性指数变化

	1986年	2006年	变化（%）
景观丰富度	4	4	0
Shannon多样性指数	1.0824	1.112	2.7
Shannon均匀度指数	0.6726	0.6909	2.7

5.6 结论和保护建议

5.6.1 滇金丝猴西藏种群适宜生境面积丧失和破碎化程度严重

本研究通过解译滇金丝猴西藏种群分布区1986年和2006年的冬季卫星影像，分别得到了其土地覆被图，然后应用Fragstat 3.3软件计算斑块数量、平均斑块面积、最大斑块指数、景观丰富度、Shannon多样性指数和Shannon均匀度指数。由生境面积变化和破碎化指数计算的结果可见，在1986~2006这20年中，猴群的主要利用生境面积丧失和破碎化程度严重；夏季牧场面积、斑块数量和最大斑块指数都在增加，而平均斑块面积变化不大，这意味着夏季牧场不仅在向四周和低海拔扩张，同时还在不断产生新的牧场；农田总面积、平均斑块面积和最大斑块指数也在增加，但斑块数量在减少，这是由于农田位于林缘的下面和居民点周围，从低海拔往高海拔林地扩张而使相邻斑块连片的结果。夏季牧场和农田面积的增加主要以直接蚕食暗针叶林（包括原始的暗针叶林和针阔混交林）为代价，最终导致暗针叶林的总面积、平均斑块面积和最大斑块指数减少，而斑块数量增加。Shannon多样性指数和Shannon均匀度指数在增加，表明生境异质性的增加并不是由于丰富度增加所致，而是由于不同斑块类型在面积上均匀度增加的结果，即各类型的面积占总面积比例的差异性减小，这主要与夏季牧场和农田扩张而导致暗针叶林面积减少相关。

从野外调查情况来看，研究区内并未出现大规模的商业性采伐和旅游活动，因而由于当地居民数量增加而导致的薪柴、建筑和栅栏等的需求增加，以及火烧林地用作夏季牧场是森林减少和生境破碎化严重的最主要因素。虽然林业局对于伐木有惩罚性措施，但很多高大径粗的暗针叶树被砍伐的现象依然随处可见。

将滇金丝猴西藏分布区与云南分布区相比较（表5-6），西藏分布区的情况看起来似乎要好于云南分布区，主要与云南境内的人口增长率更高有关，从人口数量与暗针叶林、农田和夏季牧场面积的相关性，以及云南分布区夏季牧场面积和当地人口成正相关来看（Xiao et al., 2003），证明了这一推断的合理性。但与云南分布区不同的是，西藏种群活动的下缘直接与农田相连，中间没有云南松林，也就是说这里农田的扩张没有云南松林的过渡，直接蚕食到猴群主要生境暗针叶林，因而这里的生境保护所面临的情况同样十分严峻。

表 5-6 西藏和云南滇金丝猴分布区部分指标的变化比较

地点	时间	人口年均增加百分比（%）	适宜生境减少年均百分比（%）	夏季牧场面积增加年均百分比（%）	暗针叶林斑块平均面积减少年均百分比（%）
西藏分布区	1986-2006	1.7	0.4 (8.3/20年)*	2.4 (47.2/20年)	2.5 (49.3/20年)
云南分布区	1958-1997	2.4 (仅维西县和德钦县)	0.8 (31/39年)	5.2 (204/39年)	1.7 (65.4/39年)

注：云南分布区数据引自Xiao et al.，2003，征得作者同意已转换为统一度量；另由于云南的评估中未能将云南松林从适宜生境中区别出，对适宜生境面积减少的估计值偏低。*表示20年内共丧失了8.3%，年均即为0.4%，其他同。

5.6.2 保护建议

西藏芒康在滇金丝猴的保护战略中具有不容忽视的重要位置，因为：①西藏处于滇金丝猴分布区的最北端，代表了其极端生境，因此在滇金丝猴的进化、行为和生态学的研究中有着重要的价值；②滇金丝猴有5个遗传亚种群：西北遗传亚种群、东北遗传亚种群、中部遗传亚种群、西南遗传亚种群和东南遗传亚种群；其中西北遗传亚种群主要由西藏芒康的3个自然种群（执娜群、小昌都群和米拉卡群）组成，由于地处分布的最北端，在该物种的遗传多样性保护和管理中有特别的地位，更需要加强保护（杨士剑等，2005；Liu et al.，2007，2009）（图5-2）；③由于滇金丝猴分布区为一个南北向的狭长区域，南北两端猴群的消失，会直接导致分布区的显著退缩，因此南北两端种群的生存对于确保物种的生存空间十分重要。

西藏滇金丝猴的调查和研究结果表明，对于滇金丝猴西藏种群的保护，并不是不偷猎、不捕杀就行了，更重要的是对森林生境的保护。而森林生境的保护不仅要从解决周边社区群众的生产方式和生活这一基本问题入手，还应充分保护和发扬藏民族传统文化中对生物多样性保护积极有利的方面：①控制人口，加大教育投入提高教育水平。Liu et al.（1999a，1999b）建议通过鼓励青年人外出，比一户一户地向外移民更有效和可行；而通过教育能够让青年人愿意外出定居。这一观点同样适用于本研究区，通过加大教育投入和提高教育水平，可以让更多青年人愿意外出定居，从而更加有效地控制人口和减少家庭户数；②发展替代能源。发展小水电，推广使用太阳能，用以替代薪柴；改变建筑材料，用其他建筑材料（如铁皮）来代替木材，减少生活和建筑用材的消耗；③尊重和保护当地的传统藏族文化和家庭制度，可以请活佛封神山等；④通过地方树种的植树造林，修复米拉卡群和云南巴美群之间的生境联系；如果有可能，在火烧迹地地方植树造林，增加小昌都群和执娜群的生境联系范围；⑤加强巡逻管理，禁止在保护区内过度砍伐树木和火烧林地，严惩偷猎分子并加大惩罚力度；⑥加强保护区内林副产品的合理利用管理，禁止滥垦、滥挖。

致谢

本研究工作得到了中国科学院（INFO-115-C01-SDB3-06-02）和科技部（2005DKA21402），中国自然科学基金（30770308），美国国家地理学会（NGS, #7962-05）和大自然保护学会（TNC）的资助。特别感谢参加了本章内容部分研究工作的中科院西双版纳热带植物园的权瑞昌博士，中科院昆明 动物研究所的赵其昆研究员、任国鹏博士，大理学院东喜马拉雅资源与环境研究所的霍晟博士、肖文博士。同时感谢为本项目提供了重要资料或建设性意见的美国大自然保护协会的龙勇诚先生、中科院昆明动物研究所王林先生。感谢在野外考察期间给予了大力支持和帮助的西藏藏族自治区芒康县林业局白马局长、芒康滇金丝猴国家级自然保护区唐洋局长，以及藏族向导斯郎次仁、多吉、珠吉尼玛、尼玛村长的无私帮助。

参考文献

丁伟, 杨士剑, 刘泽华. 2003. 生境破碎化对黑白仰鼻猴种群数量的影响. 人类学报 22(4): 338-344.

霍晟. 2005. 云南龙马山黑白仰鼻猴 Rhinopithecus bieti 的食性与生境利用. 昆明: 中国科学院昆明动物研究所博士学位论文.

黄勇, 权锐昌, 任国鹏, 肖文, 朱建国. 2008. 西藏米拉卡黑白仰鼻猴的生境变化. 动物学研究 29(6): 653-660.

李卓卿, 许建初. 2005. 云南省维西县塔城镇土地利用/地表覆盖及其空间格局变化研究. 生态学杂志 24(6): 623-626.

龙勇诚, 柯瑞戈, 钟泰, 肖李. 1996. 滇金丝猴 (Rhinopithecus bieti) 现状及其保护策略. 生物多样性 4(3): 145-152.

马世来, 王应祥, 蒋学龙, 李健雄, 鲜汝伦, 1989. 滇金丝猴的社会行为和栖息地特征的初步研究. 兽类学报, 9(3): 161–167.

邬建国. 2000. 景观生态学——格局、过程、尺度与等级. 北京: 高等教育出版社

武瑞东, 周汝良, 龙勇诚, 杜勇, 叶江霞, 魏晓燕. 2005. 滇金丝猴适宜生境的遥感分析. 遥感信息 6: 24-28.

西藏林业勘察设计研究院. 2000. 西藏芒康滇金丝猴国家自然保护区总体规划. 1-100.

杨士剑, 丁伟, 年波, 张峻. 2005. 西藏芒康县滇金丝猴种群现状和生态学研究. 东北林业大学学报 33(2): 62-64.

赵英时. 2003. 遥感应用原理与方法. 北京: 科学出版社.

中国科学院青藏高原综合科学考察队. 1988. 西藏植被. 北京: 科学出版社

周汝良, 杜勇, 杨庆仙, 丁琨. 2008. 滇金丝猴生境的空间格局分析. 云南地理环境研究 20(3): 1-5.

邹如金, 季维智. 1994. 滇金丝猴驯养的初步研究. 动物学研究 15(3): 87-92.

邹如金, 季维智, 杨上川, 保海仙, 周红武. 1995. 滇金丝猴繁殖特性的研究. 见: 夏武平, 张荣祖主编, 灵长类研究与保护. 北京: 中国林业出版社 313-319.

Albernaz AIKM. 1997. Home range size and habitat use in the Black lion tamarin (*Leontopithecus chrysopygus*). International Journal of Primatology 18: 877-887.

Boonratana R, 2000. Ranging behavior of proboscis monkeys (*Nasalis larvatus*) in the Lower Kinabatangan, Northern Borneo. International Journal of Primatology 21: 497-517.

Chivers DJ, 1994. Functional anatomy of the gastrointestinal tract, In Davies AG, and Oates JF (eds.), Colobine Monkeys: Their ecology, behavior and evolution, Cambridge University Press, Cambridge, England, 205-227.

Cipolletta C, 2004. Effects of group dynamics and diet on the ranging patterns of a Western gorilla group (*Gorilla gorilla gorilla*) at Bai Hokou, Central African Republic. American Journal of Primatology. 64: 193-205.

Cui LW, Quan RC, Xiao W. 2006. Sleeping sites of black-and-white snub-nosed monkeys (*Rhinopithecus bieti*) at Baima Snow Mountain, China. Journal of Zoology 270: 192-198.

Cui LW, Sheng AH, He SC, Xiao W. 2006. Birth seasonality and interbirth interval of captive *Rhinopithecus bieti*. American Journal of Primatology 68: 457-463.

Ding W, Zhao QK. 2004. *Rhinopithecus bieti* at Tacheng, Yunan: diet and daytimes activities. International Journal of Primatology 25: 583-598.

Domaç A. 2004. Increasing the accuracy of vegetation classification using geology and DEM. Ph. D. Dissertation of the Graduate School of Natural Applied Sciences of Middle East Technical University.

Grueter CC, Li DY, Ren BP, Wei F, van Schaik CP. 2009. Dietary profile of *Rhinopithecus bieti* and its socioecological implications. International Journal of Primatology 30: 601-624.

IUCN 2010. IUCN Red list of threatened species. Version 2010.1. <www.iucnredlist.org>. Downloaded on 20 January 2010.

Ji WZ, Zou RJ, Shang EY, Zhou HW, Yang SC, Tian BP. 1998. Maintenance and breeding of Yunnan snub-nosed monkeys (*Rhinopithecus [Rhinopithecus] bieti*) in captivity. In: Jablonski NG ed. The natural history of the doucs and snub-nosed monkeys. Singapore: World Scientific Press, 323-335.

Kirkpatrick RC, 1996. Ecology and behavior of the Yunnan snub-nosed langur *Rhinopithecus bieti* (Colobinae). Ph. D. Diss., University of California, Davis.

Kirkpatrick RC, Long YC, Zhong T, Xiao L. 1998. Social organization and range use in the Yunnan snub-nosed monkey *Rhinopithecus bieti*. International Journal of Primatology 19: 13-51.

Li B, Pan RL, Oxnard CE. 2002. Extinction of snub-nosed monkeys in China during the past 400 years. International Journal of Primatology 23(6): 1227-1244.

Liu JG, Ouyang ZY, Taylor WW, Groop R, Tan YC. 1999a. Zhang HM. A framework for evaluating the effects of human factors on wildlife habitat: the case of Giant pandas. Conservation Biology 13: 1360-1370.

Liu JG, Ouyang ZJ, Tan YC, Yang J, Zhang HM. 1999b. Changes in human population structure: implications for biodiversity conversation. Population and Environment 21(1): 45-58.

Liu ZH, Ding W, Cyril CG. 2004. Seasonal variation in ranging patterns of Yunnan snub-nosed monkeys *Rhinopithecus bieti* at Mt. Fuhe, China. Current Zoology 50 5: 691-696. (in English with Chinese summary).

Liu ZH, Ding W, Grueterz CC. 2007a. Preliminary date on the social organization of black-and-white snub-nosed monkeys (*Rhinopithecus bieti*) at Tacheng, China. Acta Theriologica Sinica 27(2): 20-122. (in English with Chinese summary).

Liu ZH, Zhao QK. 2004. Sleeping sites of *Rhinopithecus bieti* at Mt. Fuhe, Yunnan. Primates 45: 241-248.

Liu ZJ, Ren BP, Wei FW, Long YC, Hao YL, Li M. 2007b. Phylogeography and population structure of the Yunnan snub-nosed monkey (*Rhinopithecus bieti*) inferred from mitochondrial control region DNA sequence analysis. Molecular Ecology 16: 3334-3349.

Liu ZJ, Ren BP, Wu RD, Zhao L, Hao YL, Wang BS, Wei FW, Long YC, Li M. 2009. The effect of landscape features on population genetic structure in Yunnan snub-nosed monkeys (*Rhinopithecus bieti*) implies an anthropogenic genetic discontinuity. Molecular Ecology 18: 3831-3846.

Long YC, Kirkpatrick RC, Zhong T, Xiao L. 1994. Report on the distribution, population, and ecology of the Yunnan snub-nosed monkey (*Rhinopithecus bieti*). Primates 35: 241- 250.

Long, YC, Wu RD. 2006. Population, home range, conservation status of the Yunnan snub-nosed monkey (*Rhinopithecus bieti*). In: China Fusui International Primatological Symposium 10-11.

Mittermeier RA, Ratsimbazafy J, Rylands AB, Williamson L, Oates JF, Mbora D, Ganzhorn JU, Rodríguez-Luna E, Palacios E, Heymann EW, Cecília M, Kierulff M, Long YC, Supriatna J, Roos C, Walker S, Aguiar JM. 2007. Primates in peril: The world's 25 most endangered primates, 2006-2008. Primate Conservation 22: 1-40.

McGarigal K, Cushman SA, Neel MC, Ene E. 2002. FRAGSTATS: Spatial pattern analysis program for categorical maps. Computer software program produced by the authors at the University of Massachusetts, Amherst. Available at the website: www.umass.edu/landeco/research/fragstats/fragstats.html.

Poulsen JR, Clark CJ, Smith TB, 2001. Seasonal variation in the feeding ecology of the Grey-cheeked mangabey (*Lophocebus albigena*) in Cameroon. American Journal of Primatology 54: 91-105.

Ren BP, Li M, Long YC, Wu RD, Wei FW. 2009. Home range and seasonality of Yunnan snub-nosed monkeys. Integrative Zoology 4: 162-171.

Wu BQ, 1993. Patterns of spatial dispersion, locomotion and foraging behaviour in three groups of the Yunnan snub-nosed langur (*Rhinopithecus bieti*). Folia Primatology 60: 63-71.

Xiang ZF, Huo S, Wang L, Cui LW, Xiang W, Quan RC, Zhong T. 2007a. Distribution, status and conservation of the Black-and-white snub-nosed monkey *Rhinopithecus bieti* in Tibet. Oryx 41: 525-531.

Xiang ZF, Huo S, Xiao W, Quan RC, Grueter CC. 2007b. Diet and feeding behavior of *Rhinopithecus bieti* at Xiaochangdu, Tibet: Adaptations to a marginal environment. American Journal of Primatology 69: 1141-1158.

Xiang ZF, Huo S, Xiao W, Quan RC, Gruete CC. 2009a. Terrestrial behavior and use of forest strata in a group of Black-and-white snub-nosed monkeys *Rhinopithecus bieti* at Xiaochangdu, Tibet. Current Zoology 55(3): 180-187.

Xiang ZF, Sayers K. 2009b. Seasonality of mating and birth in wild black-and-white snub-nosed monkeys (*Rhinopithecus bieti*) at Xiaochangdu, Tibet. Primates 50: 50-55.

Xiao W, Ding W, Cui LW, Zhou RL, Zhao QK. 2003. Habitat degradation of *Rhinopithecus bieti* in Yunnan, China. International Journal of Primatology 24: 389-398.

Yang SJ, Zhao QK. 2001. Bamboo leaf-based diet of *Rhinopithecus bieti* at Lijiang, China. Folia Primatologica 72: 92-95.

Yang SJ. 2003. Altitudinal ranging of *Rhinopithecus bieti* at Jinsichang, Lijiang, China. Folia Primatologica 74: 88-91.

Zhao QK, 1999. Responses to seasonal changes in nutrient quality and patchiness of food in a multigroup community of Tibetan macaques at Mt. Emei. International Journal of Primatology 20: 511-524.

Zhao QK, He SJ, Wu BQ, Nash LT. 1988. Excrement distribution and habitat use in *Rhinopithecus bieti* in winter. American Journal of Primatology 16: 275-284.

作者简介

朱建国 中国科学院昆明动物研究所副研究员。1983年毕业于中国热带农业大学植物保护系植物保护专业。1996年4—10月受中科学院委派到位于英国剑桥的"世界自然资源保护和监测中心（IUCN—WCMC）"做高级访问学者；2000年4—7月受中科院委派到美国内政部资源调查局生物资源和美国大自然保护协会做高级访问学者。近20年来，带领其研究小组以保护生物学和生物多样性保护基本理论和原理为指导，应用3S技术支撑平台，重点开展了濒危物种管理、物种－栖息地关系研究、优先保护区评价、区域性生物多样性监测和保护区管理等研究工作，如滇西北地区野生动物优先保护区域，横断山区鸡形目鸟类、滇金丝猴、海南长臂猿、黑颈鹤等珍稀濒危物种的间隙分析和保护生物学研究等，为濒危野生动物物种保护和保护区建设提供科学决策依据。主持完成了20余项国家、中科院、云南省和国际基金会研究项目，已在国内外发表研究论文或研究专著30余篇（部）。

（其他介绍见P122）

Email：zhu@mail.kiz.ac.cn

黄勇 2005年在四川农业大学动物科技学院自然保护区及野生动物管理专业毕业（学士），2008年在中科院昆明动物研究所动物学专业毕业（硕士），现就读于中科院成都生物研究所动物学专业（博士）。主要从事种群生态和保护生物学、分子进化和动物系统发育、景观遗传、动物地理学研究，并运用3S技术进行濒危物种和生物多样性的研究与保护工作。

Email：jiefeng.pl@163.com

第6章
海南长臂猿的生境及其变化 *

朱建国　张明霞

6.1 海南长臂猿介绍

海南长臂猿（*Nomascus hainanus*）属于长臂猿科（Hylobatidae）冠长臂猿属（*Nomascus*）（Groves, 2005），是仅分布于我国海南岛的我国5种特有灵长类之一（徐龙辉等, 1983）。体重5.8~10kg，和其他冠长臂猿一样，其外部形态具有明显的雌雄性二型，成年雄性全身为黑色（Ma et al., 1988），成年雌性身体毛发为浅黄色或者棕褐色，头顶有黑色冠斑，通常在枕部有一块黑斑（Geissmann, 1995; Geissmann et al., 2000; Mootnick, 2006）（图6-1）。从前人们将其归入*Hylobates concolor*中（Pocock, 1927），后又归入*Hylobates (Nomascus) concolor*（Ma et al., 1988）或*N. nasutus*（Mootnick, 2006）的独立亚种；以后根据鸣声（Geissmann, 1997）、形态学（Geissmann & Bleisch, 2009）以及分子生物学（宿兵和Kressirer, 1996; Monda et al., 2007）等的研究结果，近年来才被确立为独立物种（Groves, 2005）。

6.1.1 分布范围与数量

海南长臂猿曾广泛分布于海南岛全岛，但在近二三百年其分布区发生了明显变化（高耀亭等, 1981）。特别是从20世纪50年代至今，海南长臂猿的地理分布范围急剧减小；20世纪50年代，它们曾广泛分布于海南岛南部的12个县；到1983年，其分布地退缩到了霸王岭、鹦哥岭、黎姆山3个自然保护区内（刘振河等, 1984）；目前仅分布于昌江县与白沙县交界的霸王岭国家级自然保护

＊本章部分内容已发表在Biological Conservation，2010，143：1397—1404。

图 6-1 目前仅生存在我国海南霸王岭国家自然保护区的海南长臂猿（摄影：周江）

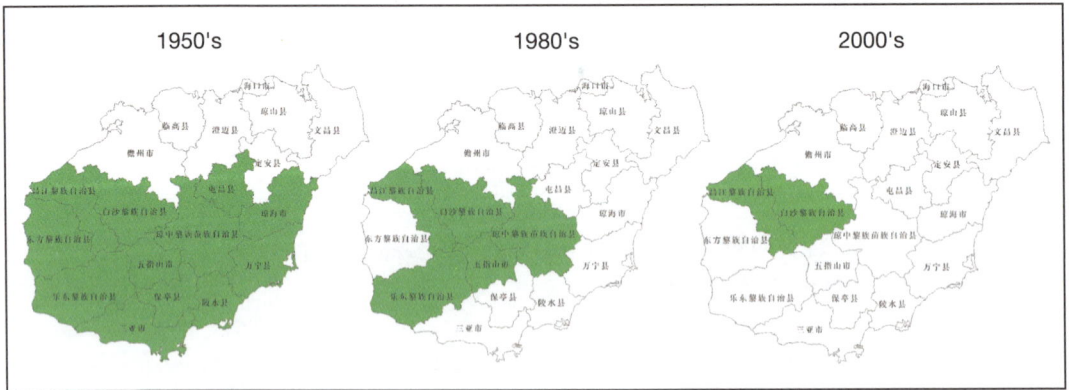

图 6-2 海南长臂猿近 60 年分布的县界变化（根据刘振河等，1984；Zhou et al., 2005）

区内（Zhou et al., 2005; Fellowes et al., 2008）（图6-2）。地理分布缩减的同时也伴随着种群数量的降低，20世纪50年代的种群数为2000只左右；1983年种群数量已经下降到30~40只（刘振河等，1984）；此后的报道仅见于霸王岭自然保护区，1989年种群数量21只4群（Liu et al., 1989）；1995年15只4群（Zhang et al., 1995）；2003年下降至最少的13只，由2个家庭群和2只独猿组成（Chan et al., 2005）；最近的调查发现其种群数量略有增加，为17~20只，包括2个家庭群和2~5只独猿（Fellowes et al., 2008；周江等, 2008）。因而海南长臂猿被列为世界上最濒危的25种灵长类之一，是世界上数量最少的猿类动物（Mittermeier et al., 2007），国家一级重点保护野生动物，在IUCN红色名录中被列为极危物种（IUCN, 2010）。导致海南长臂猿种群数量在过去200年，特别是20世纪50年代至90年代初数量急剧下降的主要原因是人类活动增强所造成的原始热带雨林破坏以及人类捕猎（刘振河等, 1984；Chan et al., 2005；Zhou et al., 2005；彭红元等, 2008）。

6.1.2 社群结构与行为

长臂猿一般营一夫一妻的配偶制家庭生活，群体平均数量为4只（Leighton 1987）。但一夫多妻的配偶制在黑长臂猿（*Nomascus concolor*）中也有出现（Haimoff et al., 1986; Haimoff et al., 1987; Bleisch & Chen, 1991；蒋学龙等, 1994a, 1994b; Jiang et al., 1999; Fan et al., 2006）。徐龙辉等（1983）认为海南长臂猿群体大小为4~8只，由一雄一雌或者一雄多雌以及几只幼体组成；Liu et al.（1989）在霸王岭观察到两个成年雌性出现在同一个家庭中；周江等（2008）报道现存的两群海南长臂猿是一夫两妻；他们都认为是由于生境质量偏低，亚成年雌性不能在家庭之外找到合适的生境而只好留下所致。Zhou et al.（2008）报道了海南长臂猿的繁殖及交配行为从雌性接受求偶开始，雄性在雌性上部或后部爬跨，每次爬跨持续约10秒，曾观察到雄性一天内有4次爬跨行为，但无法证实是否多重射精；幼体1.5岁可开始独立生活，大约在5.5岁时可能被逐出本群；雌性生殖间隔约为24个月；有限的数据显示交配活动高峰在雨季。周江等（2008）对现存的两群海南长臂猿之间的合群行为进行了研究，只观察到了雌雄成年个体和雄性亚成体以及青年雄性个体之间的鸣叫和追逐行为，而没有发现类似白掌长臂猿那样的两群体成员间的玩耍和理毛行为，更没有偷情行为和激烈打斗行为，即只存在着鸣叫行为和竞争性行为。两群体的成年母猿不参与追逐，它们只是在相距合群行为发生地点20~30m处休息和观望。群间相遇持续的时间也不像其他长臂猿种类那样长，只有24~51min。海南长臂猿雌雄性成年个体在群体相遇时的行为表现是对其领域的保护，而未成年个体则是通过参与追逐来学习如何保护自己今后的领域。

6.1.3 食性

海南长臂猿主要以成熟的果实、嫩叶、嫩芽为食，亦取食昆虫、鸟卵、雏鸟等（徐龙辉等, 1983；刘振河和覃朝峰, 1990；林家怡等, 2006）。刘振河和覃朝峰（1990）认为霸王岭内的海南长臂猿取食32科62属119种植物，其中比较喜食的植物有40余种；林家怡等（2006）在霸王岭通过样方调查认为海南长臂猿的食物有41种。陈升华等（2009）根据霸王岭固定样地的调查结果，认为海南长臂猿的觅食植物有35科68种，以乔木尤以桑科（Moraceae）和樟科（Lauraceae）的树种为最多；大部分取食植物出现在海拔400~1200m之间，海拔超过1200m或低于400m的取食植物种类较少；原始林中的取食植物种类最多，而退化的次生林则很少，不适合海南长臂猿的生存。徐龙辉等（1983）曾对一个标本的胃进行剖检，发现内容物主要为榕属浆果，山毛榉科的硬壳果及树叶等，但未给出具体比例。已有的海南长臂猿食性研究主要集中在食物种类、取食树种上，未见食性的定量和取食时间分配等研究。

6.1.4 鸣叫

长臂猿会发出嘹亮悠长的鸣叫声，声音可以传播1~2km。鸣叫多数发生在日出后几个小时内，持续时间在不同季节会发生变化，而且不是每天都鸣叫，而是具有一定的频次（Gittins, 1984; Kappeler, 1984; Raemaekers et al., 1984; Lan, 1993; 蒋学龙和王应祥, 1997; Geissmann et al., 2006）。长臂猿的鸣叫可能具有各种功能，或是为了保卫资源、领域、配偶，或是为了吸引配偶，或是为了加强和宣示配偶间的联系（Cowlishaw, 1992; Geissmann, 1999; Mitani, 1985; Raemaekers & Raemaekers, 1985）。Haimoff（1984a）对海南长臂猿的声谱进行了记录和分析后，认为配对的海南长臂猿只进行合唱，没有雌性和雄性的独唱，合唱以雄性为主，这两项特征与冠长臂猿属内的其他物种相似（Haimoff, 1984a; Lan, 1993），但是与其他属的长臂猿不同（Haimoff, 1984a, 1984b）。

6.1.5 保护近况

2003年以来，海南省林业局、霸王岭自然保护区管理局、香港嘉道理农场暨植物园、长臂猿保护联盟、英国灵长类学会、野生动植物保护国际、巴黎动物协会等组织协力在霸王岭自然保护区开展了包括种群监测、保护区巡护、在海南岛的其他地区寻找长臂猿、在景观层面上制订长臂猿生境恢复计划，组织霸王岭保护区工作人员的能力培训、保护区周边宣传与社区共管等行动，特别是在海南长臂猿现活动范围附近（曾经也是海南长臂猿原活动范围的1.5km²）种植了32种本土植物物种8.5万株，恢复低地植被。这些措施和行动一定程度上缓解了海南长臂猿的环境压力，但是海南长臂猿仍然面临着一系列威胁，如生境面积有限和生境质量不高，限制了海南长臂猿的种群增长；低海拔地带上的生境恢复计划可能要15年后才能看到成效；种群数量过少，种群性别比例可能失调，现存猿群中至少有1只雌性已因年老已不能繁殖后代，这些因素都会阻碍海南长臂猿的种群恢复（Chan et al., 2005; Fellowes et al., 2008）。

6.2 海南长臂猿的适宜生境

海南长臂猿在历史上曾经广泛栖息于海南岛南部12个县的低地热带雨林中，分布海拔范围为100~1200m（刘振河等, 1984; Zhou et al., 2005）。但由于海南岛的原生植被在近几十年来遭到了严重破坏，600m以下的天然林几乎都被单一的人工林所替代，其生境面积也随之急剧减少（Chan et al., 2005; Zhou et al., 2005），海南岛昌江县与白沙县交界的霸王岭国家自然保护区成为目前唯一已知的海南长臂猿分布区。人们对于海南长臂猿生态学和生境的认识几乎全都来自于对现分布地霸王岭的研究，但这里的生境从历史上看不一定是海南长臂猿的最适宜生境（Chan et al., 2005），过去海南长臂猿的分布海拔比现在要低（刘咸，1978），然而那时并无人对其开展生态学研究，因而现有研究结果和认识有其局限性和特殊性。但前人的工作表明，*Nomascus*属的物种偏好是选择成熟的林地为生境（刘振河和覃朝峰，1990；Jiang et al., 2006；Ha, 2007；Chan et al., 2008；Fan et al., 2009）。

刘振河和覃朝锋（1990）报道，在霸王岭国家自然保护区内（图6-3），海南长臂猿的活动范围为海拔800~1200m，主要活动于成熟的热带沟谷雨林和山地雨林中，有时会利用次生林和山顶矮林作为移动通道；生活在霸王岭自然保护区内的4群长臂猿的家域面积之和约12km^2，而当时保护区内的热带雨林与沟谷雨林面积仅15km^{2}左右，因此认为保护区内海南长臂猿种群已经接近其环境容纳量。Zhang et al.（1995）认为1989年报道的4群长臂猿中有1群已经消失，但又有1新群形成；4群长臂猿活动范围仅限于800~1000m之间，由于保护区内山地雨林和热带雨林被山顶矮林阻断，因此海南长臂猿必须越过山脊地带才能覆盖整个活动区域；在霸王岭自然保护区内南七河下游海拔800m以下的区域，虽有适合长臂猿利用的森林植被，但是没有观察到猿群；认为当时保护区内只有7~8km^{2}的森林适合海南长臂猿生存，同样认为自然保护区内的生境很可能已经到达了容纳极限。最近的研究认为霸王岭自然保护区内大约有16km^{2}适宜海南长臂猿生活，但是这些区域被松树林、荒草地、弃用的采伐道等不适宜生境所分隔（Chan et al., 2005; Fellowes et al., 2008）。总之，目前海南长臂猿的生境现状堪忧，适宜生境面积狭小，且破碎化和隔离程度比较严重。

Liu et al.（1989）报道霸王岭内4群长臂猿的家域面积在2~5km^{2}之间。

图6-3 海南长臂猿在海南岛霸王岭的典型生境——山地雨林（摄影：王清隆）

而近年来对仅存的两群长臂猿的研究结果显示，其家域面积分别为5.48km^{2}和9.87km^2（Fellowes et al., 2008；周江等，2008），远远大于其他长臂猿的平均家域面积，也大于同属物种黑长臂猿（*Nomascus concolor*）的家域面积（1.00~1.51km^2）（蒋学龙等，1994a；Fan & Jiang, 2008）。由于海南长臂猿在霸王岭的适宜生境被道路、荒草坡等分隔，加上其现存区域（保护区东北部）处于中高海拔带，是保护区内植物资源较贫乏的地方，因而它们可能需要通过延长活动路线或摄食路线来避开不适宜的生境并获取足够的食物，从而增加了其家域面积；还有可能是因为缺乏相邻种群限制其活动范围；它们通常利用距离森林100m以内的次生林、山顶矮林和山地常绿林作为移动通道，但不在这些地方觅食、过夜，且从不到人工林中活动（图6-4）（刘振河和覃朝峰，1990；Chan et al., 2005；Fellowes et al., 2008；周江等，2008）。由于现存海南长臂猿种群和数量极少，仅存于并不是其最适宜的中高海拔地带，现有研究数据和结果很难代表此物种历史上在低地雨林的行为或需求。

6.3 评价区域：海南岛及霸王岭国家级自然保护区

海南岛位于我国南部的108°37′～111°05′E，18°10′~20°10′N之间，总面积33900km^2，海拔范围0~1876m，全岛地形呈中间高四周低，中部主要为山

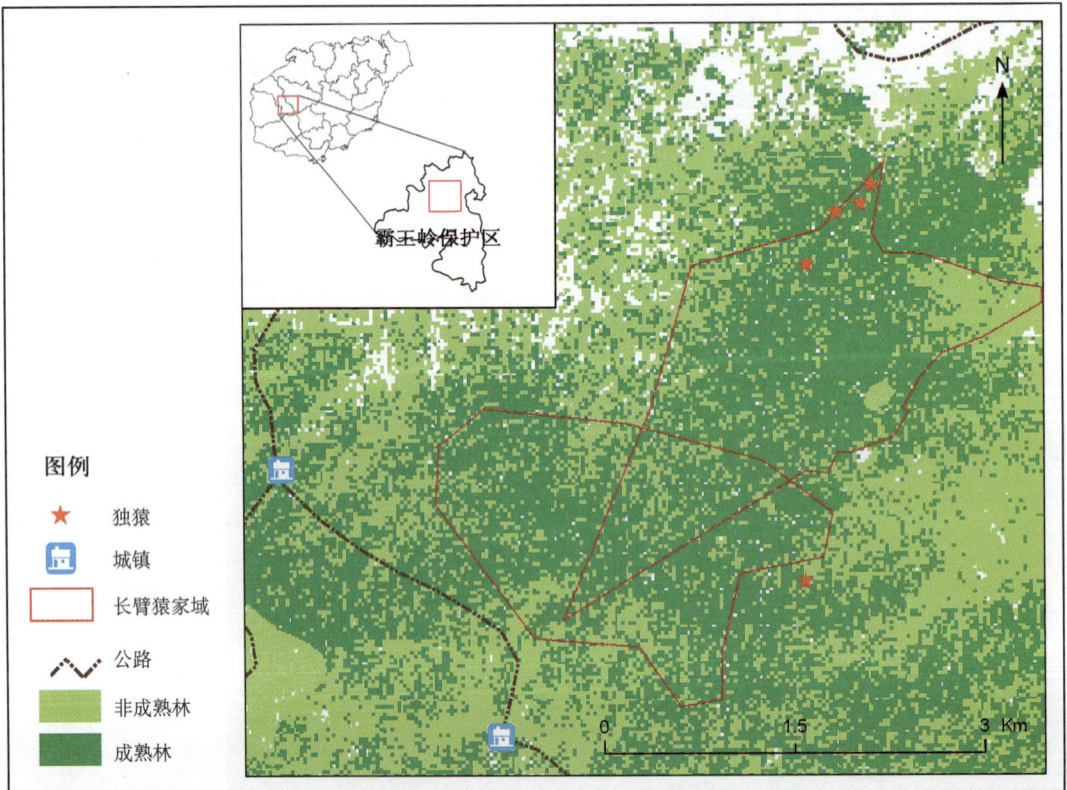

图6-4 海南长臂猿的两个家族群的家域分布（引自周江等，2008）

地，岛内最高的山峰海拔1876m，北部和沿海地区较平缓；为热带季风和热带海洋性气候，1~2月的平均气温在16~24℃之间，7~8月的平均气温在25~29℃之间。根据降雨量的多少，岛上的气候可以被划分为旱季（11月到次年4月）和雨季（5月到10月），年降雨量1500~2000mm，最高的中部和东部地区可达2500mm，而在最低的西南部沿海局部地区仅有900mm（图6-5）。

海南岛的植被显示出很高的多样性，王伯荪和张炜银（2002）把海南岛上的天然植被分为热带雨林、山地雨林、山地常绿林、季雨林、山顶常绿矮林等类别；在雨量充沛的山麓地区为沟谷雨林（500m以下）和山地雨林（500~1400m）；在山脊和山顶地段，分布着山地常绿矮林和山地常绿林；在西部干燥地区则为热带针叶林；另外还有沿着海岸线分布的红树林。岛上常见的人工林包括橡胶、桉树、木麻黄和松树等，此外还有许多果园和其他经济作物种植园。

随着海南岛人口密度从1952年的77人/km^{2}增加到2001年的235人/km^2，人类活动的影响日渐明显，如1933年到1990年之间，海南岛热带天然林面积减少了14200km^2，年均毁林面积250km^2，年均毁林率1.48%，其中最为严重的1950~1979年的年毁林面积达274km^2，年均毁林率1.62%（李意德，2000）；在1952~1990年间，海南农垦累计种植橡胶3950km^2，开荒种胶过程给低海拔地域的天然林带来很大破坏；加上从20世纪50年代中期开始，海南陆续建立森

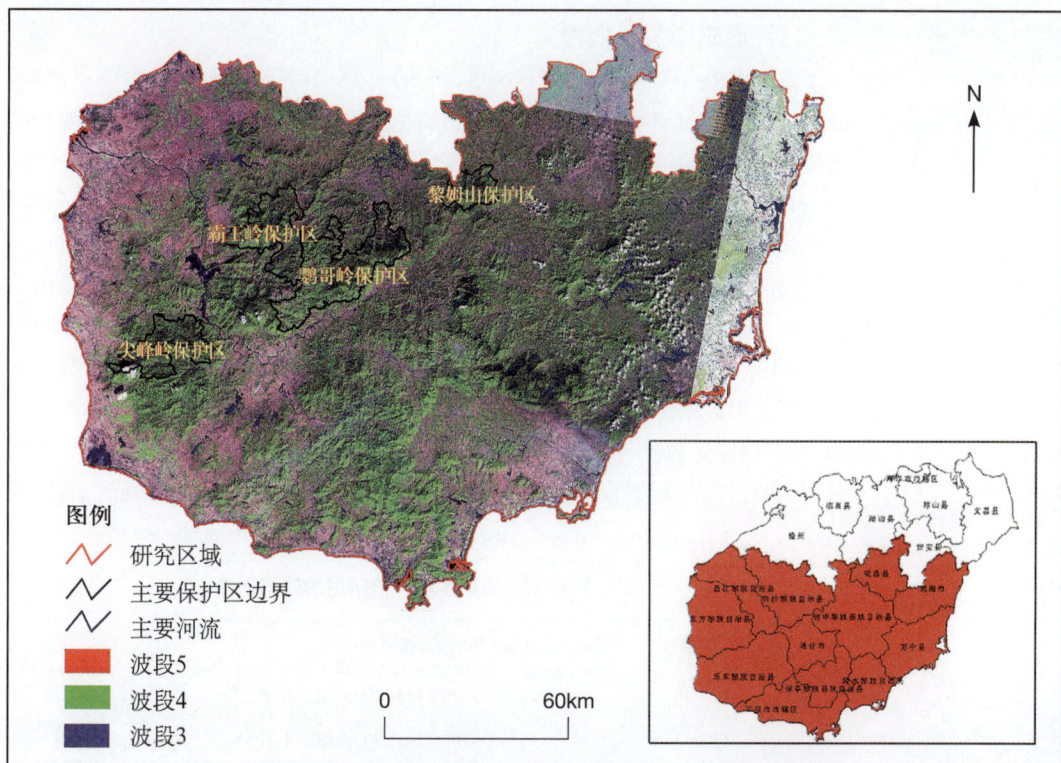

图 6-5 海南长臂猿生境评价的主要区域——海南岛南部
（由 TM 波段 5、4、3 合成的真彩色影像：绿色代表植被，红色代表裸地或人类干扰区）

林采伐场，不恰当的采伐方式使这些原始林区退化为次生林区。原始森林覆盖率由近50%下降至不足5%（中国科学院华南植物研究所，1985），其中减少的主要为适宜海南长臂猿利用的原始热带雨林。直到1994年海南省政府下令全面禁止砍伐天然林，整个岛的天然林下降趋势才有所减缓（林媚珍和张镱锂，2001）。

霸王岭国家自然保护区位于海南岛西南部，地跨昌江、白沙两个县（109°03′~109°17′E, 18°57′~19°11′N），面积约300km²，1980年建立自然保护区，1988年被批准为国家级自然保护区，主要保护现仅存于此地的海南长臂猿及其生态系统。保护区由群山组成，海拔范围350~1560m，属热带季风气候。海南长臂猿现存区域（海拔1160m）的年均温为19.6℃，年均降雨量为1620mm；植被组成主要有热带山地雨林和沟谷雨林，热带山地常绿林、热带山顶矮林（刘振河和覃朝峰，1990）。虽然过去的砍伐破坏了大量的低地森林，被松树等人工林所替代，但在海拔700m以上，仍然保留有较好的或择伐后的原始森林，保存最好的是斧头岭（1441m）的边坡，即保护区东北边，这里也是目前海南长臂猿活动的地方。

6.4 生境评价方法

6.4.1 通过遥感影像获取植被数据

（1）遥感影像预处理

基于WRS（World Reference System）~2分幅系统，整个海南岛可被4幅Landsat TM或ETM+影像覆盖，为了得到植被信息并进行分析，使用了9幅1990年代早期和2000年代后期的可以覆盖全海南岛的影像（表6-1）。从Globe Land Cover Facility (GLCF)下载了1988年和1991年的TM影像，从U.S. Geological Survey (USGS)下载了2003、2004、2007和2008年的ETM+影像，这也是目前所能找到的时间最近的海南岛影像。其中，全岛80%的已确认的海南长臂猿历史分布区（南部12个县）分别为2幅1991年和2008年的影像所覆盖，编号为124/46和124/47。由于Landsat 7 ETM+机载扫描行校正器2003年5月发生故障，导致获取图像出现数据重叠和图像数据丢失，因而2008年1月6日的影像用2004年12月20日的TM影像数据进行了增补（表6-1）。野外实地调查于2005年进行，并使用1~5和7波段进行影像分类。所有影像误差小于30m，分辨率为30m，影像采

表 6-1 海南长臂猿生境评价所用的遥感影像

影像编号	获取时间和影像类型
123/46	1988.06.08. TM; 2003.04.07. TM
123/47	1988.06.08. TM; 2003.04.07. ETM+
124/46	1991.10.30. TM; 2007.03.16. TM
124/47	1991.10.31. TM; 2008.1.6. ETM+; 2004.12.20. TM

取BJ54坐标。根据ETM+影像对TM影像进行了重投影和校正，使两套影像的坐标系统一致，校正误差在30m以内。

（2）影像分类方案

鉴于成熟的热带雨林和山地雨林是海南长臂猿的觅食与过夜地，它们还会利用距离成熟林100m以内的其他天然林作为移动通道（刘振河和覃朝峰，1990）。基于海南长臂猿的生境要求和遥感影像的识别能力，我们用盖度、胸径和海拔3个指标来定义植被类型。在天然林中，凡分布于1300m以下，主要由常绿阔叶树组成，并且其中胸径大于30cm的树木盖度能达到70%以上的定义为森林1，也就是海南长臂猿的可利用生境；这个定义较好地描述了成熟热带雨林和山地雨林的特征。其他天然林类别，即使没有受到砍伐，也与受到干扰后的热带雨林和山地雨林一起归入森林2类别。具体的遥感影像分类方案见表6-2。

（3）地面真实数据采集

采用梯度采样（Austin & Heyligers 1989）的方法，以海拔和降雨量作为重要的环境变量指标进行采样，步骤如下：

①把全岛的降雨量（900~2500mm）和海拔（0~1900m）分别均分为5个带，在ArcGIS下，可以读取到影像中每个像元的这两个属性值，按照数学上的组合公式，这两个变量将有5×5=25种组合方式，但在实际中只出现了10种组合。

②在整个岛内根据海拔和降雨量的梯度走向确定采样路线，使其可以很好地代表这两个环境变量的梯度变化，亦即包含了所出现的10种组合方式。

③在路线覆盖的范围内叠加1:100000地形图，在每张图上查找具有上述组合属性的像元数，每幅地形图所覆盖的范围约为1872km^2，等于遥感影像上的832万个像素，如果一张地形图上，某种组合的覆盖范围超过10000个像素，就对它至少取30个样，如果在1000~9999之间，则至少取10个样；如果在100~999之间，则至少取2个样，如果在40~100之间，则至少取1个样，如果小于40，则不取样。

对于2008年左右的遥感影像，通过野外实地调查获取地面参考样区，为了避免由影像和GPS带来的误差，每个样区的大小规定为100×100m（0.1km^2），取样只针对大于100×100m的区域进行，每个样区的间隔大于

表6-2 海南长臂猿生境评价所采用的影像分类方案

地类			特征
非林地			城镇，农用地，裸地和水体
林地	树高>2m，覆盖度>40%，面积≥0.01km^2	人工林	橡胶，木麻黄，桉树，松树等
		天然林 森林1[*]	海拔<1300m，胸径≥30cm的树覆盖度占树冠层70%以上
		天然林 森林2	达到天然林标准，但是不能达到森林1标准的林地

[*] 本研究将森林1定义为海南长臂猿的适宜生境。

30m。野外采样时在样区中心点用GPS采样。野外调查在雨季和旱季各进行1次，具体时间是2005年4月18日至5月4日和2005年11月6日至12月7日，共47天；两次分别对不同的样区进行采样。少数样点由于过于陡峭而无法到达时，则选择一个比较高的位置用望远镜观察，估算距离和类别后标注在地形图上（图6-6）。

对于1990年的影像，结合野外调查数据、地形图以及当地林业局、保护区提供的资料进行采样。例如，如果某样点在国家测绘局1981年出版的地形图上标注为人工林，并且在2005年的野外调查中还是人工林时，则认为该区域在1991年也是人工林。天然林情况则通过保护区和当地林业局咨询，如果某个地方在最近40年之内都没有经过砍伐，并且在2005年调查时仍然为森林1的，就认为1991年也是森林1。

（4）影像解译

利用Erdas 9.0，采取分层分类（hierarchical classification）和引导聚类（guided clustering）两种方法（Bauer et al., 1994）进行影像解译。分层分类是指对每个步骤获得的结果进行准确度评估，移除那些准确度已经很高的类别，这个方法可以提高效率；引导聚类是一种结合了监督分类和非监督分类的方法，在几个类别的光谱信息混淆严重时，用这个方法可以有效地区分，此方法

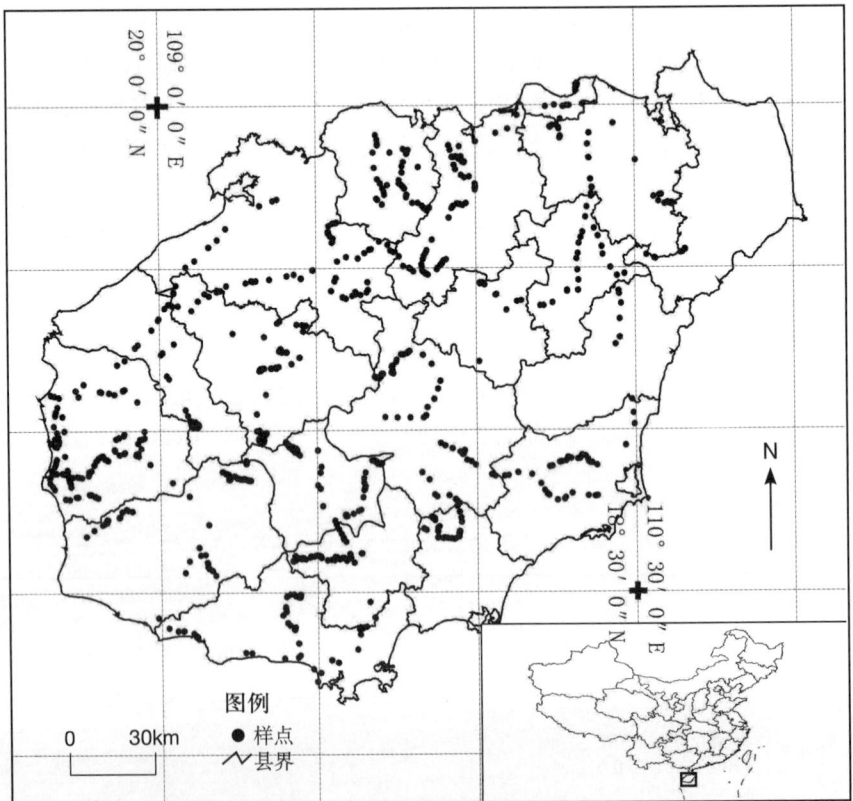

图6-6 海南长臂猿生境评价实地调查样区示意图

Landsat TM、
ETM+图像

监督分类（只有两类）

云

除去云之外的图像

地面调查
（梯度采样）

样区数据

监督分类
（分类结果）

用分类样区的一半进行评估

准确度<75%的
类别（A,B,C,…）

准确度≥75%
的类别

非监督分类(ISODATA)

目视解译
（解译结果）

A_1,A_2,A_3

B_1,B_2,B_3

C_1,C_2,C_3

……

监督分类
（分类结果）

重新合并为
A,B,C,……

各个类别合并

分类结果

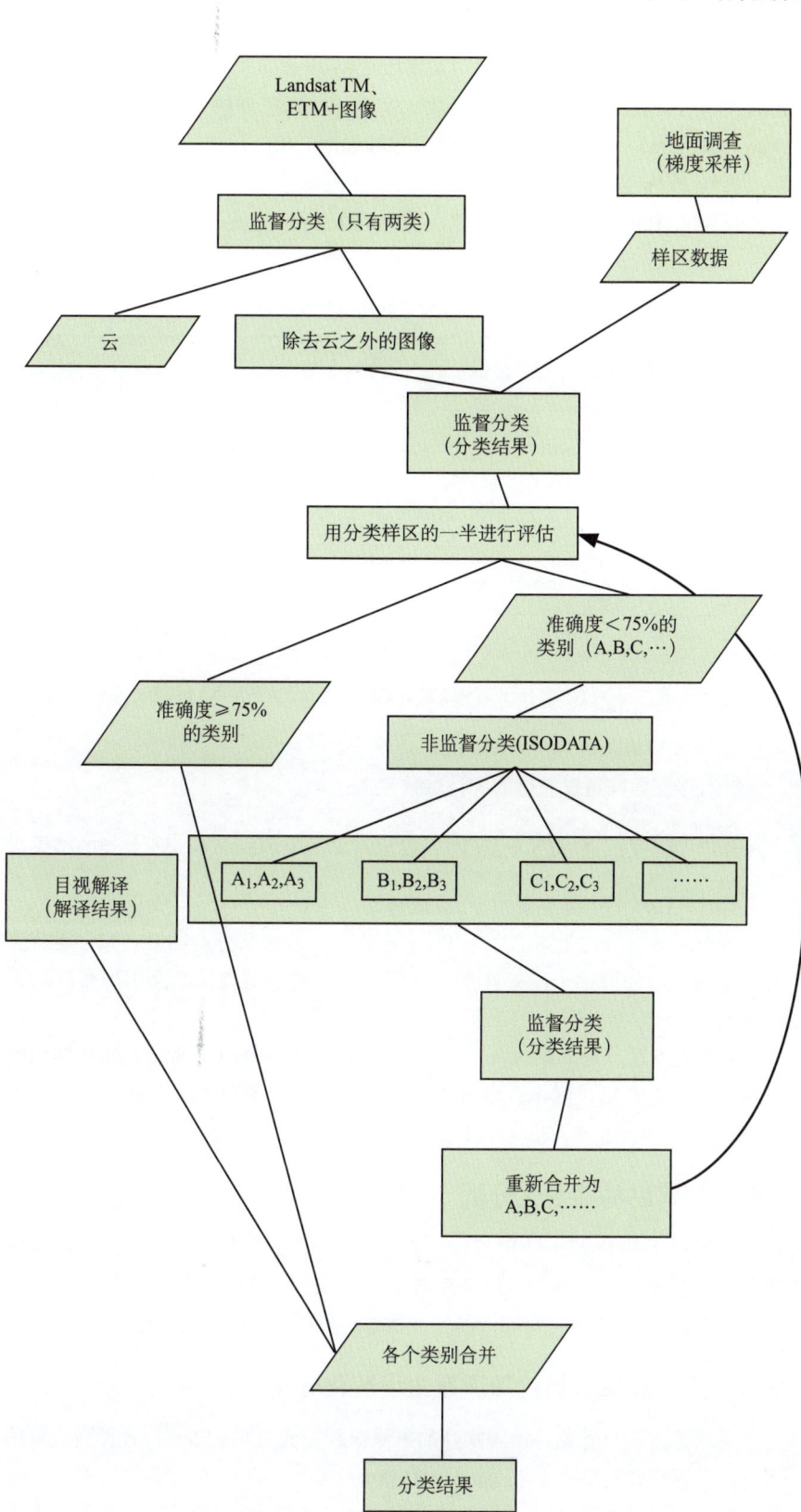

图 6-7 海南长臂猿生境评价遥感影像分类步骤和过程

适用于高山峡谷地区阴影较多的卫星影像（Wang et al., 2008）。所采集的样区数据被随机分成两半，一半用于分类，另外一半用于评估（Reese et al., 2002; Yuan et al., 2005）。整个分类的步骤和过程如图6-7所示。

（5）准确度评估

分类结果的准确度评估通过建立混淆矩阵进行（表6-3）。

表 6-3 遥感影像分类的精度检验混淆矩阵

实测数据类型	分类数据类型					实测总和
	1	2	……	……	i	
1	P_{11}	P_{21}	……	……	P_{i1}	P_{+1}
2	P_{12}	P_{22}	……	……	P_{i2}	P_{+2}
……	……	……	……	……	……	……
……	……	……	……	……	……	……
j	P_{1n}	P_{2n}	……	……	P_{ij}	P_{+j}
分类总和	P_{1+}	P_{2+}	……	……	P_{i+}	P

其中，$P_{i+} = \sum_{j=1}^{n} P_{ij}$ 为分类所得的第i类的总和；$P_{+j} = \sum_{i=1}^{n} P_{ij}$ 为实际观测的第j类总和；P指样本总数。

针对误差矩阵可以获得的统计参数包括：

总体准确度：$P_c = (\sum_{k=1}^{n} P_{kk}) / P$，表示对每一个随机样本，所分类的结果与地面所对应区域的实际类型相一致的概率；

用户准确度（对于第i类）：$P_{ui} = P_{ii} / P_{1+}$，表示从分类结果（如分类产生的类型图）中任取一个随机样本，其所具有的类型与地面实际类型相同的条件概率；

制图准确度（对于第j类）：$PA_j = P_{jj} / P_{+j}$，表示相对于地面获得的实际资料中的任意一个随机样本，分类图上同一地点的分类结果与其相一致的条件概率。

6.4.2 海南岛林地变化分析

利用以上得到的土地覆盖图，对整个海南岛各种林地类型在17年间的变化分别进行统计；并按照5个海拔带（＜380m, 380~760m, 760~1140m, 1140~1520m, ≥1520m）对海南岛各种林地类型17年间的变化进行了计算。

6.4.3 海南岛海南长臂猿适宜生境变化分析

①尽管海南长臂猿目前观察到的家域面积较大（1~9.9km²），但对长臂猿而言，已观察到的最小家域面积只有0.1km²左右（Leighton, 1987）。另外一方面，热带雨林中的小面积成熟林可以作为植被恢复的"种子"，在这些小斑

块周围进行植被恢复，比直接在裸地上或次生林覆盖的区域内进行恢复容易得多。因此在分析森林1片断化程度及海南长臂猿潜在生境时，分别按不同面积范围0.1~0.25km², 0.25~0.5km², 0.5~1km², 1~2km², >2km²计算森林1斑块数量和面积的变化。

②对海南长臂猿的历史分布地——海南岛南部12个县（昌江、白沙、东方、保亭、通什、乐东、三亚、陵水、琼中、琼海、万宁、屯昌），利用Fragstat 3.2软件分别计算了1991年和2008年森林1的两个破碎化指数，斑块平均面积（如果森林破碎化程度增加，斑块平均面积就会减少）；斑块之间最近欧几里德距离的面积加权平均值（值越小，大斑块之间的距离越短，物种就越容易扩散到邻近斑块中）；并用单尾 t 检验分析它们之间的差异。

③海南长臂猿潜在适宜生境分析。海南长臂猿的生态研究结果几乎都是在霸王岭保护区内开展得到的，其活动范围是海拔800~1200m，家域大小为1.0~9.9km²（刘振河和覃朝峰，1990；Fellowes et al.，2008）。所以把≥1km²的森林1斑块设定为海南长臂猿的潜在适宜生境。同时在图上标明所有≥0.1km²的森林1斑块，因为这些小的斑块可以促进周围区域的森林恢复（Chazdon，2003）。

④在1990年左右到2008年这段时间内，海南长臂猿的分布地点从霸王岭、鹦哥岭、黎姆山3个自然保护区退缩到霸王岭自然保护区范围，所以也对比了这3个自然保护区内的森林1变化面积和变化率。以探讨这段时间内海南长臂猿在这些区域内消失的原因。

6.5 生境评价结果及分析

通过遥感影像解译得到的海南岛1991年和2008年的土地利用覆盖分类制图结果见图6-8。

6.5.1 影像解译准确度评估结果

对于1991年的遥感影像，共收集到1315个样区，其中658个样区用于分类，657个样区用于评估，影像的混淆矩阵见表6-4；对于2008年的遥感影像，在两次野外调查中，共收集到1225个样区，其中613个样区用于分类，612个样区用于评估；影像混淆矩阵见表6-5。

从表6-4和表6-5可以看到，1991年的总体准确度是79%，其中森林1的制图准确度达到96%，用户准确度达到82%；2008年的总体准确度为72%，森林1的制图准确度达到82%，用户准确度达到86%。

在只考虑地表覆盖物对海南长臂猿的友好程度时，地表覆盖物其实可以只分为3种类型，森林1可以作为采食和过夜地，森林2可以作为移动通道，而人工林、村庄、城市等则完全不能被利用，在此定义下，1991年的分类影像总体准确度可以达到93%（表6-6），而2008年分类影像的总体准确度可以达到88%（表6-7）。

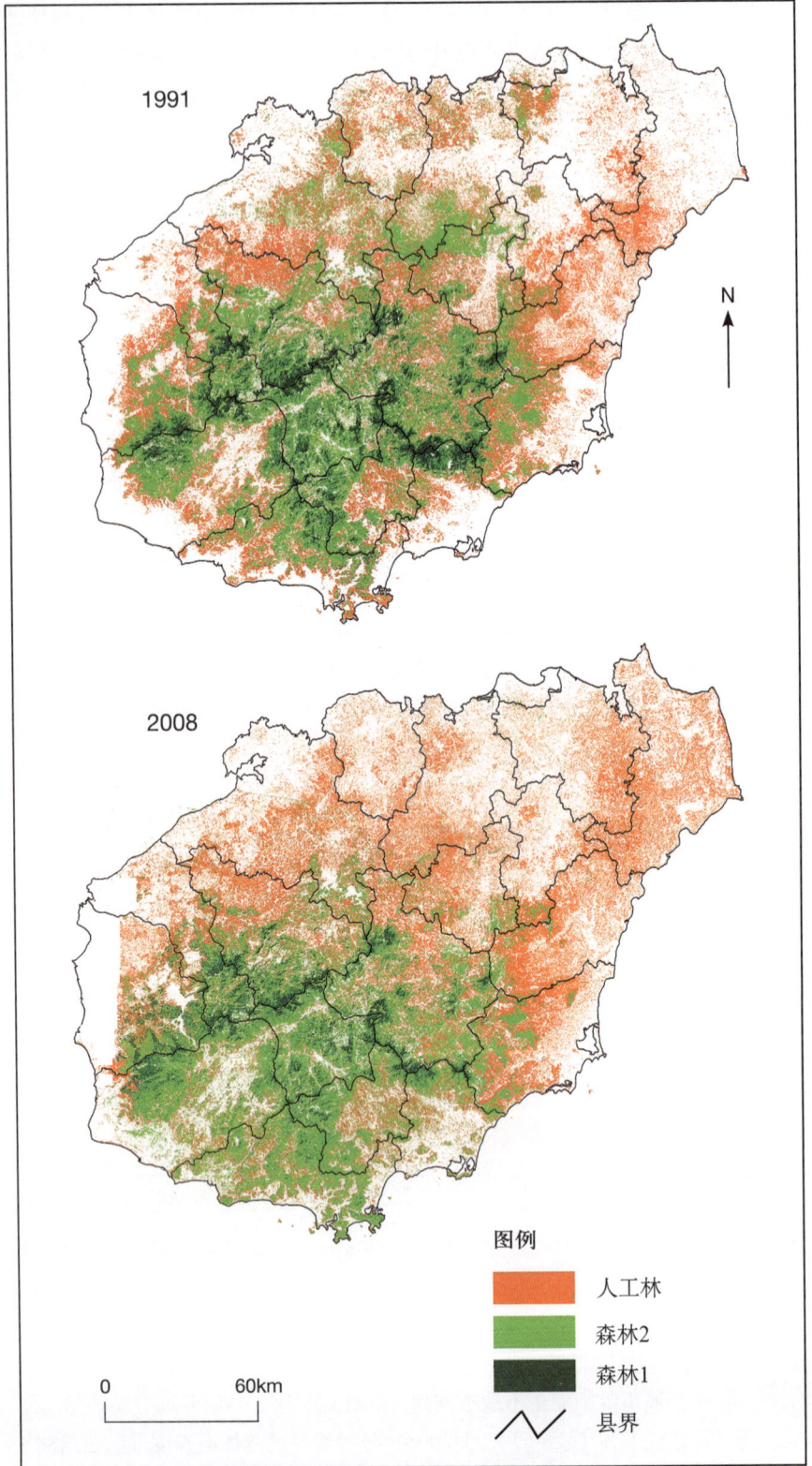

图例

<table>
<tr><td>人工林</td></tr>
<tr><td>森林2</td></tr>
<tr><td>森林1</td></tr>
<tr><td>县界</td></tr>
</table>

图 6-8 海南岛 1991 年和 2008 年卫星影像解译森林分布结果

表 6-4 1991 年海南岛卫星影像解译结果的混淆矩阵（分 5 类）

分类数据	参考数据						
	城镇	农用地	森林1	人工林	森林2	总数	用户准确度（%）
城镇	**5180**	1220	0	148	4	6552	79
农用地	1624	**6648**	0	2060	232	10564	63
森林1	0	8	**3904**	28	828	4768	82
人工林	12	412	0	**8708**	300	9432	92
森林2	12	376	176	568	**4804**	5936	81
总数	6828	8664	4080	11512	6168	**37252**	
制图准确度（%）	76	77	96	76	78		
总体准确度（%）	79						

表 6-5 2008 年海南岛卫星影像解译结果的混淆矩阵（分 5 类）

分类数据	参考数据						
	城镇	农用地	森林1	人工林	森林2	总数	用户准确度（%）
城镇	**2004**	657	0	310	62	3033	66
农用地	941	**4182**	9	1707	118	6957	60
森林1	5	20	**3928**	21	616	4590	86
人工林	52	816	20	**6075**	895	7858	77
森林2	24	118	841	546	**4572**	6101	75
总数	3026	5793	4798	8659	6263	**28539**	
制图准确度（%）	66	72	82	70	73		
总体准确度（%）	72						

表 6-6 1991 年海南岛卫星影像解译结果混淆矩阵（只分 3 类）

分类数据	参考数据				
	森林1	森林2	其他	总数	用户准确度（%）
森林1	**3904**	828	36	4768	82
森林2	176	**4804**	956	5936	81
其他	0	536	**26012**	26548	98
总数	4080	6168	27004	**37252**	
制图准确度（%）	96	78	96		
总体准确度（%）	93				

表6-7 2008年海南岛卫星影像解译结果混淆矩阵（只分3类）

分类数据	参考数据				
	森林1	森林2	其他	总数	用户准确度（%）
森林1	**3928**	618	46	4590	86
森林2	841	**4572**	688	6101	75
其他	29	1075	**16744**	17848	94
总数	4798	6263	17478	**28539**	
制图准确度（%）	82	73	96		
总体准确度（%）	88				

6.5.2 海南岛全岛的林地变化

（1）总体面积变化

从1991年到2008年这17年间，海南岛森林1面积减少了约541km^2（-35%），年均丧失32km^2，年均丧失率2%；天然林（森林1+森林2）面积减少约1462km^2（-20%），年均丧失85km^2，年均丧失率1.2%；而人工林增加了2929km^2（+38%）年均增加172km^2，年均增加率2.2%；全岛林地面积增加了1467km^2（+10%），主要来自于人工林（表6-8）。

（2）不同海拔带的林地面积变化

1991~2008年之间，海南岛在海拔760m以下海拔带内，森林1面积减少了364km^2（-40%），森林2面积减少了1193km^2（-22%），人工林面积增加了2896km^2（+37%）；在760m以上海拔带内，森林1面积减少了177km^2（-29%），森林2面积增加了271km^2（+60%），森林2的增加值大于森林1的下降值，人工林面积增加了33km^2（+119%）（图6-9）。根据野外实地调查情况，森林1减少的面积中有一部分是由于人为择伐、砍薪或放牧后退化成为森林2所致。

在过去200年中，海南岛丧失了95.5%的原生植被（Zhou et al., 2005）。虽然海南岛从1979年开始停止扩大橡胶种植面积，并在1994年禁止砍伐天然林

表6-8 海南岛 1991~2008 年林地面积变化

	天然林		人工林	合计
	森林1	森林2		
1991 (km^2)	1526	5788	7807	15121
2008 (km^2)	985	4867	10736	16588
面积变化 (km^2)	-541	-921	+2929	1467
变化(%)	-35	-16	+38	+10

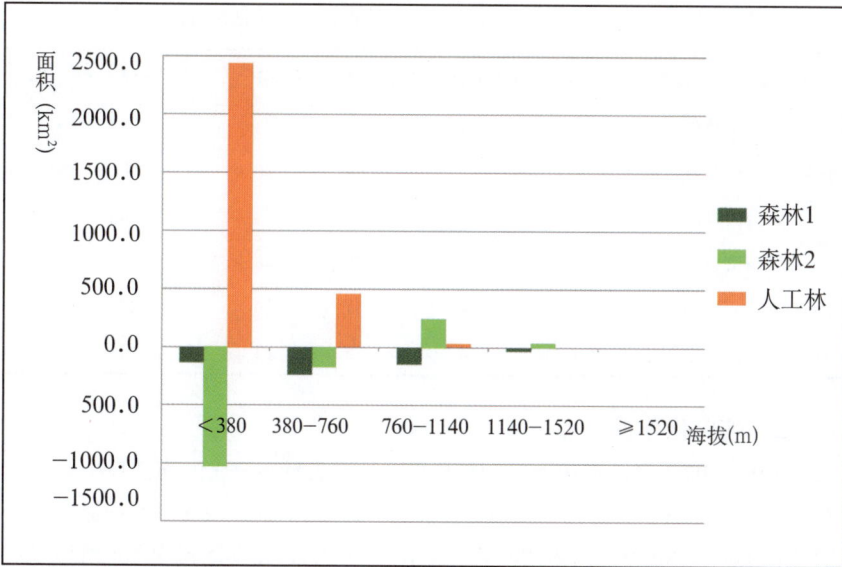

图 6-9 1991~2008 年海南岛不同海拔带的林地变化情况

（Chan et al., 2005），但在本研究的时间范围内（1991~2008年），天然林特别是森林1仍然明显下降；760m以下区域的森林1减少了40%，这也进一步为过去50年来海南长臂猿的分布地区从低海拔地带向高海拔地带退缩，从经济发达地区向经济落后的地区退缩（Zhou et al., 2005）提供了支持。在海拔760m以下区域内，集中了海南岛99%的人口，人们为了开垦耕地、种植人工林而砍伐天然林，导致原来主要生活在低海拔地区的海南长臂猿的高质量生境消失，失去了其在低海拔地区生存的条件，因而海南长臂猿在短期内濒临绝境并不是偶然的。

6.5.3 海南长臂猿的适宜生境变化

（1）斑块面积变化

1991~2008年，海南岛森林1斑块数量和面积变化情况见表6-9，在这17年中，不同大小的森林1的斑块数量和面积都在减少，其中大于2km^{2}斑块的数量从57块减少到37块（-35%），面积从706km^{2}减少到277km^2（-61%）；大于0.1km^{2}的森林1斑块总面积仅存444km^2，减少了53%。

在热带地区的低海拔地带，许多雨林以分裂的、小于1km^{2}的斑块形式存在，由于很多热带物种移动能力较弱，非常依赖于生存环境，因而小斑块也具有重要的保护意义，许多研究证明有些物种可以在小的植被斑块中存活几十年甚至更久，其中不乏濒危的特有物种（例如原始森林中的附生植物），保护小斑块可以为这些生物种群的发展提供机会，另一方面，在森林1小斑块景观中进行天然植被的恢复要比从裸地土壤恢复有效得多（Turner & Corlett, 1996）。保存这些小斑块并通过恢复，把它们同附近的大斑块连接起来可以提高整个生态系统的质量，因而小斑块森林的保护对于海南长臂猿生境保护与恢复具有重要的作用。

表 6-9 海南岛 1991~2008 年不同面积的森林 1 斑块数量及面积比较

	斑块面积	0.1~0.25	0.25~0.5	0.5~1	1~2	>2	合计
	斑块数	549	169	73	35	57	883
1991	面积 (km²)	83	58	50	48	706	945
	占总面积比例（%）	5	4	3	3	46	61
	斑块数	418	89	48	15	37	619
2008	面积 (km²)	64	31	33	22	277	444
	占总面积比例（%）	6	3	3	2	28	44

（2）破碎化分析

1991~2008年间，在20世纪50年代仍有海南长臂猿分布的南部12个县中，森林1不仅面积减少，而且呈现破碎化的趋势，森林1的斑块平均面积显著下降达53%（paired t-tests; t =-5.296, df = 11, P = 0.000; 从7085±3308m²到3324±2282m²）；斑块之间的最近距离平均值没有明显变化，从318±104m到333±96m（paired t-tests; t = 0.864, df = 11, P = 0.203）。斑块面积减少直接指示了生境丧失；斑块之间的最近距离平均值无明显变化，说明大量离大斑块远的小斑块已经消失，导致海南长臂猿的适宜生境被隔离在一些分离的区域内。这两种变化都可能是海南长臂猿在局部区域灭绝的重要原因。

（3）潜在的生境恢复区

图6-10和图6-11分别显示了1991年和2008年大于0.1km²的森林1斑块的分布情况。对比这两幅图可以看到，在没有建立自然保护区的马咀岭、卡法岭等地，低海拔带的大斑块消失殆尽；在七指岭省级自然保护区，大的森林斑块在这17年内全部消失，大于0.1km²的斑块所剩无几；在保梅岭和回山省级自然保护区内，大于0.1km²斑块数量也急剧下降。在国家级自然保护区如尖峰岭、霸王岭、五指山等地，森林1也经历了面积和斑块数量减少的过程，但程度相对较轻。到2008年，海南岛多数大于0.1km²的森林1斑块都位于中西部，大于1km²的斑块有64个，且都在自然保护区内；最大的森林1斑块分别分布于鹦哥岭自然保护区45km²（由30km²和15km²两块组成）和五指山自然保护区内（23km²），霸王岭自然保护区内森林1面积合计为78km²。

（4）南部12县森林1变化比较

在已确认的海南长臂猿历史分布区——海南岛南部12县，森林1丧失比例最高的是三亚市（81%）和保亭县（59%）；昌江县（10%）和白沙县（7%）丧失率最低，而昌江县和白沙县的交界处正好是霸王岭自然保护区的所在，也是海南长臂猿仍然存活的地方（表6-10）。

从表6-10可以看出，自然保护区对于森林1的保护有着重要的作用，白沙县和昌江县的丧失比例较低，应该得益于这里有两个海南岛面积最大的陆地自然保护区；霸王岭国家级自然保护区（300km²）和鹦哥岭省级自然保护区（504km²），而丧失比例较高的三亚市除陆地自然保护区面积较小外，还是近

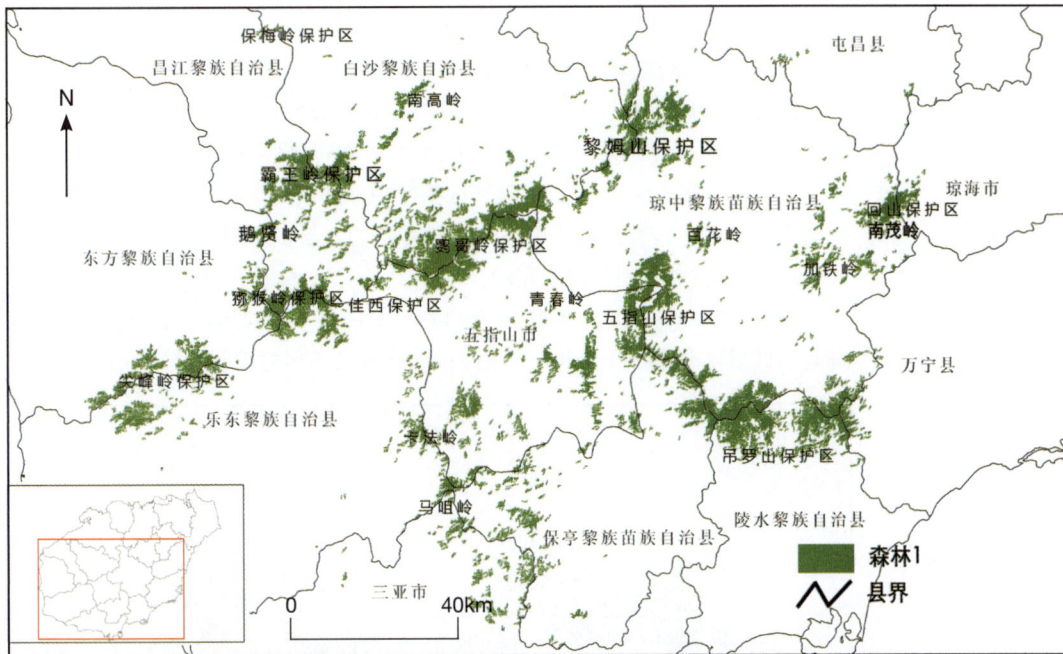

图 6-10 1991 年海南岛大于 0.1km² 的森林 1 斑块分布图

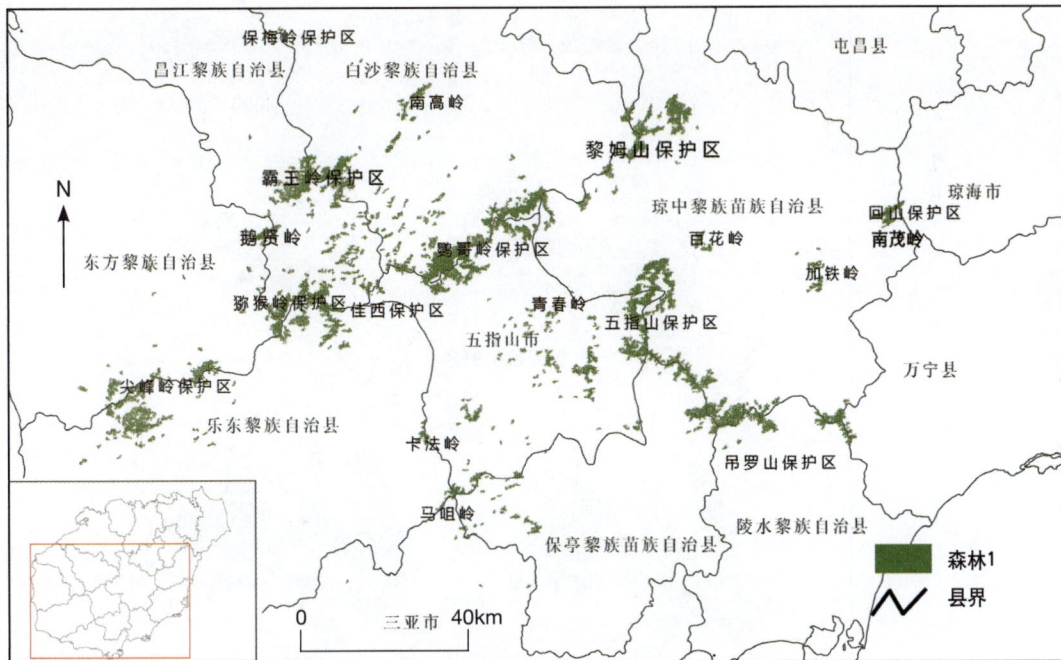

图 6-11 2008 年海南岛大于 0.1km² 的森林 1 斑块分布图

年来以旅游为标志的社会经济高速发展的地区。

（5）三个自然保护区的变化比较

在1986年后，海南长臂猿的分布区域从霸王岭、鹦哥岭、黎姆山3个自然保护区退缩到仅存于霸王岭自然保护区内，这3个自然保护区内的森林1变化情况见图6-12和表6-11。这3个自然保护区中，霸王岭自然保护区森林1下降比率最小（6km^2，-7%）；在现存海南长臂猿的家域范围内，森林1丧失1.1km^2（-6%），保护状况是值得肯定的。

从霸王岭、鹦哥岭、黎姆山3个自然保护区17年间森林1变化情况来看，在海南长臂猿仅存的霸王岭保护区内，森林1的破坏相对较轻。黎姆山和鹦哥岭

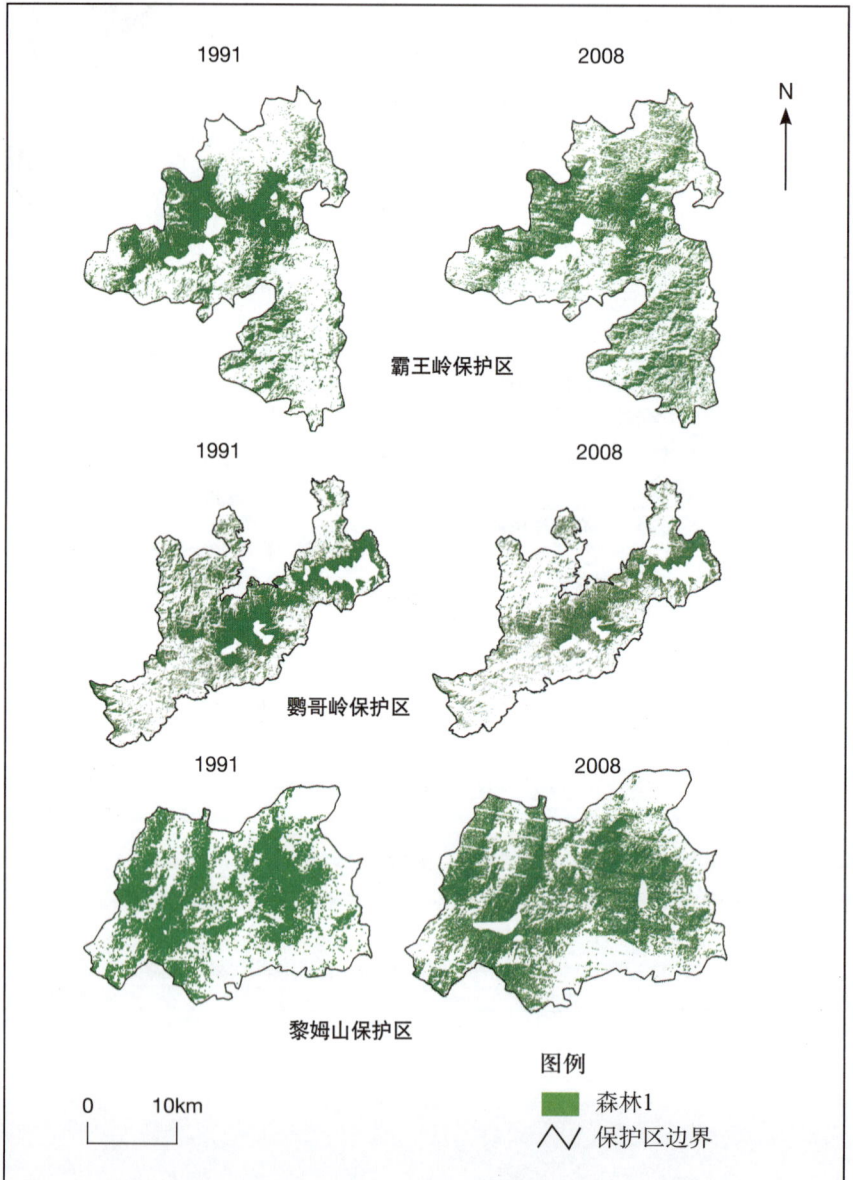

图 6-12 1991~2008 年海南岛 3 个重要自然保护区森林 1 的变化情况

表 6-10 1991 ~ 2008 年海南长臂猿历史分布区森林 1 面积变化

县（市）	森林1		
	1991	2008	变化（%）
三亚	83	16	-81
保亭	121	50	-59
乐东	158	82	-48
屯昌	14	8	-44
陵水	103	59	-43
琼中	347	199	-43
琼海	13	8	-38
万宁	20	13	-35
五指山	36	159	-33
东方	92	75	-18
昌江	110	99	-10
白沙	212	197	-7

表 6-11 1991 年到 2008 年海南岛 3 个自然保护区的森林 1 面积变化情况

地点	霸王岭	鹦哥岭	黎姆山
1991年面积 (km^2)	84	172	53
2008年面积 (km^2)	78	106	43
变化量 (km^2)	6	66	10
变化率（%）	-7	-38	-19

自然保护区的森林1都经过了人为砍伐，真正保存完好的森林只分布于保护区的核心区内；鹦哥岭保护区的本地居民的生活方式很大程度上依赖于森林生态系统，如有砍树做棺木以及打猎的习俗等。因而砍伐和捕猎可能都是导致海南长臂猿从黎母山和鹦哥岭消失的原因。

6.6 结论和保护建议

6.6.1 海南岛南部海南长臂猿的生境保护

热带原始森林在全球范围内都经历了严重的退化（Myers et al., 2000；Primack和季维智, 2000），根据Myers et al.（2000）等制定的世界热点保护地区方案，印缅区域是热点保护地区之一，海南岛属于其中的一部分。Achard et al.（2002）利用遥感影像选取此区域内的东南亚进行了森林变化评估，结果是在1990~1997年内，东南亚的森林平均每年下降0.91%，在大致相同的时间段，海南岛天然林的年下降率（1.2%）超过了这个水平，且森林1被森林2、人工林或非林地替代严重（表6-8）。

在与我国海南岛大致相同的纬度上，还分布着白掌长臂猿（*Hylobates lar yunnanensis*）、白颊长臂猿（*Nomascus leucogenys*）与高平长臂猿（*Nomascus nasutus*）。20世纪80年代，在云南沧源南滚河一带还有80~100只白掌长臂猿（马世来和王应祥，1998），由于生境被大量的耕地侵蚀、破碎化、狩猎等原因，其种群数量不断下降，最近的调查表明已经在中国灭绝（Grueter，2009）。马世来和王应祥（1998）认为在云南尚有白颊长臂猿64只左右，但自1990年以来，几乎不见白颊长臂猿野外种群状况的报道，其主要分布区域为西双版纳的勐腊自然保护区；20世纪50年代初期，西双版纳的森林覆盖率为60%左右，到1985年已经降到27%（许再富，1996），20世纪60年代到1997年，西双版纳的橡胶、甘蔗等经济作物的面积从855km^{2}增加到3430km^2（张佩芳等，1999），白颊长臂猿也面临着和海南长臂猿同样的威胁。高平长臂猿现仅分布于中国广西与越南Cao Bang省交界的区域内，在越南有17群，94~96只（VNA，2008），在中国广西靖西县仅能确定3群，总数不到20只（Chan et al.，2008）。这些濒危猿类的生境与海南长臂猿有着类似的经历，必须制定切实的计划并采取有力的行动才能保证其最后的生存希望。

生境斑块大小和隔离程度是衡量生境斑块中生物多样性的两个重要因子（Turner & Corlett，1996）。长臂猿特殊的"臂行"移动方式需要有连续的树冠层，因而它们很容易受到生境破碎化的影响。从分析结果来看，1991~2008年之间，海南长臂猿的生境经历了严重的丧失和破碎化加剧的过程。

根据本研究结果，海南岛应该进一步有效控制高海拔地带天然林的择伐和低海拔地带人工林的扩增。从图6-10、图6-11和图6-12来看，海南岛自然保护区内的天然林特别是森林1退化严重；但林地变化在保护区内比保护区外、国家级自然保护区比省级自然保护区要小，因而，一方面现有自然保护区应采取有力措施做好保护工作，在大的森林1斑块周围种植原生树种，把相近的森林1小斑块连接成片，扩大斑块面积。另一方面，图6-11显示了海南长臂猿可潜在利用的森林1的斑块、斑块面积和斑块之间距离的预测，为了拯救这一极度濒危的灵长类，建议以图6-11为依据，构建一个重点保护大于1km^{2}的森林1斑块的海南岛生境恢复行动计划，建立这些斑块之间的生态走廊使其得以连续，就有可能为未来海南长臂猿的恢复或迁地保护提供踏脚石或备选地点；根据海南省林业部门提出的到2010年新增3500km^{2}森林和野生动物保护区，将现有保护区体系的面积增加280%的规划（吴华盛，2000），建议海南省在2004年已建猴猕岭、鹦哥岭和黎母山自然保护区的基础上，进一步新增：①霸王岭、猴猕岭和鹦哥岭3个自然保护区之间的森林1斑块，②三亚市、五指山市、保亭县和乐东县交界处的马咀岭，③五指山市和乐东县的卡发岭，④黎母山和鹦哥岭之间的森林1，⑤白沙县的南高岭，琼中县的⑥南茂岭、⑦百花岭和⑧加铁岭为新建自然保护区。⑨鹦哥岭位于海南岛中部，有目前岛内面积最大的森林1斑块，其南面为佳西省级自然保护区，西面为霸王岭国家级自然保护区和猴猕岭省级自然保护区，北面有前述建议新增为自然保护区的南高岭，东北面为黎母山省级自然保护区和番加省级保护区，可见鹦哥岭具有生态走廊枢纽的作用（图6-11），虽然2004年才建为省级自然保护区，但建议将其纳入升级为国家级自然保护区的计划。如果新增上述自然保护区就可以保护潜在的海南长臂猿的适宜生境，为海南长臂猿的未来恢复计划保留生存空间；即使破碎的森林1斑块也可以成为许多珍稀物种生存和它们在灌丛、草地及人工林之间移动的避难所和踏脚石，并且是天然林恢复的基石，对整个海南岛野生动植物及其生境的保护都有非常重要的意义。从海南省1994年开始禁伐天然林以来的落实和效果情况来看，经费依然是导致部分地区保护措施和行动落实不利的重要原因，应该适当增加生态保护和补偿资金。

6.6.2 霸王岭国家级自然保护区海南长臂猿的生境保护

在1991~2008这17年间，霸王岭自然保护区海南长臂猿的适宜生境−森林1丧失了6km^2（-7%），并且主要发生在道路1的西侧（图6-13），在目前海南长臂猿的活动区域（道路1东侧），森林1丧失了1.1km^2（-6%）；与全岛35%的丧失率相比较，保护状况虽然值得肯定，但却已到了维持海南长臂猿生存的极限。

多数保护生物学家都认为生境的连续性对动物有很重要的作用，许多物种都生活在连接度较好的生境中；同时这些连接不是随机的，应该优先考虑连接动物生境的那些区域（Nasi et al., 2008）。在距离物种近的地方进行生境恢复，会比随机恢复或者按森林受到破坏的逆顺序进行恢复取得的效果更好（Huxel & Hastings, 1999）。现存的海南长臂猿只活动于霸王岭自然保护区的

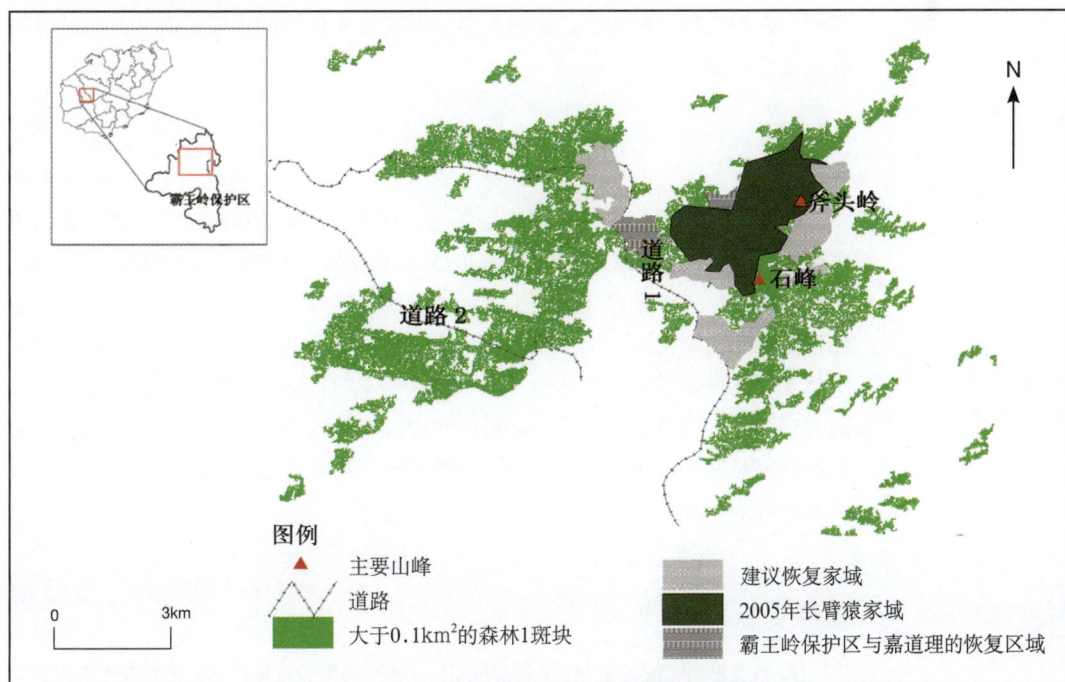

图 6-13 霸王岭自然保护区内海南长臂猿生境恢复建议

山地雨林，两群海南长臂猿之间存在着家域重叠现象，而另外几只独猿也在这两群的家域内频繁出现，这可能是因为它们的活动范围被道路和高海拔地带的森林2限制在石峰的北面，以及低海拔生境遭到严重破坏的缘故（Chan et al.，2005；Fellows et al.，2008；周江等，2008）。因而将海南长臂猿活动区域的植被与附近的小斑块连接到一起，扩大现存种群的生境可利用面积尤为重要；①建议在霸王岭自然保护区管理局和香港嘉道理农场暨植物园已有工作基础上，优先在石峰的北面和西面和西南面恢复海南长臂猿的生境（图6-13中的建议区域），种植一些本地并且为海南长臂猿喜食的树种。②道路1的西侧在1985年尚有1群海南长臂猿活动（刘振河和覃朝峰，1990），周亚东和张剑锋（2003）提出了停止正好贯穿海南长臂猿生境的道路1甚至道路2的使用或改道，降低人类活动对长臂猿的干扰，并用海南长臂猿喜食的当地树种进行生态恢复的建议，此建议对于海南长臂猿的保护有着重要的现实意义，应该尽早得到当地各级政府的重视和落实。

6.7 结语

本研究通过利用3S技术，定量分析了1991~2008年海南岛林地，特别是海南长臂猿适宜生境 – 森林1的动态变化情况。研究结果显示在1991~2008年之间，生境丧失和生境破碎化依然是海南长臂猿面临的主要威胁之一，在低海拔地带尤为突出。为了拯救这一极度濒危的灵长类物种，根据研究结果，提出了海南岛恢复海南长臂猿潜在生境并新建自然保护区的建议，以及霸王岭自然保护区适宜生境恢复和保护的建议。作为世界上最濒危的猿类，海南长臂猿的生态学和保护生物学研究空白还有很多，其研究和保护的重任所留给我们的时间和机会已不多了。

致谢

本研究工作得到了香港嘉道理农场暨植物园（KFBG）研究生奖学金，中国科学院（INFO-115-C01-SDB3-06-02）和科技部（2005DKA21402）的资助。特别感谢参加了本章部分研究工作的中科院昆明动物研究所的蒋学龙博士、王伟博士和任国鹏博士，KFBG的John R. Fellowes博士、陈辈乐博士；感谢海南省林业厅，海南霸王岭和其他自然保护区对本项目野外考察工作提供的支持。同时感谢为本项目提供了重要资料或建设性意见的中科院昆明动物研究所的赵其昆研究员和王林先生，KFBG的刘惠宁博士和吴世捷博士，贵州师范大学院的周江博士以及海南师范大学的梁伟博士。

参考文献

陈升华, 杨世彬, 许涵, 李意德, 丁易, 臧润国. 2009. 海南长臂猿的猿食植物及主要种群的结构特征. 广东林业科技 25: 45-51.

高耀亭, 文焕然, 何业恒. 1981. 历史时期我国长臂猿分布的变迁. 动物学研究 2(1): 1-8.

蒋学龙, 马世来, 王应祥. 1994a. 黑长臂猿的群体大小及组成. 动物学研究 15: 15-22.

蒋学龙, 马世来, 王应祥. 1994b. 黑长臂猿 (*Hylobates concolor*) 的配偶制及其与行为: 生态和进化的关系. 人类学学报 13: 344.

蒋学龙, 王应祥. 1997. 黑长臂猿(*Hylobates concolor*)鸣叫行为研究. 人类学学报 16: 293-301.

李意德. 1995. 海南岛热带森林的变迁及生物多样性的保护对策. 林业科学研究 8(4): 455-461.

林家怡, 莫罗坚, 庄雪影. 2006. 海南黑冠长臂猿主要摄食植物的区系分布多样性研究. 热带林业 34: 21-24.

林媚珍, 张镱锂. 2001. 海南岛热带天然林动态变化. 地理研究 20: 703-712.

刘咸. 1978. 海南长臂猿的重新发现及其学名鉴定. 动物学杂志 4: 26-27.

刘振河, 覃朝锋. 1990. 海南长臂猿栖息地结构分析. 兽类学报 10: 163-169.

刘振河, 余斯绵, 袁喜才. 1984. 海南长臂猿的资源现状. 野生动物 6: 1-4.

马世来, 王应祥. 1998. 中国现代灵长类的分布, 现状与保护. 兽类学报 8: 250-260.

彭红元, 张剑锋, 江海声, 胡锦矗. 2008. 海南岛海南长臂猿分布的变迁及成因. 四川动物27: 671-675.

宿兵, Kressirer PKM. 1996. 中国黑冠长臂猿的遗传多样性及其分子系统学研究: 非损伤性DNA序列分析. 中国科学 26: 414-419.

王伯荪, 张炜银. 2002. 海南岛热带森林植被的类群及其特征. 广西植物 22: 107-115.

吴华盛. 2000. 海南热带林的保护与发展. 热带林业 28: 40-44.

徐龙辉, 刘振河, 周宇坦. 1983. 海南长臂猿. 见: 广东省昆虫研究所动物室编, 海南岛的鸟兽. 北京: 科学出版社.

许再富. 1996. 热带植物资源持续发展的理论与实践. 北京: 科学出版社.

张佩芳, 赫维人, 何祥, 张军, 李益敏. 1999. 云南西双版纳森林空间变化研究. 地理学报 54: 139-145.

中国科学院华南植物研究所. 1985. 海南岛植被类型图. 北京: 科学出版社.

周江, 陈辈乐, 魏辅文. 海南长臂猿的家族群相遇行为观察. 动物学研究. 2008. 29: 667-673.

周亚东, 张剑锋. 2003. 海南长臂猿保护发展对策. 热带林业 31: 16-17.

Achard F, Eva HD, Stibig HJ, Mayaux P, Gallego J, Richards T, Malingreau JP. 2002. Determination of deforestation rates of the world's humid tropical forests. Science 297: 999-1002.

Austin MP, Heyligers PC. 1989. Vegetation survey design for conservation: gradsect sampling of forests in north-eastern New South Wales. Biological Conservation 50: 13.

Bauer ME, Burk TE, Ek AR, Coppin PR, Lime SD, Walsh TA, Walters DK, Befort W, Heinzen DF. 1994. Satellite inventory of Minnesota forest resources. Photogrammetric Engineering and Remote Sensing 60: 287-298.

Bleisch W, Chen N. 1991. Ecology and behavior of wild Black-crested gibbon (*Hylobates concolor*) in China with a reconsideration of evidence for polygyny. Primates 32: 539-548.

Chan BPL, Fellowes JR, Geissmann T, Zhang J. 2005. Hainan gibbon status survey and conservation action plan, version 1 (last updated November 2005). Kadoorie Farm & Botanic Garden Technical Report.

Chan BPL, Tang XF, Tang WJ. 2008. Rediscovery of the critically endangered Eastern black crested gibbon *Nomascus nasutus (Hylobatidae)* in China, with preliminary notes on population size, ecology and conservation status. Asian Primates Journal 1: 17-25.

Chazdon RL. 2003. Tropical forest recovery: legacies of human impact and natural disturbances. Perspectives in Plant Ecology, Evolution and Systematics 6: 51-71.

Cowlishaw G. 1992. Song function in gibbons. Behaviour 121: 131-153.

Fan PF, Jiang XL. 2008. Effects of food and topography on ranging behavior of Black crested gibbon (*Nomascus concolor jingdongensis*) in Wuliang Mountain, Yunnan, China. American Journal of Primatology 70: 871-878.

Fan PF, Jiang XL, Liu CM, Luo WS. 2006. Polygynous mating system and behavioural reason of Black crested gibbon (*Nomascus concolor jingdongensis*) at Dazhaizi, Mt. Wuliang, Yunnan, China. Zoological Research 27: 216-220.

Fan PF, Jiang XL, Tian CC. 2009. The critically endangered Black crested gibbon *Nomascus concolor* on Wuliang Mountain, Yunnan, China: the role of forest types in the species's conservation. Oryx 43: 203-208.

Fellowes JR, Chan BPL, Zhou J, Chen SH, Yang SB, Ng SC. 2008. Current status of the Hainan gibbon (*Nomascus hainanus*): Progress of population monitoring and other priority actions. Asian Primates Journal 1: 2-9.

Geissmann T. 1995. Gibbon systematics and species identification. International Zoo News 42: 467-501.

Geissmann T. 1997. New sounds from the Crested gibbons (*Hylobates concolor group*): first results of a systematic revision. In: Zissler D ed. Verhandlungen der Deutschen Zoologischen Gesellschaft: Kurzpublikationen - Short communications. Gustav Fischer, Stuttgart, 170.

Geissmann T. 1991. Duet songs of the siamang, *Hylobates syndactylus*: II. Testing the pair-bonding hypothesis during a partner exchange. Behaviour 136: 1005-1039.

Geissmann T, Bleisch W. 2010. *Nomascus hainanus*. In: IUCN, IUCN Red list of threatened species, version 2010. 1. Downloaded on 31 March 2010 <www.iucnredlist.org>.

Geissmann T, Dang N X, Lormée N, Momberg F. 2000. Part 1: Gibbons International. Hanoi: Fauna and Flora International, Indochina Programme. In: Vietnam primate conservation status review, 130.

Geissmann T, Nijman V. 2006. Calling in wild Silvery gibbons (*Hylobates moloch*) in Java (Indonesia): behavior,phylogeny,and conservation. American Journal of Primatology 68: 1-19.

Gittins SP. 1984. The vocal repertoire and song of the agile gibbon. The lesser apes: evolutionary and behavioural biology. Edinburgh: Edinburgh University Press, 354-375.

Groves CP. 2005. Order primates. In: Wilson D, Reeder D eds. Mammal species of the world: a taxonomy and reference. Baltimore: Johns Hopkins University Press, 111-184.

Grueter CC, Jiang XL, Konrad R, Fan PF, Guan ZH, Geissmann T. 2009. Are *Hylobates lar* extirpated from China? International Journal of Primatology 30: 553-567.

Ha NM. 2007. Survey for Southern white-cheeked gibbons (*Nomascus leucogenys siki*) in Dak Rong Nature Reserve, Quang Tri Province, Vietnam. Vietnamese Journal of Primatology 61.

Haimoff EH. 1984a. The organization of song in the Hainan black gibbon (*Hylobates concolor hainanus*). Primates 25: 225-235.

Haimoff EH. 1984b. Acoustic and organizational features of gibbon songs. In: The lesser apes evolutionary and behavioural biology. Edinburgh: Edinburgh University Press, 333-353.

Haimoff EH, Yang XJ, He SJ, Chen N. 1986. Census and survey of wild Black-crested gibbons (*Hylobates concolor concolor*) in Yunnan Province, People's Republic of China. Folia Primatologica 46: 205-214.

Haimoff EH, Yang XJ, He SJ, Chen N. 1987. Preliminary observations of wild black-crested gibbons (*Hylobates concolor concolor*) in Yunnan Province, People's Republic of China.

Primates 28: 319-335.

Huxel GR, Hastings A. 1999. Habitat loss, fragmentation, and restoration. Ecology 7: 309-315.

IUCN 2010, IUCN Red list of threatened species. Version 2010.1. <www.iucnredlist.org>. Downloaded on 31 March 2010.

Jiang XL, Wang Y, Wang Q. 1999. Coexistence of monogamy and polygyny in Black-crested gibbon (*Hylobates concolor*). Primates 40: 607-611.

Jiang XL, Luo ZH, Zhao SY, Li RZ, Liu CM. 2006. Status and distribution pattern of Black crested gibbon (*Nomascus concolor jingdongensis*) in Wuliang Mountains, Yunnan, China: implication for conservation. Primates 47: 264-271.

Kappeler M. 1984. Vocal bouts and territorial maintenance in the moloch gibbon. In: The lesser apes: evolutionary and behavioural biology. Edinburgh: Edinburgh University Press, 376-389.

Lan DY. 1993. Feeding and vocal behaviours of Black gibbons (*Hylobates concolor*) in Yunnan: a preliminary study. Folia Primatologica 60: 94-105.

Leighton DR. 1987. Gibbons: Territoriality and monogamy. In: Barbara BS, Dorothy LC, Robert MS, Richard WW, Thomas TS, Primates society. Chicago: The University of Chicago Press, 135-145.

Liu ZH, Zhang YZ, Jiang HS, Charles S. 1989. Population structure of *Hylobates concolor* in Bawangling nature reserve, Hainan, China. American Journal of Primatology 19: 247-254.

Ma SL, Wang YX, Poirier FE. 1988. Taxonomy, distribution, and status of gibbons (*Hylobates*) in southern China and adjacent areas. Primates. 29: 277-286.

Mitani JC. 1985. Gibbon song duets and intergroup spacing. Behaviour 92: 59-96.

Mittermeier RA, Ratsimbazafy J, Rylands AB, Williamson L, Oates JF, Mbora D, Ganzhorn JU, Rodríguez-Luna E, Palacios E, Heymann EW, Kierulff MCM, Long YC, Supriatna J, Roos C, Walker S, Aguiar JM. 2007. Primates in peril: The world's 25 most endangered primates, 2006-2008. Primate Conservation 22: 1-40.

Monda K, Simmons RE, Kressirer P, Su B, Woodruff DS. 2007. Mitochondrial DNA hypervariable region-1 sequence variation and phylogeny of the concolor gibbons, *Nomascus*. American Journal of Primatology 69: 1285-1306.

Mootnick AR. 2006. Gibbon (Hylobatidae) species identification recommended for rescue or breeding centers. Primate Conservation 21: 103-138.

Myers N, Mittermeier RA, Mittermeier CG, da Fonseca GAB, Kent J. 2000. Biodiversity hotspots for conservation priorities. Science 403: 853-858.

Nasi R, Koponen P, Poulsen JG, Buitenzorgy M, Rusmantoro W. 2008. Impact of landscape and corridor design on primates in a large-scale industrial tropical plantation landscape. Biodiversity Conservation 17: 1105-1126.

Pocock RI. 1927. The gibbons of the genus Hylobates. Proceedings of the Zoological Society of London 97 3: 719-743.

Primack RB, 季维智. 2000. 保护生物学基础. 北京: 中国林业出版社.

Raemaekers JJ, Raemaekers PM. 1985. Field playback of loud calls to gibbons (*Hylobates lar*): territorial, sex-specific and species-specific responses. Animal Behaviour 33: 481-493.

Raemaekers JJ, Raemaekers PM, Haimoff E H. 1984. Loud calls of the gibbon (*Hylobates lar*): repertoire, organization and context. Behaviour 91: 146-189.

Reese H M, Lillesand TM, Nagel DE, Stewart JS, Goldmann R. 2002. Statewide land cover derived from multi-seasonal Landsat TM data- A retrospective of the WISCLAND project. Remote Sensing of Environment 82: 224-237.

Turner IM, Corlett RT. 1996. The conservation value of small, isolated fragments of lowland tropical rain forest. Trends in Ecology & Evolution 11: 330-333.

VNA. 2008. http://www.vnagency.com.vn/home/EN/tabid/119/itemid/228587/default.aspx. Accessed in July, 2010.

Wang W, Ren GP, He YH, Zhu JG. 2008. Habitat degradation and conservation status assessment of Gallinaceous birds in the Trans-Himalayas, China. Journal of Wildlife Management, 72 6: 1335-1341.

Yuan F, Sawaya KE, Loeffelholz BC, Bauer ME. 2005. Land cover classification and change analysis of the Twin Cities (Minnesota) Metropolitan Area by multitemporal Landsat remote sensing. Remote Sensing of Environment 98: 317-328.

Zhang YZ, Quan GQ, Yang DH, Liu ZH, Sheeran L. 1995. Population parameters of the black gibbon in China. 见: 夏武平, 张荣祖. 灵长类研究与保护. 北京: 中国林业出版社, 203-220 (In English with Chinese summary).

Zhou J, Wei FW, Li M, Zhang JF, Wang DL, Pan RL. 2005. Hainan black-crested gibbon is headed for extinction. International Journal of Primatology 26(2): 453-465.

Zhou J, Wei FW, Li M, Chan BPL, Wang DL. 2008. Reproductive characters and mating behaviour of wild Nomascus hainanus. International Journal of Primatology 29: 1037-1046.

作者简介

朱建国 中国科学院昆明动物研究所副研究员。将生物多样性信息学原理和技术，如数据库和国际互联网等应用于生物多样性保护研究和管理工作中，为生物多样性保护的网络化和全球化提供基础支撑，并正朝着技术集成，数据可视化，网络化，构件化和智能化的方向发展。建立了我国特别是西南地区野生动物物种、生境和保护区信息系统，中科院昆明动物所标本信息系统等20多个专业数据库并上网共享。所培养研究生已有5名获得硕士学位，3人获得博士学位。在科普和保护教育方面，是《中国数字科技馆》中"数字动物馆"和"数字湿地馆"的主编；《中国科普博览》中"动物馆"主编；《中国云南高原湿地》多媒体光盘主编。

（其他介绍见P94）

Email：zhu@mail.kiz.ac.cn

张明霞 2003～2008年为中国科学院昆明动物研究所研究生，获博士学位。专业为动物学。博士期间曾获嘉道理农场暨植物园生物多样性奖学金，并在该项奖金支持下开展关于海南长臂猿的栖息地研究工作。喜欢观察大自然，热爱环保事业。现在在国际野生生物保护学会（WCS）中国项目广州办公室开展关于受到非法贸易影响的野生动物保护工作。

Email：zhangnn2003@126.com

第7章

完达山地区马鹿生境选择与生境评价

张明海 李言阔

7.1 马鹿介绍

7.1.1 物种概况

马鹿（*Cervus elaphus*）隶属偶蹄目（Artiodactyla）鹿科（Cervidae）鹿亚科（Cervinae），是一种大型鹿（图8-1），体长180~200cm，肩高120~150cm；成年雄鹿体重200~250kg，雌鹿150kg左右。雄鹿生角，眉枝在角基部生出，斜向前伸，与主干几成直角；主干长而向后斜伸，第二枝紧靠眉枝从主干分出。一般有5或6枝叉角。夏季毛短，毛被赤褐色，腹面毛色较淡；臀斑褐色、赭色或白色。幼鹿有白斑，在第一次脱毛时即褪去。

马鹿是北方森林草原型动物，但栖息生境极为多样，诸如针阔混交林、溪谷沿岸林地、高山灌丛、疏林草地等。根据地理条件的不同，马鹿在不同季节选择利于隐蔽、食物丰富和人为干扰较少的生境活动。马鹿的食性很广，在东北地区采食的野生植物有200多种，在冬季主要食物是杨、桦、柳和一些灌木植物；春季则以草本植物为主，约占食物量的80%。当然，在不同的生境条件下，马鹿的食物存在明显的区域变化，如在西藏，枯草是马鹿冬季的主要食物。在一天中，马鹿通常有2个采食高峰，即清晨和黄昏。

马鹿一年繁殖一次。雌鹿16~18月龄初次发情；雄鹿2.3~3.5年龄才能性成熟，但第5年后参加繁殖的繁殖效果较好。马鹿发情高峰期多在9月中旬到10月上旬，发情期雄鹿常发出吼叫。雄鹿间有激烈的争偶斗争。马鹿为一雄多雌配偶制。发情期持续2~3天，性周期为7~12天。妊娠期为235天（225~262天）。

图 7-1 马鹿 （Mehmet Karatay 拍摄）

东北地区马鹿多在5月末至7月初产仔，6月为高峰期。每胎通常1仔，新生鹿仔平均体重10~12kg。仔鹿生长发育很快，约1月龄时即出现反刍现象。

马鹿是集群动物，雌鹿和幼鹿常三五成群。根据张明海等（1992）的研究，鹿群的大小变化范围很大，最大鹿群多达19头，最小鹿群仅有2头，鹿群大小随季节而变化。冬季（11月至翌年1月）鹿群最大，平均为3.94只；秋季（8~10月）次之，平均为3.53只；春季（2~4月）鹿群平均为3.24只；夏季（5~7月）鹿群最小，平均为2.77只。鹿群可分为3种类型：母子群、雄鹿群和混合群。雄鹿多单独活动，有时也集成三四头一起活动。发情期间，雄鹿加入雌鹿群。

7.1.2 马鹿种群的生境及其分布

马鹿是鹿类动物中最具优势的种，种内变异最丰富，分布也最广——从北非西北部、欧洲、亚洲到北美都有广泛的分布，在全世界共有21 或22 个亚种（Dolan, 1988）。马鹿是梅花鹿在中东向欧洲和北非扩展的过程中产生的一个新种，这种原始型马鹿到更新世中期返回中国大陆（大泰司纪之，1992）。马鹿在分布扩展过程中，体型逐渐大型化，并形成3 个亚种群，其中有两个亚种群8 个亚种在中国有分布，包括东北亚种（*C. e. xanthopygus*）、阿拉善亚种（*C. e. alasnanicus*）、甘肃亚种（*C. e. kansuensis*）、西藏亚种（*C. e. wallichi*）、阿尔泰亚种（*C. e. sibiricus*）、天山亚种（*C. e. songaricus*）、塔里木亚种（*C. e. yarkandensis*）和四川亚种（*C. e. macneilli*）（盛和林，1992）。

本章所研究的马鹿为东北亚种。该亚种在黑龙江省林区分布广、种群数量大，是黑龙江省最重要的森林野生动物资源之一。从黑龙江省西北部的大兴安岭，中北部的小兴安岭，至东南部的完达山、老爷岭和张广才岭等林区，乃至东北隅的三江平原均有分布，主要栖息于低海拔，范围较大的针阔混交林、阔叶混交林、迹地灌丛、林间草地、溪谷沿岸以及镶嵌于大片农田的狭窄林地之中。

根据可查的最新调查数据（20世纪90年代），黑龙江省马鹿分布范围为120°11′~135°5′ E，43°25′~53°33′ N。分布区总面积约为1789.6万hm²。同20世纪70年代相比，虽然马鹿的地理分布范围尚无明显变化，但其分布区面积减少了30%~40%，其主要分布区出现了明显的退缩（图7-2），即黑龙江省马鹿主要分布区明显向东部完达山林区和中北部小兴安岭北坡林区退缩，从而在整个分布区内形成了以这两个林区为中心的马鹿种群高密度分布区，亦导致了黑龙江省马鹿种群分布新格局的形成。

7.1.3 马鹿生境的保护状态

17~19世纪中叶，黑龙江省是全国的"极边苦寒之地"，交通不便，人烟稀少，基本上为连绵不断的原始森林所覆盖。清初，清政府为保护满族发祥地的风水不被破坏，将这里的天然林及包括马鹿在内的野生动物划分为"四禁"，即禁止采伐、禁止采矿、禁止滥猎和禁止农牧，又加上当时黑龙江全省

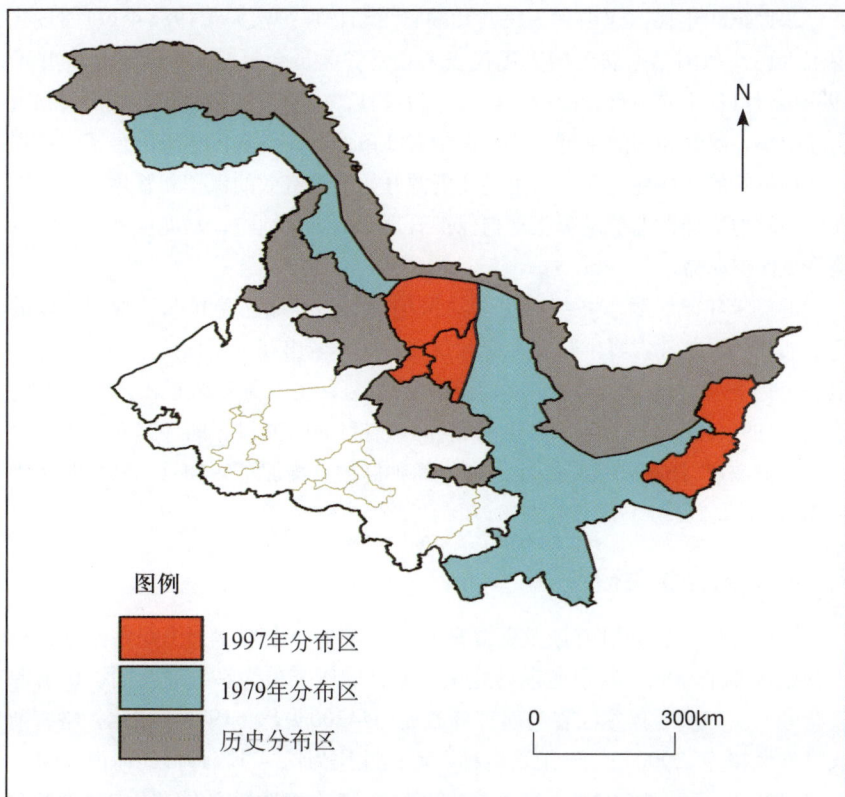

图 7-2 东北马鹿主要分布区动态变化（仿高志远等，1993）

人口比较少（1734年只有2.6万人），野生动物比较繁盛，珍禽异兽种类较多，整个野生动物资源处于"棒打狍子，瓢舀鱼，野鸡飞到饭锅里"的状态。清末开禁放垦时期，大量汉人迁入黑龙江地区，人口猛增至300万。从这个时期开始，森林开始遭到滥伐和毁林，致使森林面积逐渐减少，但全省森林覆盖率仍达70%以上。马鹿资源尚未遭到严重破坏，其分布区遍及全省各个林区。

19世纪后半期，黑龙江省经历了沙俄入侵。沙俄侵占东北以后，最先采伐的森林是黑龙江、乌苏里江和松花江两岸地区，这些地区的野生马鹿资源遭到了不同程度的破坏。以后随着中东铁路的修筑，沙俄开始了掠夺性开发，致使马鹿资源遭到了第一次严重破坏。

20世纪初期，1931~1945年东北沦陷长达14年之久。黑龙江林区被掠夺的森林资源更加严重，小兴安岭南坡和东南山地林区的原始森林遭到了严重破坏，沿铁路线两侧的森林全被砍伐，野生马鹿栖息地发生了很大变化，再加上乱捕滥猎严重，致使马鹿资源遭到了第二次严重破坏。

1949年到20世纪70年代，新中国成立以后，黑龙江省森林担负着全国1/3~1/2的商品材生产任务，超负荷过量采伐，人口剧增的压力，加之各地对森林资源保护工作的重视程度不够，毁林开荒，森林火灾和病虫害等原因，导致年森林资源消耗量为生长量的2~2.5倍，森林资源遭到了严重破坏。与此同时，由于管理混乱，有法不依、执法不严现象严重，野生马鹿资源遭受了第三次严重破坏。

20世纪80年代，《中华人民共和国野生动物保护法》于1988年11月8日在中华人民共和国第七届全国人民代表大会常务委员会第四次会议通过，并于1989年3月1日正式施行。随后，1992年3月1日，中华人民共和国林业部又颁布了《中华人民共和国陆生野生动物保护实施条例》，各省区相继出台了一系列与之相适应的法律性文件，野生马鹿资源开始得到有效的保护和管理。有鉴于在中国生物多样性保护及野生动物保护管理中的重要地位，马鹿被列为国家二级重点保护动物。

近二十年来，随着各级野生动物保护机构的日臻完善和保护管理工作的不断加强，黑龙江省野生马鹿种群数量在一些林区出现了明显的增长或恢复。但在另外一些林区，其数量仍处于减少的趋势，主要分布区也出现了退缩的迹象。1990年黑龙江省林区野生马鹿种群数量约44300只，同1975年全省野生马鹿种群数量（38390只）相比，15年间种群数量增加了5910只，其增长率为15.39%。

7.1.4 国内外相关研究

国内有关马鹿的研究涉及资源现状、生态学、生理学、组织解剖学、饲养繁殖等多个领域，其中尤以马鹿东北亚种的研究最为系统而全面。①资源现状方面。1990年黑龙江省马鹿种群数量约44300头，与1975年相比，略有增长（许凤翔等，2000）。天山马鹿种群雌雄性比为1.5∶1，种群幼体占7.5%、亚成体28.3%、成体64.2%（邢林等1993）。②生境选择方面。国内学者针对马鹿的生境利用与选择开展了大量的研究。除描述性研究外，数量化理论被广泛应用到马鹿生境选择的研究中，以确定影响马鹿生境选择的关键因子。食物丰富度、人为干扰和林型被认为是影响马鹿冬季采食生境选择的主要生态因子，隐蔽级、人为干扰和风向是影响马鹿冬季卧息生境选择的主要生态因子（常弘，1988；张明海，1990）。③食性研究方面。马逸清（1986）、聂绍荃（1981）对马鹿食性进行了初步研究。而后，陈化鹏和肖前柱（1989）在国内率先将粪便显微组织分析技术应用到草食动物食性研究中，分析了东北马鹿的食物组成、食物选择性及食物营养质量。该方法逐渐成为国内草食动物食性研究的经典方法之一，至今仍被广泛应用。④种群结构及其动态趋势研究方面。张明海等（2000）采用牙齿齿骨质生长层即齿轮数和牙齿生长序+磨损度2种年龄鉴定方法，分别研究了马鹿种群年龄结构。同时根据采集到的样本的头骨特征、野外活捕马鹿试验、栖息地粪球外形统计分别确定了研究地区马鹿种群的性比，并比较了这3种方法在鉴定马鹿种群年龄结构方面的优劣。⑤马鹿与其他鹿类的种间关系研究方面。在东北林区，马鹿和驼鹿（*Alces alces*）、狍（*Capreolus capreolus*）在分布区上存在高度重叠，食物组成上亦有一定的重叠，但重叠程度有一定的地区性差异。陈化鹏等（1991）发现黑龙江省带岭地区马鹿和狍的冬季食物生态位的重叠指数平均均为65%；李玉柱等（1992）报道了黑河地区胜山林场马鹿和狍的冬季食物生态位重叠指数平均为45.2%。

国外对马鹿的研究更加系统深入。Jones（1997）从景观、植被类型和取食点3个尺度上研究了马鹿的冬季生境利用，发现在景观和植被类型水平上马鹿喜欢利用草地；在取食点水平上，马鹿的取食点上有较少的林木、较低的树高和林木密度。当温度降低、寒风加剧时，马鹿喜欢利用高大乔木植被类型（Beall，1974），最适宜的温度隐蔽物是10~12m高、树冠郁闭度>70%的针叶林或针叶树种为主的混交林（Thomas，1979）。与针叶林相比，成熟的混交林可以为马鹿提供更好的隐蔽（Smith，1985）。缺乏温度隐蔽物会引起马鹿在温度调节成本上的轻微增加，而且这种增加只发生在极端温度条件下（Peek et al.，1982）。Jones（1997）检验了树冠郁闭度、树高、树冠中针叶松的比例、与食物的距离等因素是否是马鹿隐蔽物的重要特征，回归分析结果表明只有林木密度是显著特征。对马鹿家域的研究也是国外马鹿研究的重点。在加拿大阿尔伯特地区，两个马鹿集群的家域分别为5299hm²和5170hm²，个体家域从1224~5299hm²不等。Irwin & Peek（1983）发现马鹿家域由冬季和夏季家域以及迁徙路线组成，在处于演替早期阶段的森林中冬季家域大小为210hm²。

7.2 马鹿的生境需求

生境作为动物生存的空间，决定着可利用资源的数量和质量，也决定着种内和种间竞争的强度。一个进化上精明的个体必然会尽可能地选择能使自己的适合度达到最大的生境，表现出对某种生境的选择和偏好。马鹿是北方森林草原型动物，栖息地多为海拔不高（≤800m）、分布范围较广、面积较大的针阔混交林、林间草甸或溪谷沿岸林地。

黑龙江省境内有其广泛而多样的栖息生境。根据近二十年来的野外调查结果，参照植被类型命名原则，可以将黑龙江省林区马鹿的栖息生境划分为以下8个主要类型：

（1）兴安落叶松针叶林

该生境类型主要分布于大兴安岭寒温带地区。虽然分布面积较大，但马鹿分布密度很低（<0.1只/km²）。兴安落叶松为其优势种和建群种，占森林组成的80%以上。乔木林还混有少量樟子松、东北赤杨、白桦、偃松；灌木层种类主要有兴安杜鹃、越橘、紫桦和狭叶杜香等。

（2）兴安落叶松针阔叶混交林

该生境类型主要分布于黑龙江省西北部的大兴安岭和小兴安岭西北坡。其分布面积大，但马鹿分布密度较低（<0.1只/km²）。该生境森林植被基本属于泰加林或称为混有阔叶树的寒温带针叶林。其建群种和优势种为兴安落叶松，占森林组成的60%~80%。阔叶树的优势种为白桦，有些生境为蒙古栎，此外，还混有东北赤杨、毛赤杨、椴树、杨树、水曲柳和黄檗等。灌木层主要有兴安杜鹃、榛子、毛榛子、越桔、岩高兰等。

（3）红松针阔叶混交林

该生境类型是黑龙江省境内马鹿最主要的生境。分布广、面积大。由于该类型森林植被群落结构复杂，层次分明，林木高大繁茂，故为马鹿提供了采食、卧息、迁徙和逃避敌害的良好场所。该生境类型广泛分布于小兴安岭、张广才岭、老爷岭和完达山林区。其森林植被为红松占优势的针阔叶混交林，属于温带湿润针阔叶混交林地带北部亚地带。乔木针叶林以红松为优势种，尚有红皮云杉、鱼鳞云杉、冷杉；阔叶树有白桦、枫桦、紫椴、山杨、大青杨、蒙古栎、色木、裂叶榆等。构成灌木层的种类多而复杂，根据其高低不同可分为若干层，主要种类有榛子、毛榛子、暴马紫丁香、稠李、胡枝子等。草本植物以小叶樟和苔草为主。

（4）杨桦阔叶混交林

该生境类型是东北马鹿重要的栖息生境，广泛分布于大兴安岭、小兴安岭和东部山地林区（图7-3）。其形成原因是由原始红松林或谷地云杉林或兴安落叶松遭受严重干扰（皆伐或火烧）后，由杨、桦等先锋树种侵入以后形成的森林植物演替群落。目前该种生境类型有逐年扩大之趋势。其乔木层树木茂盛、组成复杂。主要树种有白桦、枫桦、黑桦、大青杨、山杨、香杨、紫椴、色木等；灌木层稠密，主要种类有杨、云杉、冷杉、胡枝子、山桃稠李等；地被层种类较多，主要种类有铃兰、山尖子、苔草等。

（5）杂木林

该生境类型是东北马鹿重要的卧息生境，分布于黑龙江省林区各个地方。主要成因与杨桦阔叶混交林相同，但其主林层无明显优势树种。杂木林一般分布于海拔较低（500m以下的）的谷地或河溪沿岸。杂木林生境的主要特点是植物种类多，镶嵌混生，灌木层生长茂密。乔木主要树种有桦树、杨树、椴树和色木等；灌木层有毛榛子、榛子、大黄柳、谷柳、忍冬、胡枝子、接骨木和狗枣猕猴桃等。地被植物种类有类叶牡丹、菟葵、优茜草、问荆和苔草等。

（6）灌丛

该生境类型基本上可以分为两类：一类是由原生植被大面积皆伐2~8年后形成的迹地灌丛。其坡向、坡度、海拔和土壤不一。迹地上丛生着一些先锋种如桦树、杨树和柳树等阔叶树形成的树丛；另一类是海拔较低的谷地或河溪沿岸自然生长的灌丛，此类灌丛类型较多，如山杏、榛子灌丛、河岸柳丛等。灌丛生境分布于黑龙江省各个林区。由于灌木生境特别是迹地灌丛生长着大量的马鹿喜食的嫩枝、嫩叶，且高度一般在2.5m以下，接近马鹿采食高度范围（50~260cm），故该种生境为黑龙江省林区马鹿最重要的采食生境。

（7）草甸

该种生境一般分布于林区的低海拔地带，即沿河、溪流两岸或山谷平坦低湿地段，成带状或小片状镶嵌在沼泽或森林间。生境湿润，常年积水或仅偶有季节性积水。其植被组成以中生植物或湿中生植物为主，并混有湿生植物。

（8）沼泽

该种生境一般分布于林区海拔较低、地势平坦、河流排水不畅的低河漫滩以及迹地上的各种洼地。地表常年积水。其优势种为修氏苔草、灰脉苔草和小叶樟。其他草本种类有芦苇、金莲花、莎草、睡莲、水木贼和一些藓类。有些沼泽散生一些灌木如沼柳、紫桦、扇叶桦和卵叶桦等。

此外，在东北三江平原分布有全国最大的苔草沼泽区。由于其中分布有岛状林，加之开垦有大面积的农田，形成了独特的沼泽——农田——林地交错区生境，并有一定数量的马鹿分布于这一生境之中。

图7-3 东北马鹿典型栖息生境：低山落叶阔叶林（张明海摄于内蒙古）

7.3 评价区域：完达山地区

7.3.1 地理位置

研究地点位于黑龙江省东部，迎春市林业局境内（图7-4），研究范围包括五泡林场和清河林场，属完达山山系的一部分，地理位置为132°54′58″~133°19′59″E，46°22′48″~46°40′48″N。全区总面积23401hm²，总的地形属丘陵低山。研究地区马鹿密度达1.35只/km²，是黑龙江省马鹿密度最高的地区之一。

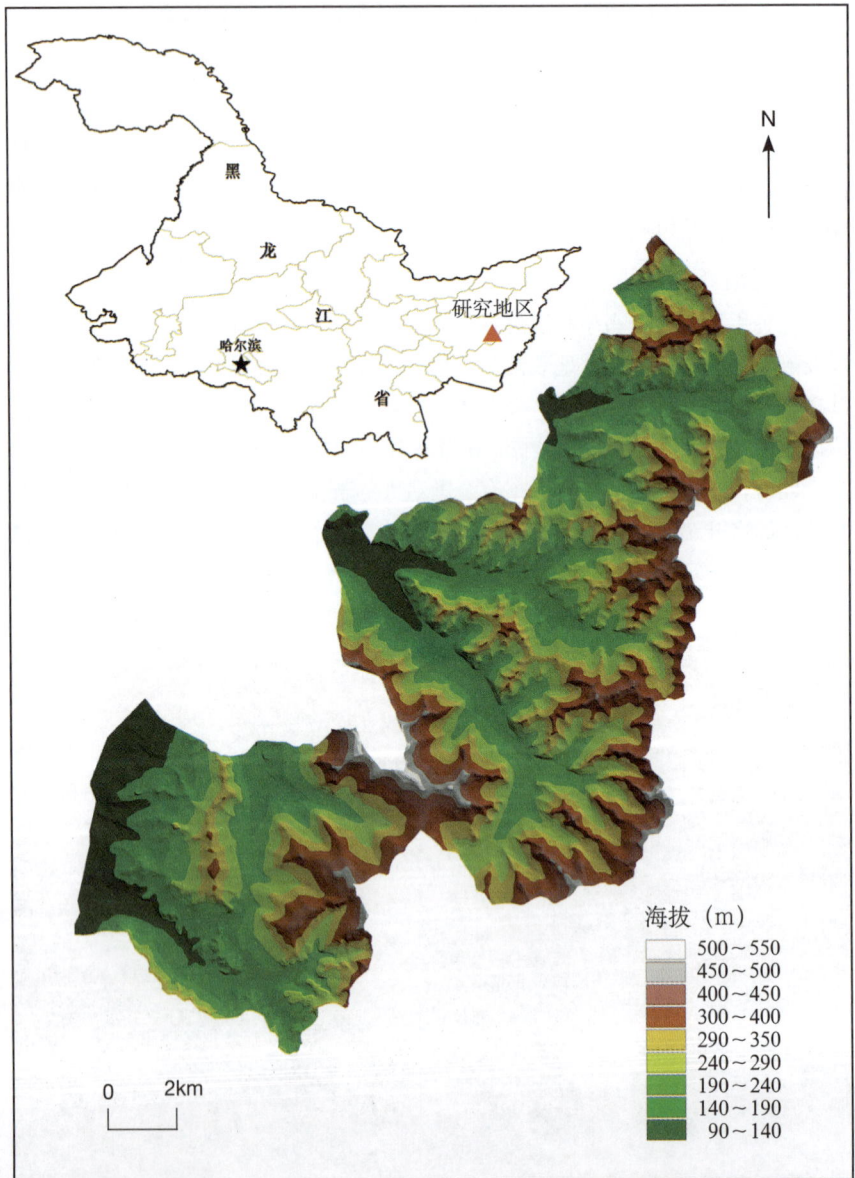

图7-4 研究地区（迎春市林业局境内五泡林场和清河林场）位置与地形图

7.3.2 地形和气候

研究地区海拔高度为100~500m，平均海拔300m。坡度平缓，平均坡度10~15°，局部陡坡可达45°。总体地形属丘陵低山。该区有较发达的水系，河流的流量一般在0.5~0.8 m³/s。

该地区属寒温带，受季风影响强烈，冬季漫长，无霜期仅120天左右。气温较低，年均温1.4℃~2.20℃，夏季最高气温可达34.6℃，冬季最低气温-34.8℃。降水受季风影响，除春季降水较少外，夏、秋季雨量及冬季降雪比较丰富，使该地区气候保持湿润。冬季降雪可覆盖全区，一般积雪30~50cm，最大降雪可达80cm。年降水量500~800mm，平均降水量566mm。全年多西北风，平均风速3~4m/s，风季多发生在5月和7月。

7.3.3 植被

研究地区植被以森林植被为主，植被覆盖度较好。主要植被类型包括灌丛、阔叶林、针叶林、针阔混交林。组成本区植被的主要乔木树种有杨（*Populus* spp.）、落叶松（*Lalix olgensis*）、红松（*Pinus koraiensis*）、白桦（*Betula platyphylla*）、紫椴（*Tilia amurensis*）等，其中以杨、落叶松、椴（*Tiliaa nurensis*）为主要树种。其他树种包括核桃楸（*Juglans mandshurica*）、水曲柳（*Fraxinus mandshurica*）、黄檗（*Phellodendron amurense*）、榆（*Ulmus propinqua*）、山桃（*Padus maackii davidiana*）、暴马（*Syringa amurensis*）、柞（*Quercus mongolica*）、水冬瓜（*Saurauia tristyla*）、红松（*Pinus koraiensis*）、柳（*Salix* spp.）。丰富的植物资源和各种植被类型为马鹿栖息提供了良好的条件。

由于当地林区经济发展的需要，森林采伐是其主要的森林经营项目。森林采伐方式主要有两种：皆伐和间伐，其中间伐是目前最常用的采伐方式。皆伐在森林经营中目前应用较少，主要是因为皆伐方式不利于森林资源的可持续利用，对景观结构和组成会产生剧烈的改变。这种采伐方式在20世纪90年代前经常出现在林业采伐实践中，目前森林采伐中木材运输道的开辟可以看作典型的皆伐。在研究地区约有1/3的面积为皆伐迹地，这些皆伐迹地大部分经过良好的人工管理，植被覆盖良好，多为人工落叶松林和杨树林，下层植被种类贫乏，覆盖度小，动物物种多样性稀少；一小部分皆伐迹地进行着自然群落演替，由于具有充足的光照和丰富的土壤条件，植物物种丰富度和多样性较高，为许多野生动物提供了丰富的食物。间伐通常仅选择达到采伐要求的成熟植株，对森林整体结构改变不大，是近年来林业经营中最常见的采伐方式。在研究地区，森林采伐活动在很大程度上改变了当地的景观结构和组成，不仅造成了生境的破碎化分布，而且加剧了空间异质性程度。对采伐迹地的人工管理进一步加剧了自然景观的改变，整个研究地区几乎没有未被采伐过的林地，仅仅在一些山脊周边由于地势复杂，不利于木材的运输才保留下来为数极少的原始林，多为红松林。

7.4 生境评价方法及流程

图7-5显示了本研究生境评价的基本步骤。首先通过测定反映生境特征的生物群落变量、非生物环境变量和人为干扰变量，以及鹿类动物在不同类型生境内的活动强度，然后利用"被利用生境和可利用生境比较法"和多元回归分析技术找出影响鹿类动物生境选择的关键因子。然后，通过回归分析建立马鹿生境选择模型，量化各关键生态因子对马鹿生境利用的影响。最后，在地理信息系统软件中建立各关键生态因子的栅格图层，按照马鹿生境选择模型进行叠加，即可得到马鹿生境适宜性指数图层，从而可以从区域尺度上分析目标物种的生境适宜性。

7.4.1 数据收集

（1）野外数据获取

2004年和2005年冬季，采用样线法，以林班（林业生产单位）为分层单位，对研究地区66个林班进行了随机抽样，垂直于等高线共布设35条样线。

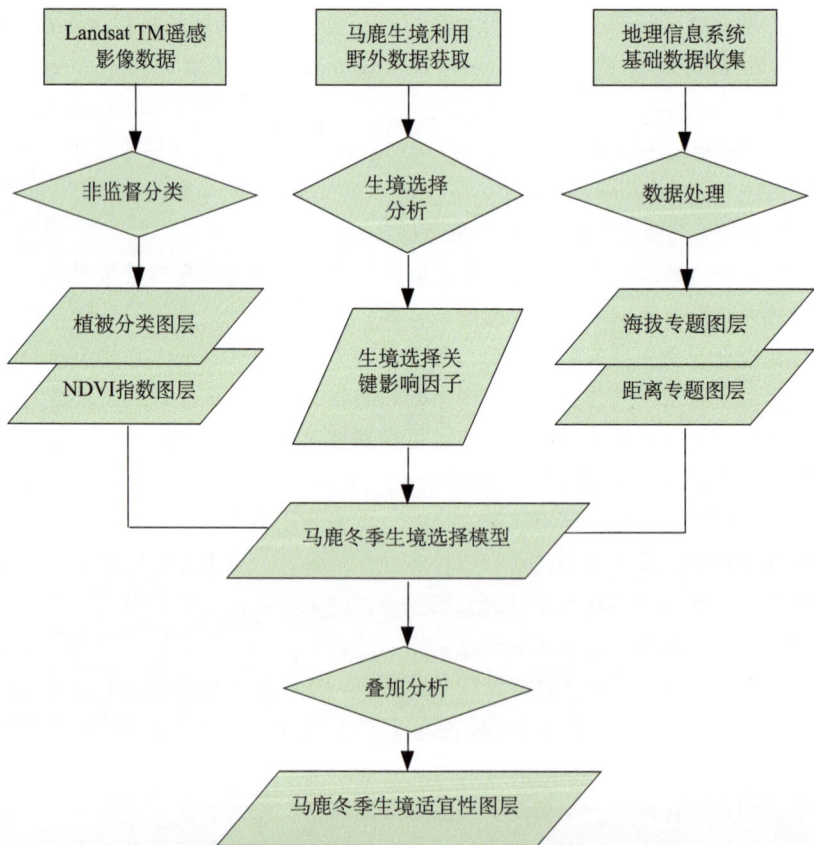

图 7-5 基于 3S 技术的马鹿生境适宜性评价方法流程图

每条样线长1.5～2km，记录每条样线上观察到的马鹿足迹、卧迹、食痕、粪便等痕迹。野外共记录马鹿活动点244个，其中马鹿卧迹点47个、马鹿取食点69个。记录马鹿活动点样方（10m×10m）的经纬度坐标、海拔、植被类型、郁闭度等相关生态因子。

（2）地理数据采集与加工

通过购买研究地区比例尺为1：25000的数字化林相图以及1：50000的数字化地形图（DEM）。利用地理信息系统软件ArcView3.0从数字化地形图中提取出研究地区海拔、坡度、坡向分布栅格图，确定每个栅格图层的分析栅格大小为5m×5m，共计5066×4839个栅格。

①海拔 将整个研究地区海拔分为0～100m，100～200m，200～300m，300～400m，400～500m，＞500m共6个区间，统计各海拔区间在整个研究地区所占的面积百分比，测度各海拔区间的可获得性。

②坡向 被定义为坡面法线在水平面上的投影与正北方向的夹角。坡向值遵循如下规定：正北方向为0，正东方向为90，以此类推，将坡向因子分为东、西、南、北、东南、东北、西南、西北、平地共9个类别，统计各方向在整个研究地区所占的面积及其百分比。

③坡度 利用ArcView 3.0从研究地区DEM提取整个地区坡度分布，将整个研究地区坡度值分为0～10°，10～20°，20～30°，30～40°，40～50°，＞50°共6个区间，统计各坡度区间在研究地区所占面积百分比，测度各坡度区间的可获得性。

④距离分级 本研究将整个研究地区分成21个距离区间，从0.1至2.1，0.1表示距离公路1～100m，0.2表示距离公路100～200m，依次类推，2.1表示到公路距离大于2 km。并统计各距离区间的面积。

（3）植被信息提取

在中国科学院遥感地面站购买了2003年6月19日的Landsat-5陆地资源卫星TM数据。该图像覆盖了包括双鸭山市宝清县境内五泡林场和清河林场的31km×32km的矩形区域，地理位置为132°54′58″～133°19′59″E，46°22′48″～46°40′48″N。同时，购买了研究地区最新森林调查矢量化数据。采用非监督分类和野外调查相结合的方法，参考最新森林调查数据，对研究地区的土地覆被类型进行判读，并根据研究地区的植被特征，将研究地区土地覆被类型分为8类：农田、河套、杨树林、阔叶疏林、针阔混交林、灌丛、采伐迹地、落叶松林。

由于植被指数与植被的盖度、生物量等有较好的相关性，植被指数成为从遥感影像获取植被覆盖度常用的办法（Dana et al., 2006; Yang et al., 2006）。本研究采用归一化植被指数NDVI（normalized difference vegetation index）=（TM4-TM3）/（TM4+TM3）作为测度研究地区的植被覆盖情况的指数，提取研究地区NDVI指数分布图，将研究地区NDVI值平分成10个等级（从1到10，植被覆盖度依次增加）。

7.4.2 基于生境可获得性的生境选择评价方法

（1）非参数检验

在资源选择研究中，Neu分析法（Neu et al., 1974）是一种常用的假设检验方法，被用来测度资源是否被动物有选择的利用，并比较动物对各类资源的选择强度。本研究采用Neu分析法分析马鹿对生境的利用与选择。首先利用拟合优度卡方检验分析动物对生境的利用是否与生境的可获得性成正比。其零假设为：马鹿对生境的利用频次与生境可获得性成正比。计算公式为：

$$\chi^2 = \sum_{i=1}^{k} \left[(n_i^0 - n_i^e)^2 / n_i^e \right] \tag{1}$$

$$n_i^e = n^0 p_i^a \tag{2}$$

$$n^0 = \sum_{i=1}^{k} n_i^0 \tag{3}$$

其中，n_i^0为马鹿利用第i类生境或生境类别的实际频次；n_i^e为马鹿利用第i类生境或生境类别的期望频次；p_i^a为第i类生境或生境类别的可获得性，本研究中定义为该类生境或生境类别在研究地区的面积百分比。

如果卡方检验拒绝零假设，则表明马鹿对生境的利用与生境的可获得性不存在正比例关系，马鹿对生境的利用存在显著差异，对生境具有选择性。进一步使用Bonferroni Z-statistic 分析，通过计算调整后的Bonferroni置信区间，确定马鹿对具体哪一类生境表现出选择性。利用第i类生境的置信区间p_i计算公式（4）为：

$$p_i^0 - Z_{a/2k}\sqrt{p_i^0(1-p_i^0)/n^0} \le p_i \le p_i^0 + Z_{a/2k}\sqrt{p_i^0(1-p_i^0)/n^0} \tag{4}$$

其中，p_i^0为马鹿对第i类生境或生境类别利用频次占总体利用频次的百分比。

如果 p_i^a 的值在 p_i 值范围之内，表示马鹿对i类生境没有选择性，随机利用；如果$p_i^a < p_i$，表示马鹿对i类生境表现出选择性；如果$p_i^a > p_i$，则表示马鹿回避i类生境。

（2）Logistic回归模型的建立

使用多元线性回归来分析多个自变量与一个因变量的关系，要求因变量是服从正态分布的连续随机变量，但是对于本研究，马鹿出现与否是一个具有二分特点的因变量，自变量取值的变化不会导致因变量的太大变化，这就使多元回归失效。所以，本研究采用Binary Logistic回归模型量化马鹿利用某种生境与否与各生境因子之间的相关性，以非线性概率模型代替线性概率模型。将调查数据中马鹿出现与否的观测值定义为二分变量，马鹿活动点取值为2，非马鹿活动点取值为1，生境变量X包括n个因子$(x_1, x_2, \cdots x_n)$，模型公式（5）为：

$$prob(event) = \frac{1}{1 + e^{-(b_0 + b_1 x_1 + b_2 x_2 + \ldots + b_n x_n)}} \tag{5}$$

该模型的预测值取值范围为0~1，某生境的模型预测值越大，表示该生境被马鹿选择的概率越大，预测值越小，表示该生境被马鹿选择的概率越小。

7.4.3 基于生境适宜性的生境评价方法

对众多生态因子进行方差分析检验后，可以确定出影响马鹿冬季生境选择的显著因子，将这些影响因子在地理信息系统中以专题栅格图层的形式表示，并定义其栅格大小为5m×5m。根据马鹿生境选择模型，将不同专题的栅格数据进行叠加运算（图7-6），得到一个新的栅格图层。该图层反映出研究地区任意一个区域被马鹿利用的概率，进而通过重分类，确定整个研究地区的生境适宜性指数及其分布格局。

同时在Arcview3.0软件的支持下，将研究地区生境适宜性指数P≥0.8的生境归类为最适宜生境，0.5＜P＜0.8的生境归为次适宜生境，P≤0.5的生境归为不适宜生境，并对这3类生境进行特征统计，生境特征包括各类生境的面积、面积百分比、斑块数量、最大斑块面积、平均斑块面积以及分离度指数。其中，分离度指数的计算采用公式（6）：

$$N_i = D_i / S_i \qquad\qquad (6)$$

其中，N_i表示景观类型i的分离度，表示景观i中不同斑块个体在空间分布上的离散程度。D_i是表示景观类型i的距离指数，$D_i = 0.5 \times (n/A)^{0.5}$，$n$为景观类型$i$的斑块数，$A$为研究区域的总面积。$S_i$是表示景观类型$i$的面积指数，$S_i = A_i/A$，$A_i$为景观类型$i$的面积。分离度越大，表示斑块越离散，斑块之间平均距离越大。

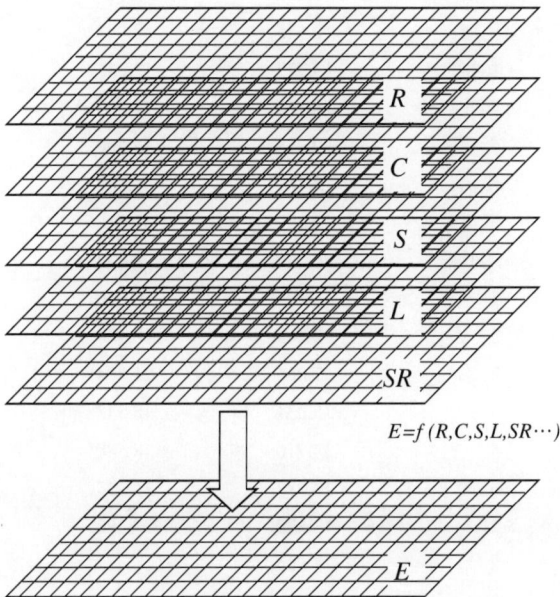

图 7-6 栅格图层叠加示意图（引自汤国安等，2002）

7.5 生境选择与生境评价结果及分析

7.5.1 马鹿生境选择

（1）植被因素

冬季，马鹿对皆伐迹地的利用频率最大，阔叶疏林次之，然后依次是杨树林，针阔混交林，灌丛和河套，落叶松林（表8-1）。马鹿对各植被类型的利用与其可获得性存在显著的差异（x^2=54.33, df=7, $P<0.01$）。马鹿回避农田生境，对采伐迹地表现出显著正选择。虽然马鹿对杨树林、阔叶疏林、针阔叶林利用频次较高（>10%），但是相对于这些生境类型在研究区域内较高的可获得性，马鹿对这3类生境表现出随机利用的趋势，利用率与其可获得性无显著性差异。马鹿对河套、落叶松林也表现出随机利用的趋势。

在10个NDVI等级中，84.68%的马鹿活动点分布在2~6 NDVI等级中（见表7-1）。马鹿回避植被覆盖度最低的生境（1），以及植被覆盖度最高的生境（7、8、9、10）。马鹿对低植被覆盖度生境（2、3）表现出显著的选择性。虽然马鹿对中等植被覆盖度生境（4，5，6）具有较高的利用频次，马鹿对4、5、6等级的生境利用频次均高于15%，但马鹿对该类生境表现出随机利用的趋势。

（2）地形因子

马鹿主要分布在100~400m海拔范围，93.33%的马鹿活动点集中在该海拔

表 7-1 冬季马鹿对植被因子的利用与选择

生态因子	类别	可获得性(%)	实际利用率(%)	选择性
植被类型	农田	5.658	0.000	回避
	河套	9.685	8.088	随机
	杨树林	13.777	13.235	随机
	阔叶疏林	18.764	22.059	随机
	针阔林	20.168	12.500	随机
	灌丛	8.161	8.088	随机
	采伐迹地	17.257	31.618	选择
	落叶松	6.530	4.412	随机
归一化植被指数等级	1	1.496	0.000	回避
	2	2.465	10.484	选择
	3	7.036	21.774	选择
	4	13.231	18.548	随机
	5	14.710	18.548	随机
	6	14.282	15.323	随机
	7	13.870	7.258	回避
	8	13.806	6.452	回避
	9	12.669	1.613	回避
	10	6.437	0.000	回避

区间。马鹿对各海拔区间表现出非比例性利用，实际利用率与生境可获得性存在显著性差异（x^2=13.47，*df*=5，*P*<0.05）。马鹿回避0~100m和>500m海拔区间，对200~300m海拔区间表现出选择性（表7-2）。马鹿取食生境对100~300m海拔区间表现出选择，卧息生境则对200~400m海拔区间表现出选择。

马鹿活动点在各个坡向上均有相当比例的分布（均大于6%）。其中，马鹿对南坡的利用频次最高（21.26%），北坡次之（17.32%）。马鹿对各坡向的利用频次与各坡向的可获得性之间存在显著性差异（x^2=25.30，*df*=8，*P*<0.01），表现出非比例利用的特点。虽然在各个坡向上均有相当比例的马鹿活动点分布，但是在所有坡向中马鹿仅对南坡表现出选择；回避西北坡向；随机利用其他坡向（表7-2）。马鹿卧息生境对南坡表现出选择，回避西和西北坡向。取食生境对南坡表现选择，随机利用其他坡向。

马鹿对各坡度区间的利用频次与各坡度区间的可获得性没有显著性差异（x^2=1.85，*df*=5，*P*>0.05）。大部分马鹿活动点分布在0~10°区间（61.42%）和10~20°区间（32.28%）（表7-2）；马鹿对0~20°区间表现出选择，回避大于20°坡度的生境。

表7-2 研究地区各类生境的可获得性与马鹿对类生境的利用和选择

地形因子	项目	可获得性(%)	实际利用率(%)	选择性
海拔(m)	0~100	0.632	0.000	回避
	100~200	25.979	20.741	随机
	200~300	39.007	49.630	选择
	300~400	27.809	22.963	随机
	400~500	6.327	0.741	随机
	>500	0.247	0.000	回避
坡向	平地	8.911	7.087	随机
	北	14.158	17.323	随机
	东北	12.340	12.598	随机
	东	7.302	6.299	随机
	东南	6.519	8.661	随机
	南	10.002	21.260	随机
	西南	12.917	9.449	随机
	西	15.008	11.024	随机
	西北	12.844	6.299	回避
坡度(°)	0~10	57.325	61.417	选择
	10~20	35.504	32.283	选择
	20~30	6.300	6.299	回避
	30~40	0.753	0.000	回避
	40~50	0.098	0.000	回避
	>50	0.019	0.000	回避

（3）道路因子

利用ArcView3.2，提取出研究地区21个距离区间的面积及其百分比，21个距离区间平均面积百分比为4.762%（表7-3）。79.8%的马鹿活动点分布在距离公路200~1000 m的距离区间，尤其在600~900 m距离区间内，马鹿利用频次最高。马鹿对各距离区间表现出非比例性利用（x^2 =89.84, df =20, P<0.01）。在21个区间中，马鹿仅对600~700 m距离区间表现出选择性；在距离公路100 m范围内有1.44%的马鹿活动点，但马鹿表现出回避该区间生境的趋势；马鹿回避距离公路超过1900m的地带以及距离公路1400~1500m的地带；对其他距离区间马鹿表现出随机利用的特点。马鹿卧息生境也对200~400m距离区间显示显著回避。

表 7-3 各距离区间及其面积分布

距离区间	面积（hm²）	可获得性(%)	实际利用率(%)	选择性
0.1	1920.975	8.2086	1.4440	回避
0.2	1766.475	7.5484	5.0542	随机
0.3	1643.521	7.023	3.6101	随机
0.4	1535.989	6.5635	6.1372	随机
0.5	1429.019	6.1064	5.4152	随机
0.6	1341.612	5.7329	10.8303	随机
0.7	1289.426	5.5099	16.2455	选择
0.8	1245.009	5.3201	13.3574	随机
0.9	1198.532	5.1215	11.9134	随机
1.0	1142.157	4.8806	7.2202	随机
1.1	1093.458	4.6725	2.1661	随机
1.2	1034.063	4.4187	3.9711	随机
1.3	933.692	3.9898	3.2491	随机
1.4	835.802	3.5715	1.0830	随机
1.5	765.292	3.2702	0.7220	回避
1.6	697.285	2.9796	3.6101	随机
1.7	633.281	2.7061	1.4440	随机
1.8	578.731	2.473	1.8051	随机
1.9	486.317	2.0781	0.7220	随机
2.0	373.355	1.5954	0.0000	回避
2.1	1457.967	6.2301	0.0000	回避

（4）马鹿生境选择模型的建立

以马鹿利用与否（1/2）作为因变量，以植被类型、郁闭度等级（NDVI等级）、距公路的距离、坡度、坡向、海拔为自变量，在SPSS软件中进行Logistic回归分析，进入函数方程的因子包括植被类型、NDVI等级、距公路的距离、海拔。马鹿冬季生境选择函数（式7）为：

$$Prob\ (event) = \frac{1}{1+e^{-(-1.768-0.394X_1+0.195X_2-0.045X_3+1.315X_4)}} \tag{7}$$

建立logistic回归模型后，保存该模型对原始样方数据的预测概率。我们选择切断点为0.5，即预测概率P>0.5则将其对应生境回判为2（马鹿活动点），若预测概率P<0.5则其生境回判为1（非马鹿活动点），从而将模型预测概率转化为二分变量（1/2）。根据预测结果，该模型对马鹿活动点的正确预测率为84.2%，对非马鹿活动点的正确预测率为62.4%，总正确预测率为74.4%，基本上能够反映马鹿对生境的利用情况。

7.5.2 马鹿生境适宜性评价

本研究利用ArcView3.0软件将植被类型图层、土地覆被图层（图7-7a）、NDVI分级图层（图7-7b）、海拔区间栅格图层（图7-7c）、距公路距离图层（图7-7d），根据生境选择函数（6）进行空间运算，求算出各栅格被马鹿利用的概率，运算结果为一新图层（图7-8），在该图层中各栅格取值范围为0～1，代表各栅格被马鹿利用的概率，即该栅格的生境适宜性指数。通过这一概率分布图，可以把握整个研究地区的生境适宜性现状及适宜生境的分布格局。

在三类生境中，最适宜生境占研究地区总面积的32.81%，次适宜生境占34.56%，不适宜生境占32.63%。三类生境的分离度指数均略大于0.3，表明三类生境在斑块离散程度上非常接近，斑块间距离不大（表7-4）。

7.6 结论与保护建议

动物生境选择是动物响应异质环境的重要形式之一，一般表现为对某一或某些生境斑块的偏好（真正的生境选择）或因某些外部动因的影响而被迫在不同斑块之间作出选择（生境相互关系）（张晓爱等，2003）。这是一个非常复杂的过程，包括多层次的判别和一系列的等级序位，可以发生在多个水平或尺度上，受时空尺度的严格限定（张明海和李言阔，2005）。具有较大家域和较强运动能力的大型兽类在生境利用与选择上可能是基于较大尺度上的生境条件做出决策的。因此，从区域尺度上分析动物生境选择的特点，尤其是大型兽类的生境选择，是非常有必要的。地理信息系统和遥感技术的应用为实现区域尺度上分析生境利用与选择提供了可行性。

地理信息系统（GIS）在生境研究中的优势应该在于其优越的空间分析能

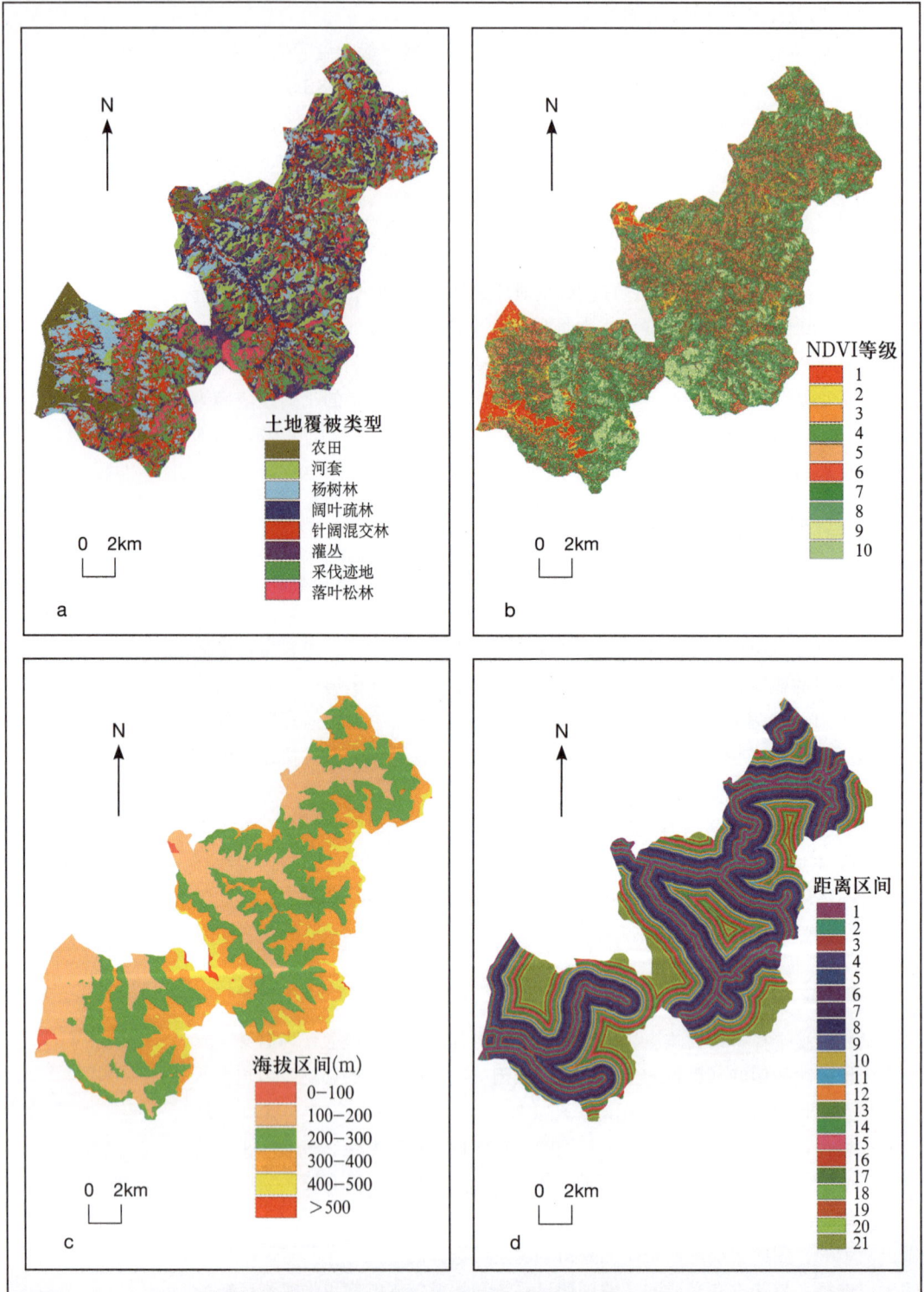

图 7-7 影响马鹿冬季生境选择的关键因子栅格图层：
a 土地覆被类型栅格图层；b NDVI 分级栅格图层；c 海拔区间栅格图层；d 距离区间栅格图层

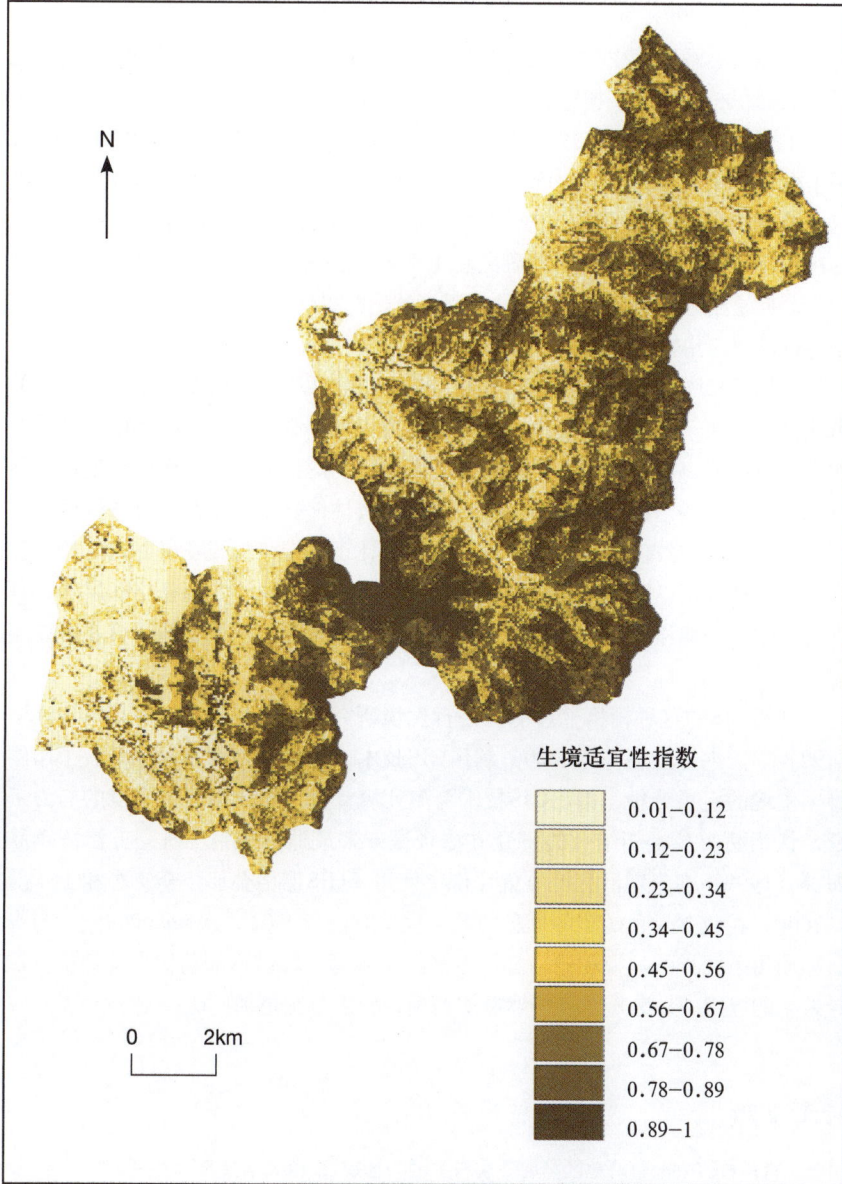

生境适宜性指数

	0.01－0.12
	0.12－0.23
	0.23－0.34
	0.34－0.45
	0.45－0.56
	0.56－0.67
	0.67－0.78
	0.78－0.89
	0.89－1

0　　2km

图7-8　研究地区马鹿冬季生境适宜性指数分布

表7-4　不同适宜性生境特征统计

类型	总面积 (hm²)	面积百分比 (%)	斑块数量	最大斑块面积 (hm²)	平均斑块面积 (hm²)	分离度指数
最适宜	7724.87	32.81	1098	3176.54	3.04	0.329
次适宜	8137.22	34.56	1306	4448.04	6.23	0.341
不适宜	7682.90	32.63	941	3745.45	8.16	0.306

力（周立志，1999；吴咏蓓，2000）。笔者认为GIS对生境研究最重要的意义在于，地理信息系统为生境研究提供了一个重要的思路和途径，即将整个研究地区分成面积相等的若干栅格，将研究地区看作栅格的集合。每个栅格又可以看作一组变量的集合，在该集合中，变量可以是地形变量，植被变量或人为干扰因子变量，从而每个栅格对应一组具体的变量值。这种处理生境的方法为开展区域或景观尺度上的生境研究奠定了基础。大量的文献对GIS在野生动物领域的应用前景进行了叙述，这些研究者更多地关注了GIS的图像绘制和数据处理能力。但是正是GIS将研究地区进行栅格处理的思想和能力，使GIS在生境研究中得以广泛应用，并使GIS应用前景广阔。

利用GIS的栅格处理思想和方法，本研究得以从区域尺度测度各类生境的可获得性。在一个栅格图层中，每个栅格对应一个唯一而具体的生境特征值，如本研究中的海拔栅格图层，将整个研究地区的海拔分布进行栅格化处理，划分成5066×4839个栅格，每个栅格对应一个具体海拔值，在测度可获得性时，根据具有相同海拔值的栅格占总栅格的百分比，确定该海拔在研究地区的可获得性。同样，可以建立植被栅格图层、郁闭度栅格图层、距离栅格图层等，每个图层中每一栅格对应一个值，这样根据数学模型进行图层叠加运算就可以实现了。

利用GIS的这种栅格处理能力进行生境研究在国外得到广泛应用（Boyce，1999）。国内张洪亮等（2000）利用GIS技术，通过栅格图层运算开展了印度野牛生境的定量分析，指出GIS技术与多元统计技术已成为分析生境的有力工具，认为两类技术相结合的研究方法将是未来最适合的生境研究方法。李欣海等（1999）在朱鹮栖息地质量评价中使用了GIS栅格叠加，李文军和王子健（2000）在建立丹顶鹤越冬栖息地数学模型时使用了GIS与Logistic回归，与本研究使用了同样的建模和栅格叠加方法。希望基于3S技术的动物生境评价方法在未来的应用中，分析精度能够更加精确，应用范围更加广泛。

参考文献

常弘，肖前柱. 1988. 带岭地区马鹿冬季对生境的选择性. 兽类学报 8(2): 81-88.

陈化鹏，肖前柱. 1989. 带岭林区马鹿冬季食性研究. 兽类学报 9(1): 8-15.

大泰司纪之. 1992. 中国鹿类的起源和进化. 见: 盛和林等. 中国鹿类动物. 上海: 华东师范大学出版社，8-16.

李文军，王子健. 2000. 丹顶鹤越冬栖息地数学模型的建立. 应用生态学报 11(6): 839-842.

李欣海，李典谟，丁长青. 1999. 朱鹮(*Nipponia Nippon*)栖息地质量的初步评价. 生物多样性 7(3): 161-169.

马逸清. 1986. 黑龙江省兽类志. 哈尔滨: 黑龙江省科学出版社.

聂绍荃. 1981. 关于东北野生动物采食植物的几个问题. 野生动物 1(14): 50-54.

盛和林. 1992. 中国鹿类动物. 上海: 华东师范大学出版社，305.

汤国安，陈正江，赵牡丹，刘万青，刘咏梅. 2002. ArcView地理信息系统空间分析方法. 北京: 科学出版社，108.

邢林，宋延龄，罗宁，艾热提. 1993. 哈密地区天山马鹿种群数量及结构. 生物多样性研究进展. http://www.brim.ac.cn/book/book152_73.pdf.

许凤翔，张明海，路秉信. 2000. 黑龙江省野生马鹿种群资源现状研究. 经济动物学报 4(1): 57-62.

吴咏蓓，张恩迪. 2000. 地理信息系统(GIS)在动物生态学中的应用. 生态科学 19(4): 51-56.

张洪亮，李芝喜，王人潮，张军，孟鸣. 2000. 基于GIS 的贝叶斯统计推理技术在印度野牛生境概率评价中的应用. 遥感学报 4(1): 66-70.

张明海, 李言阔. 2005. 动物生境选择研究中的时空尺度. 兽类学报 25(4): 395-401.

张明海, 肖前柱. 1990. 冬季马鹿采食生境和卧息生境选择的研究. 兽类学报 10(3): 175-183.

张明海, 许凤翔. 2000. 马鹿臼齿磨损率与年龄关系的研究. 兽类学报 20(4): 250-257.

张明海, 钟立成, 关国生. 1992. 黑龙江省东部马鹿集群行为的初步观察. 兽类学报 (4): 243-247.

张晓爱, 李明财, 易现峰. 2003. 动物对环境异质性的响应. 生态学杂志 22(6): 102-108.

周立志，李迪强. 1999. 地理信息系统(GIS)在动物多样性研究中的应用. 动物学杂志 34(5): 52-56.

Beall RC. 1974. Winter habitat selection and use by a western Montana elk herd. Ph.D. Dissertation. University of Montana. Missoula

Boyce MS，McDona LL. 1999. Relating populations to habitats using resource selection functions. Tree 14(7): 268-272.

Dana FM, Tina MB, Alex C. 2006. Using NDVI to assess vegetative land cover change in Central Puget Sound. Environmental Monitoring and Assessment 114: 85-106.

Dolan JM. 1988. A deer of many lands. SanDiego: Zoological Society of SanDiego.

Irwin LL，Peek JM. 1983. Elk habitat use relative to forest succession in Idaho. Journal of Wildlife Management 47: 664-672.

Jones PF. 1997. Winter habitat selection by elk (*Cervus elaphus*) in the lower foothills of west-central Alberta. Thesis, University of Alberta, Edmonton, Alberta.

Neu CW，Byers CR，James MP. 1974. A technique for analysis of utilization availability data. Journal of Wildlife Management 38(3): 541-545.

Peek JM，Scott MD，Nelson LJ，Pierce DJ，Irwin LL. 1982. Role of cover in habitat management for big game in northwestern United States. Transactions of the 47th North American Wildlife and Natural Resources Conference.

Smith K. 1985. A preliminary elk (*Cervus elaphus*) management plan for the Edson wildlife management area. Fish and Wildlife Division, Edson, Alberta.

Thomas JW. 1979. Wildlife habitat in managed forests in the Blue Mountains of Oregon and Washington, U.S. Department of Agriculture, Forest Service, Agriculture Handbook 553.

Thomas DL，Taylor EJ. 1990. Study designs and tests for comparing resource use and availability. Journal of Wildlife Management. 54(2): 322-330.

Yang JP, Ding YJ, Chen RS. 2006. Spatial and temporal of variations of alpine vegetation cover in the source regions of the Yangtze and Yellow Rivers of the Tibetan Plateau from 1982 to 2001. Environ Geol 50(3): 313-322.

作者简介

张明海 1961年生，山东省莱州市人，博士。现为东北林业大学野生动物资源学院教授、博士生导师；野生动植物保护与利用国家级重点学科负责人、国家林业局《野生动物》执行主编、《兽类学报》、《动物学杂志》编委；国务院国家级自然保护区评委、中国兽类学会常务理事等。

主要从事大中型珍稀、濒危兽类的保护生态学、自然保护区资源科学考察、规划设计及生境恢复与评价技术等研究工作。先后主持并完成国家科技支撑计划、国家自然科学基金、省部级科研课题60余项。其中，获省部级科技进步奖5项，厅局级科技进步奖4项，国家专利2项。在国内外学术刊物发表论文90余篇（被SCI收录12篇），主编《野生动物行为学》等学术专著8部。

Email：zhangminghai2004@126.com

李言阔 生于1979年，山东临沂人，博士，副教授，现于江西师范大学生命科学学院任教。2008年7月毕业于中国科学院动物研究所，师从蒋志刚研究员，动物生态学专业，于2010年春季获得博士学位；2005年7月毕业于东北林业大学野生动物资源学院，师从张明海教授，野生动植物保护与利用专业，获硕士学位；2002年7月毕业于东北林业大学野生动物资源学院野生动植物保护与利用专业，获学士学位。在国内外核心期刊发表论文7篇，参编教材4部，主持国家自然基金和省（部）级课题4项。

Email：liyankuo@126.com

第8章

我国当前华南虎潜在生境分析

胡德夫　曹青

8.1 华南虎介绍

华南虎（*Panthera tigris amoyensis*）是我国特有的虎亚种（图8-1），也是现存5个亚种中最濒危的一种（Tilson et al., 1997）。世界自然保护联盟（IUCN）已于1996年将华南虎列入《濒危物种红皮书》中，濒危级为CR（极危）。作为我国暖温带与亚热带森林景观的顶级物种，其分布区曾东起闽浙，西至川西，北抵秦岭黄河，南达粤桂南陲，约占国土面积的1/3（刘振河和袁喜才，1983；谭邦杰，1985；王维等，1999）。虎的历史分布区（图8-2）跨越了温带、暖温带、亚热带和热带四个气候带和古北界、东洋界两大生物地理区，生境类型非常丰富，生境多样化程度很高，说明虎非常适应我国的自然气候条件，有相当的种群数量并逐步向外扩展，发展出了现今的8个虎亚种。

20世纪50年代初期，我国的华南虎数量大约仍有4000只以上，但到1982年却已迅速降至150~200只（Lu & Sheng, 1986）。这段时期华南虎数量之所以迅速减少，原因主要是人类的过度捕杀、毁林开荒和虎生境的食物资源的恶化（Tilson et al., 1997）。1979年，华南虎被正式列为国家一级重点保护野生动物，但野生数量仍在减少。从80年代开始，各地陆续报告有老虎踪迹，但都没有得到确认。这一阶段，陆厚基总结了这些信息，估计截止到1986年，我国还存在有50~80只华南虎（Lu, 1987）。1993年IUCN猫科专家组曾根据国内学者的报告，认为当时的野生华南虎数量大概在30~80只（Jackson, 1993；Nowell & Jackson, 1996）。中国国家林业局在2001年组织了一次由中美专家联合参与的

图8-1 华南虎（*Panthera tigris amoyensis*）（曹青摄于福建梅花山虎园）

华南虎野外考察，历时近一年，调查走访了湖南、湖北、江西、福建、浙江5个省的华南虎历史分布区，未发现明显的老虎种群生存迹象。可见人类活动的干扰，是导致野生华南虎种群丧失殆尽的主要原因（Tilson et al., 2004）。

目前华南虎的圈养种群总数为72只，是重建野生种群的重要保证之一。近年来圈养种群数量出现了强力增长的势头，且性比也较为乐观。近三年出生的28只幼仔中，雄性与雌性之比为11:17，非常合理。平均近亲系数为0.2996，基本达到管理目标的要求。部分动物园和圈养研究机构对圈养环境进行了增容，使其更接近自然野生环境，并进行了部分野生行为的恢复工作，为野化放归奠定了一定的基础。

8.2 华南虎的生境需求

生境是指特定野生物种居住的生态环境（Dickinson, 1963）。目前，生物多样性保护正在面临生境丧失与破碎化的严重威胁（Kareiva, 1987；Andren, 1994），尤其是食物链中的顶级物种在威胁中首当其冲。由于这些物种在维系生境内生态系统的完整性与平衡性中发挥着无可替代的作用，对其生境的科学评价是反映整个生态系统健康状况的重要指标。

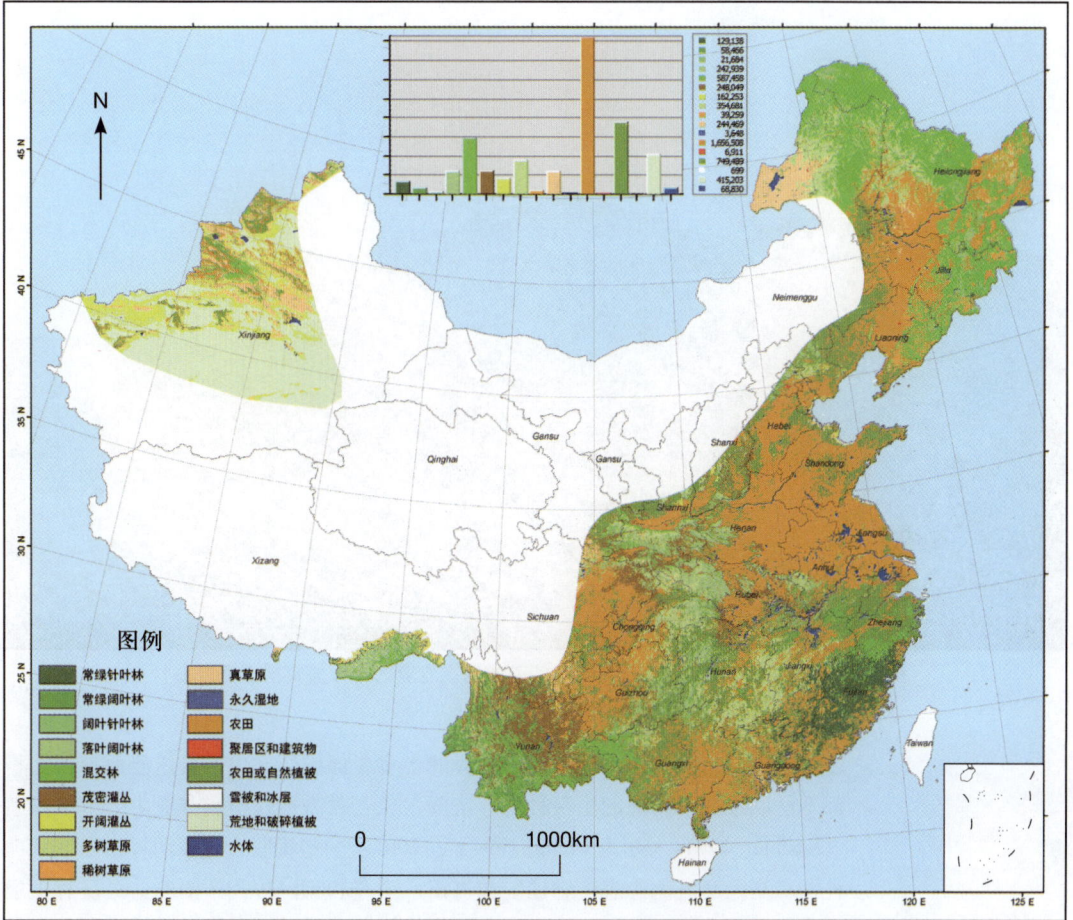

图 8-2 虎在中国的历史分布区及区内主要土地覆被类型

　　生境景观的破碎化、生态功能的削弱和丧失最终会导致整个生境的消失，并最终威胁到虎的生存（Sanderson et al., 2006）。根据Seal等提出的"老虎种群生存模型"，当虎的种群规模小于100头时，极易受到外界变化的干扰，并导致种群消亡（Seal et al., 1994; Kenney et al., 1995）。虎一般营独居生活，其领域面积很大，并与猎物密度有很大关系（Schaller, 1967; Sankala, 1979）。根据国外的文献，在食物丰富的印度和尼泊尔，老虎密度分别为10~15只/100km²（Sankala, 1979; Karanth, 1997）和6~7只/100km²（McDougal, 1977; Smith, 1978; Sunquist, 1981）；而在食物缺乏的西伯利亚，只有0.25只/100km²（Miquelle, 1999）。国内学者一般认为华南虎的密度应为0.5~1只/100km²（袁喜才等，1994），即每只华南虎的领域面积在100~200km²之间。所以想要维持华南虎的野外种群，达到100头左右的目标，所需要的生境面积是相当大的。但现有国内适宜华南虎栖息的区域则越来越少，人类活动的影响已经使华南虎原有生境支离破碎。1991年，WWF专家David Koehler对广东、湖南、福建等地的11个保护区进行了华南虎野外种群现状的考查，指出华南虎可能的分布区只存在于上

图 8-3 湖南省壶屏山自然保护区——华南虎潜在生境之一（曹青摄于壶屏山）

述广东、湖南、福建、江西四省边界的十多个保护区之中，且这些保护区面积都不足以维持华南虎的生存种群，空间上相互联系被农田或林业生产用地阻断（Koehler, 1991；Gui & Meng, 1994）。2001年的中美联合考察同样指出，老虎种群和基因交流的生态走廊已经被农田、道路和天险等因素隔断，且现有生境的猎物种群密度非常低（Tilson, 2004）。过小的生境、过少的食物再加上人类的干扰就是目前华南虎现有生境的主要特点。可以说，几十年来人类活动的加剧造成了华南虎生境的丧失，当生境面积和猎物条件不能满足老虎栖息时，就会导致华南虎的野外灭绝。

为保护好这一我国特有的虎亚种，国内的保护机构已将重点放在维持现有圈养种群、逐步野化放归上（SFA, 2001）。在此保护框架下寻找并评价华南虎历史分布区内适宜的潜在生境作为野化放归的目标区域，则成为亟待解决的问题。

黄祥云(2004)曾利用专家体系评价了壶瓶山保护区内的华南虎生境，但专家体系的局限使其不适宜应用于大尺度的综合评价。近年来应用景观生态学的观点结合地理信息系统（GIS）的空间分析方法，成为生态学家研究物种分布与受威胁因素的有利手段。欧阳志云等(2001)应用GIS对卧龙大熊猫生境进行了多因子评价，Leimgruber et al. (2003) 则运用地域分析法（Regional Assessment）对东南亚野生象的残存生境进行了全面分析。国际野生生物保护协会、世界自然基金会、史密桑尼研究院与拯救老虎基金会共同制定了《2005-2015野生虎保护与恢复优先计划》，并进行了野生虎保护景观的分析，对世界现存生境进行了优先性分级（Sanderson et al., 2006）。由于华南虎已经在野外功能性灭绝，该研究并没有深入探讨国内的虎生境。在GIS被大量用于野生虎保护研究之时（Sanderson et al., 2006；Smith et al., 1998），我们也希冀对华南虎潜在生境模型的建立提出自己的观点，并对国内残存的华南虎潜在分布区进行汇总评价，以期对这一珍稀物种的恢复提供有力的支持与帮助。图8-3显示的是湖南省壶屏山自然保护区的华南虎潜在生境。

8.3 华南虎潜在生境评价方法

GIS区域分析为我们提供了一种在较大区域内对不同特征指标进行分析和评价的手段。利用GIS的空间分析功能，可以对各类特征指标进行筛选、叠加和聚类，建立从前无法想象的地理区划级的评价体系，从而为管理和决策提供全面而丰富的信息和建议。本研究运用此分析，对全国虎的历史分布区进行了生境适宜性分析。着眼于着重解决以下问题：

i. 目前国内还有无适宜虎生存的生境？

ii. 残存生境的面积、破碎化程度以及与其他区域之间的廊道情况如何？

iii. 不同生境的保护模式各有哪些不同？

我们将适宜虎生存的生境定义为拥有可维持最小有效种群的足够面积，且长期以来尚未受到人类过多干扰的自然植被区域。同时，生境的自身条件也需要对自然干扰有足够的抵御能力，从而不会使种群减小到最小有效种群规模以下（Pickett & Thompson, 1978）。

针对上述对适宜生境的定义，我们明确了限制虎生存与繁衍的主要影响因素，并建立起符合一般规律的生境适宜性评价准则。为保留具有恢复和改造潜力的野化放归目标区域，适当放宽了诸如人类活动等方面的评价阈值。参考专家意见，将遴选出的所有指标归入地理要素，生物要素，人为要素三大类中，并将评价准则阐述如下。

8.3.1 地理要素

（1）最小生境面积

物种的重引入区域必须存在于其历史分布区之内（IUCN, 1987）。根据Sanderson et al.（2006）的"野生虎最小有效种群理论"，即最小种群面积满足5头1龄以上虎的生存需求，并可存活1年以上。计算出最小生境面积（A_{min}）：

$$A_{min} = a \times m$$

其中，a为虎平均家域面积，结合过去对华南虎家域面积的估计（Sankala, 1979），约为100km^2；m为最小有效种群（minimum viable population），即为5头，最终估算 A_{min}= 500km^2。

考虑到部分生境仍有拓展的潜力，设置斑块间连接阈值为3km，并保留与较大的核心区连通较好的较小核心区（面积≥100 km^2）。

（2）海拔与坡度

虎作为广布的平原山地地带性物种，海拔并未影响其在华南的历史分布；但陡峭的地形难以提供虎长期存活的自然条件，不能作为虎的有效栖息面积，否则会造成潜在生境面积的过高估计。故地形地势分析中只将坡度作为评价指标。参考专家意见，坡度的阈值设置为30°。

8.3.2 生物要素

（1）植被要素

虎的现存分布区涵盖了从热带低地常绿林、干旱落叶林、松林、温带阔叶林、沼泽、红树林乃至喜马拉雅山脚草原等多种植被类型（Sanderson et al., 2006; Smith et al., 1998），且华南地区潜在栖息环境内导致虎灭绝的因素并未完全消除，放归前尚需大规模恢复被人为破坏的自然景观，故对研究区域的自然植被不做类别区分。

（2）猎物要素

虎的分布受猎物密度的影响非常大，然而华南虎历史分布区内的猎物种群密度过低，不足以支撑有效的野生种群（Tilson et al. 2004; 黄祥云, 2004），需要对猎物种群进行涵养与恢复。考虑到分析中其他要素的优劣直接关系到猎物重建的成败，研究忽略了猎物要素。

8.3.3 人为要素

人类的活动是造成华南虎濒危的主要原因之一（Tilson et al., 1997）。人类的干扰是多方面的，有涉及管理薄弱、偷猎现象严重等直接干扰，但更多的是人类生产生活造成的间接干扰，如城市化、道路、输电线等造成的生境分割和对动物自然迁移的阻断。虎的密度与人口密度存在一定的反比关系（Carroll & Miquelle, 2006; Johnson et al., 2006），所以理想的虎生存环境应尽量排除人类的干扰。借鉴IUCN的保护区同心圆式利用模式（Forster, 1973）中的核心区、缓冲区概念，将人类活动的中低密度区作为潜在生境的缓冲区与核心区。人类活动的高密度区生境已严重破碎，均作为不适宜区域。对于密度区间的界定如下：

a. 需要严格保护的潜在生境核心区：人类活动≤10人/天/km²;

b. 潜在生境缓冲区：10人/天/km²<人类活动≤25人/天/km²;

c. 应当去除的高密度区：人类活动>25人/天/km²

灌溉是农业活动密集的表现（Leimgruber et al., 2003），故同时应用灌溉数据甄别人类活动的高密度区予以剔除。

针对上述地理、生物与人为三方面的需要，我们应用6类数据源（表8-1）对整个华南虎历史分布区进行了潜在生境GIS空间分析，处理流程如图8-4。我们首先对历史分布区、自然植被、无人工灌溉且坡度不大于30°的区域进行了叠加，获得初步的自然条件适宜区域。随后将获得的图层与人口密度数据进行空间叠加，根据设置的人类活动阈值将生境划分为潜在生境核心区和缓冲区。

对于需要严格保护的核心区，我们根据连接情况进行聚类（Region group），只要一个栅格的周围有任何一个栅格存在，则认为二者相连通。随后，我们将面积小于最小核心区面积（500km²）的区域统统划入缓冲区之中，但考虑到部

表 8-1 虎历史分布区残存野生生境的区域分析所使用的数据源

数据类型	名称	比例尺/分辨率	来源	内容
虎历史分布区	IUCN虎历史分布	1:1000000	IUCN猫科行动计划（Nowell & Jackson, 1996）	数字化了行动计划中100年间虎的历史分布区
土地覆盖	全球土地覆盖特征图（GLCC）	1 km²	USGS EROS DAAC（http://edcdaac.usgs.gov/glcc.glcc.html）	GLCC是增强甚高分辨率辐射（AVHRR）的卫星影像产品,数据来源于1992/1993年（Loveland et al., 1999）
灌溉区	全球灌溉8级区划图	1 km²	IWMI（http://www.iwmigiam.org/info/GMI-DOC/documentation.asp）	GIAM基于AVHRR并结合其他不同影像数据而成的影像产品,其中AVHRR来源于1981~1999年（Thenkabail et al., 2006）
人类活动	LandScan 2005 全球人口数据集	1 km²	Oak Ridge National Laboraory（http://ornl.gov/sci/landscan/landscan2005/index.html）	LandScan应用人口统计数据及地理图形数据（道路密度、土地覆盖、夜间灯光等）用于估计全球的人口分布、运输网等空间信息（Dobson et al., 2000）
坡度	SRTM华南地区高程图	90m×90m	GLCF ESDI（http://glcfapp.umiacs.umd.edu:8080/esdi/index.jsp）	SRTM由美国航天飞机搭载的近地轨道高分辨率雷达系统于2000年2月的11天航行采集而得。有3个分辨率输出,其中中国最高为90m（Rabus et al., 2003）
保护区分布	世界保护区数据库	1:1000000	IUCN World Commission on Protected Area（http://www.unep-wcmc.org/wdpa/）	IUCN 公布的包含其保护区目录 I至IV的GIS及属性数据、其他受保护地区等,最新版本为2006年（Wood, 2005）

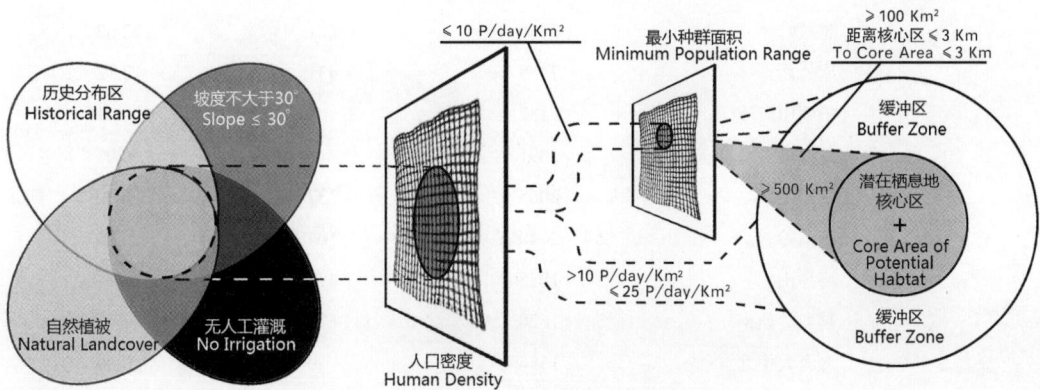

图 8-4 华南虎潜在栖息地 GIS 分析流程图

分较大的生境之间仍有连通的可能，故与较大的核心区距离不超过3km的较小核心区（同时面积≥100 km^2）予以保留。经过如上分析，我们得到了现存华南虎潜在生境的分布图。我们同时计算了所有潜在生境的受保护比例。研究中的地理信息系统分析利用ESRI ArcGis 9.3系统，其中空间分析主要应用ArcGis Spatial Analysis 模块，而部分栅格数据处理应用了ERDAS Imagine 9.3。本研究采用西安1980投影坐标系，参考椭球和大地基准均为WGS 1984。

8.4 华南虎潜在生境评价结果及分析

基于上述准则，研究得到的华南虎历史分布区内潜在核心区面积共计189844km^2。潜在生境已彻底退出了平原地带，绝大部分只存在于华南的武夷山、南岭、罗霄山等几大山系之中，且多被河谷和山间小盆地阻隔，栖息环境的破碎化非常严重。

8.4.1 长江以南

本区系为华南虎在近几十年的集中分布区。作为航运与生产中心的长江阻断了两岸可能的种群交流。本区所有面积≥500km^{2}的适宜野生栖息生境经过聚类，共形成18个潜在生境景观（图8-5），具体信息详见表8-2。

表 8-2 华南地区华南虎的潜在栖息地景观面积及受保护比例统计

潜在栖息地景观	面积（km^2）	受保护面积（km^2）	受保护比例（%）
雁荡山-武夷山	65818	2165	3.29
黄山	30532	3084	10.10
罗霄山-南岭东	20628	470	2.28
幕阜山-九岭山	11898	466	3.92
张家界	6166	556	9.02
武功山	4561	0	0.00
东南丘陵北	2906	44	1.51
越城岭	2739	621	22.67
南岭西	2489	431	17.32
阳明山	2187	9	0.41
戴云山	2091	0	0.00
独阳山	2065	337	16.32
萌渚岭	2040	104	5.10
海洋山	1828	492	26.91
越城岭西南	1620	671	41.42
九万大山北	1556	0	0.00
八大公山	1234	692	56.08
壶瓶山-后河	999	594	59.46

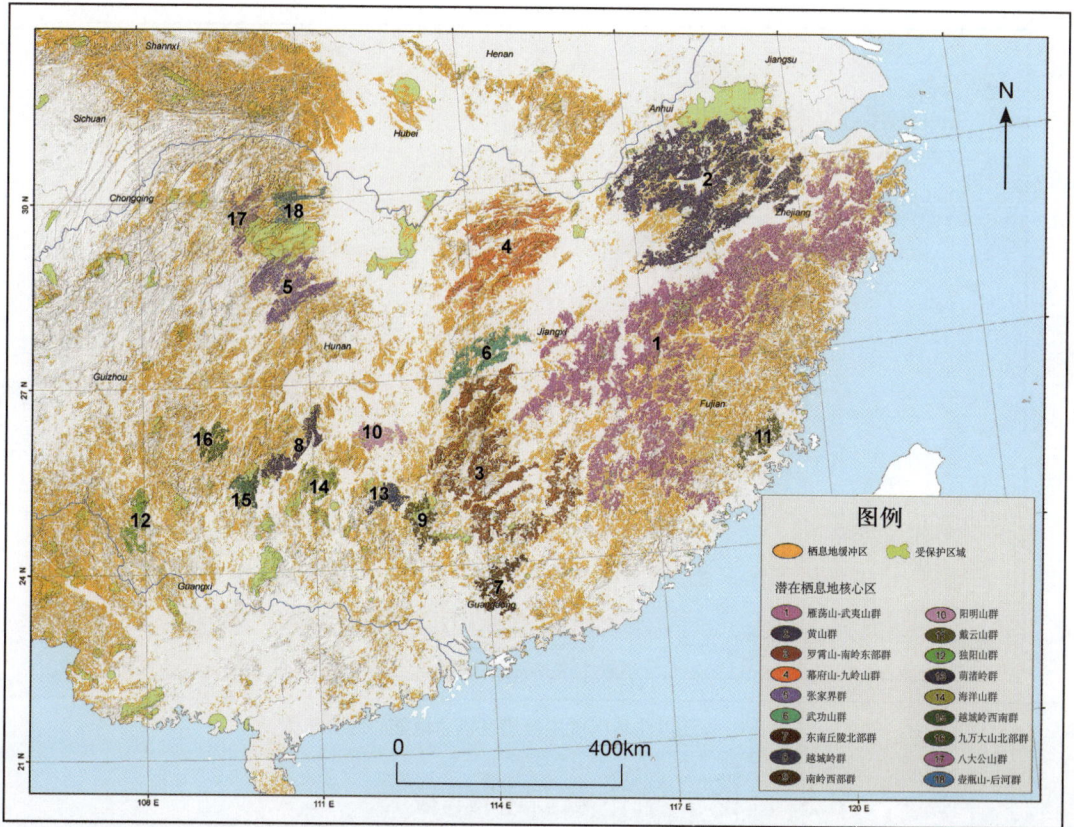

图 8-5 长江以南华南虎主要潜在栖息地核心区分布图

图8-5中面积较大的潜在生境群集中分布在东部的武夷山系、罗霄山系、南岭山系等区域，且除武夷山系以东的大片区域外，潜在生境成分以核心区为主，缓冲区仅零星见于核心区周围及斑块之间；相反，本区西部的潜在生境成分则表现为大面积的缓冲区，而核心区则面积较小，主要存在于武陵山系北部及五岭山系中段，虽部分区域间有缓冲区相连，但整体分布较为分散。

从表8-2可以看出，绝大部分的潜在生境景观并未受到较好的保护，许多核心区面积非常大，但受保护比例却非常低。面积超过6万km²的雁荡山-武夷山生境群只有3.29%受到合理保护；而面积较小的八大公山和壶瓶山-后河生境群受保护面积则分别达到56.08%和59.46%。纵观本区所有的潜在生境核心区，都不同程度地受到景观破碎化和受保护比例过低的困扰，尤以西南部为重。

8.4.2 长江以北

本区作为华南虎分布的北界，山脉、河流、平原有着非常强的地理隔绝作用。潜在生境核心区经过聚类，仅形成大巴山生境群和大别山生境群两个较大景观（图8-6）。

大巴山群总面积21693km²，分布较为破碎，缓冲区较少，受保护区域面积883km²，只占4.07%；大别山群面积较小，共4794 km²，其中受保护的面积有296km²，只占总面积的6.17%。

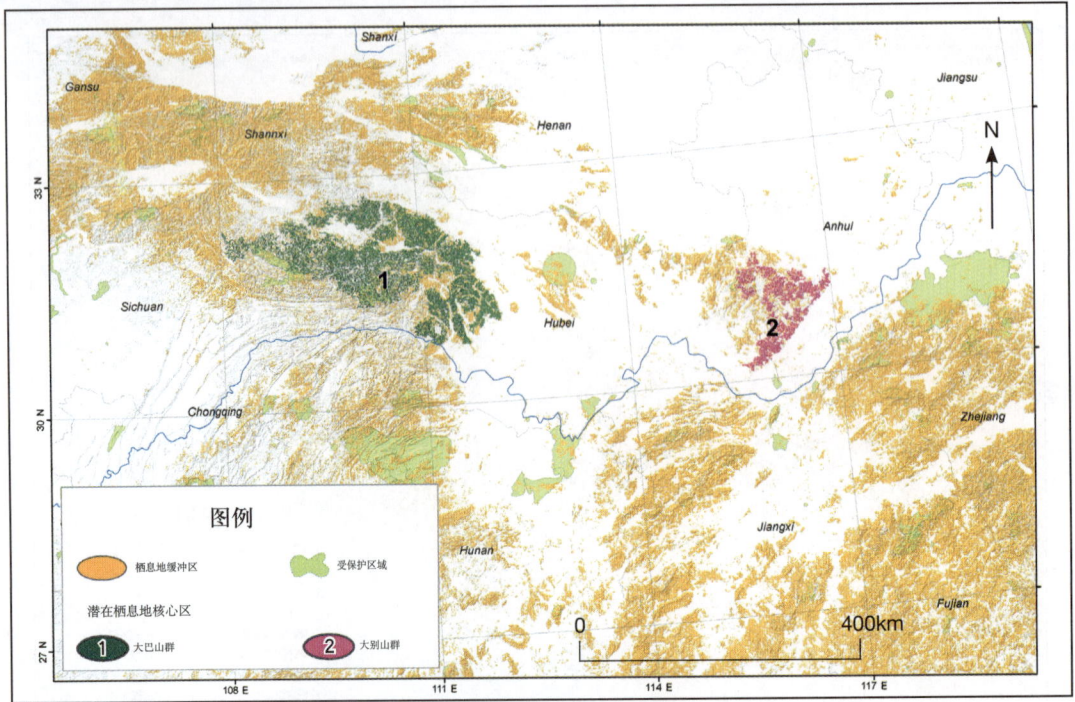

图 8-6 长江以北华南虎主要潜在栖息地核心区分布图

8.5 讨论、结论及保护建议

本研究利用基于GIS的生境适宜模型，科学而直观地勾画出整个华南虎历史分布区内残存的适宜生境。整个分析运用的数据完全来自于国内外开放的免费数据源，不但完成了既定研究目标，而且节约了大量的人力物力，并为下一步的野外考察提供了目标区域信息与宏观参考意见。研究如若采用传统的生境评价方法，不但费时费力，完成整个华南地区分析的花费也将是天文数字。

基于研究结果可以看出，我国仍存在适宜作为华南虎潜在生境的野生生境，但多数面临破碎化严重与受保护比例过低的威胁。所有潜在生境都退入到几大山系之中，说明人类活动加剧造成的栖息环境恶化是导致华南虎功能性灭绝的主要因素。目前几乎所有的虎研究学者都意识到人类的干扰是威胁虎生存的最显著因素（Sanderson et al., 2006），故华南虎的潜在生境应尽量远离人类活动的干扰。保护区的同心圆式利用模式较好地诠释了如何在就地保护中解决人类活动干扰的问题，国内对此也有很多专业论述（Li et al., 1999；刘家明和杨新军，1999）。我们拓展了这一概念，目标区域不再仅限于关注某个保护区的功能分区，而是成为整个地域中指示就地保护目标区域、连通情况以及与人类密集区隔离程度的"大保护区"概念。从图8-5、图8-6可以看出，位于长江以北及长江以南东部大部分地区的潜在生境核心区周围的缓冲区面积较小，能够起到的缓冲人类活动的能力有限，但核心区面积较大说明可能的人类活动干扰较小；长江以南的西部地区则表现为核心区周边大面积的缓冲区分布，虽可以起到较好的缓冲作用，但也从侧面反映出这些地区持续受到中等强度的人类活动干扰，核心区面积较小和缓冲区破碎化严重正说明了这一点。

需要注意的是，核心区面积越大并不代表今后重引入华南虎的成功率会更高。研究中应用的部分数据来源于卫星遥感。遥感手段可以辨识土地利用和植被类型，但无法确定实地使用状况，如一些满足人口密度、灌溉等条件，但不适合重引入的经济林、竹林等。而自然保护区却是适宜生境的一个非常好的指标：自然保护区由于国家法律法规的制约，人类活动受到严格限制，动植物资源受到严格保护，易于进行生境适宜性改造和向周边辐射拓展。分析中绝大部分潜在生境景观的受保护比例过低，这些核心区中未受保护的部分可能已受到人类活动的干扰而成为不适宜重引入的区域，所以最佳的重引入目标区应或是受保护比例较高的生境景观，或是面积较大景观内部条件较好的保护区。在实际的生境改造中，应以核心区中的保护区作为重点，逐步与其他同核心区内的保护区连通并向外扩展，从而兼顾到生境恢复工作的科学性与可行性。

综上所述，华南地区的生境是较为破碎的。在破碎的孤岛上维持和改造现有的生境景观、建设生态走廊、对人为干扰进行有力打击，并建立起能够独立生存的野生虎及猎物种群，难度非常之大，需要政府、保护组织、保护区周边居民的支持以及大量人力物力的投入。但是可以预见的是，在华南地区仍存在潜在生境的今天，建立更多的保护区，守护好这些可以带来生机的地区，也就是保护好了未来的一丝希望和潜力。

致谢

感谢陆军和金学林协助了本章节部分编写工作。

参考文献

黄祥云. 2004. 华南虎的生存现状及保护生物学研究. 北京: 北京林业大学.

刘家明, 杨新军. 1999. 生态旅游地可持续旅游发展规划初探. 自然资源学报 14(1): 80-84.

刘振河, 袁喜才. 1983. 我国的华南虎资源. 野生动物 4: 20-22.

欧阳志云, 刘建国, 肖寒, 谭迎春, 张和民. 2001. 卧龙自然保护区大熊猫生境评价. 生态学报 21(11): 1869-1874.

谭邦杰. 1985. 虎在中国的分布. 中国动物园年刊 1984～1985 论文集, 165-170.

王维, 胡洪光, 沈庆永. 1999. 华南虎的现状及保护. 动物学杂志 34(2): 38-41.

袁喜才, 陈万成, 卢开和, 卢杨威, 张松. 1994. 广东省华南虎及栖息地调查. 野生动物 4: 11-14.

Andren H. 1994. Effects of Habitat Fragmentation on Birds and Mammals in Landscapes with Different Proportions of Suitable Habitat: A Review. Oikos. 71(3): 355-366.

Carroll C, Miquelle D. 2006. Spatial viability analysis of Amur tiger *Panthera tigris altaica* in the Russian Far East: the role of protected areas and landscape matrix in population persistence. Journal of Applied Ecology 43(6): 1056-1068.

Dickinson C. 1963. British Seaweeds. The Kew Series.

Dobson J, Bright E, Coleman PR, Durfee RC, Worley BA. 2000. LandScan: A global population database for estimating populations at risk. Photogrammetric Engineering & Remote Sensing. 66: 849-857.

Forster RP. 1973. Planning for man and nature in national parks: reconciling perpetuation and us. Morges: IUCN.

Gui X, Meng S. 1994. The challenge and strategies for management of the South China tiger *Panthera tigris amoyensis*. New Delhi, India: Global Tiger Forum.

IUCN. 1987. The IUNION position statement on translocation of living organisms: introduction, re-introduction, and re-stocking. IUCN, Gland, Switzerland.

Jackson P. 1993. The status of the tiger in 1993 and threats to its future. Cat News 19(5): 11.

Johnson A, Vongkhamheng C, Hedemark M, Saithongdam T. 2006. Effects of human-carnivore conflict on tiger(*Panthera tigris*)and prey populations in Lao PDR. Animal Conservation 9(4): 421-430.

Karanth U. 2000. Prey density as a critical determinant of tiger population viability. In: Seidensticker J, Christie S, Jackson P ed. Tigers. Cambridge: Cambridge University Press, 1997.

Kareiva P. 1987. Habitat fragmentation and the stability of predator-prey interactions. Nature 326: 388-390.

Kenney J, Smith J, Starfield A, McDougal C. 1995. The long-term effects of tiger poaching on population viability. Conservation Biology 9(5): 1127-1133.

Koehler G. 1991. Survey of Remaining Wild Population of South China Tigers. WWF Project 4152/China Final Project Report 25.

Leimgruber P, Gagnon J, Wemmer C, Kelly D, Songer M, Selig E. 2003. Fragmentation of Asia's remaining wildlands: implications for Asian elephant conservation. Animal Conservation 6: 347-359.

Li W, Wang Z, Tang H. 1999. Designing the buffer zone of a nature reserve: a case study in Yancheng Biosphere Reserve, China. Biological Conservation 90: 159-165.

Loveland T, Estes J, Scepan J. 1999. Global land cover mapping and validation. Photogrammetric Engineering & Remote Sensing. 1999 65: 1011-1012.

Lu H, Sheng H. 1986. Distribution and status of the Chinese tiger. In: Miller S, Everett D ed. Cats of the World: Biology, Conservation and Management. Washington, DC: National Wildlife Federation, 51-58.

Lu H. 1987. Habitat availability and prospects for tigers in China. In: Tilson R, Seal U ed. Tigers of the World: The Biology, Biopolitics, Management, and Conservation of an Endangered Species. Park Ridge, NJ: Noyes Publications. 1987.

McDougal C. 1977. The Face of the Tiger. Rivingdon Books & Andre Deutsch, London.

Miquelle D, Smirnow E, Myslenko A, Merrill T, Shevlakov A, Quigley H, Hornocker MG. 1999. Habitat relationships of the Amur tiger. In: Seidensticker J, Jackson P, Christie S ed. Riding the Tiger. Cambridge: Cambridge University Press.

Nowell K, Jackson P. 1996. Status Survey and Conservation Action Plan-Wild Cats. Cambridge: The Burlington Press.

Pickett S, Thompson J. 1978. Patch dynamics and the design of nature reserves. Biological Conservation 13: 27-37.

Rabus B, Eineder M, Roth A, Bamler R. 2003. The shuttle radar topography mission-a new class of digital elevation models acquired by spaceborne radar. ISPRS Journal of Photogrammetry and Remote Sensing 57(4): 241-262.

Sanderson E, Seidensticker J, Songer M. 2006. Setting Priorities for the Conservation and Recovery of Wild Tigers: 2005-2015. Online Documentation. www.worldwildlife.org/tigers/pubs/TCL-technical.pdf

Sankala K. 1979. Tigers in the wild-their distribution and habitat preferences. International Symposium on the Management and Breeding of the Tiger, 43-59.

Schaller G. 1967. The deer and the tiger: a study of wildlife in India. Chicago: University of Chicago Press.

Seal U, Soemarna K, Tilson R. 1994. Population biology and analyses for Sumatran tigers. In: Sumatran Tiger Population and Habitat Viability Analysis Report. Indonesian Forest Protection and Nature Conservation and IUCN/SSC Conservation Breeding Specialist

Group, Jakarta and Apple Valley, MN, 45-70

SFA. 2001. The China Action Plan for Saving the South China Tiger. Draft outline. http: //www. andymcdermott.com/action_plan.htm.

Smith JLD, Ahern SC, Mcdougal C. 1998. Landscape Analysis of Tiger Distribution and Habitat Quality in Nepal. Conservation Biology 12: 1338–1346.

Smith JLD. 1978. Smithsonian tiger ecology project. Unpublished report no.13. Washington, D.C.: Smithsonian Institution.

Sunquist M. 1981. The social organization of tigers(*Panthera tigris*)in Royal Chitwan National Park, Nepal. Smithsonian Contrib. Zool 336: 1-98.

Thenkabail PS, Biradar CM, Turral H, Noojipady P, Li YJ, Vithanage J, Dheeravath V, Velpuri M, Schull M, Cai XL, Dutta R. 2006.An irrigated area map of the world (1999) derived from remote sensing. Online Documentation. http: //www.iwmi.cgiar.org/pubs/pub105/RR105. pdf

Tilson R, Hu DF, Muntifering J, Nyhus P. 2004. Dramatic decline of wild South China tigers *Panthera tigris amoyensis*: field survey of priority tiger reserves. Oryx. 38: 40-47.

Tilson R, Traylor-holzer K, Jiang QM. 1997. The Decline and Impending Extinction of The South China Tiger. Oryx 31(4): 243-252.

Wood LJ. 2005. MPA Global: A database of the world's marine protected areas. Modified version for inclusion on WDPA CD. Sea Around Us Project, UNEP-WCMC & WWF.

作者简介

胡德夫 1963年生，河北丰南人，教授，博士生导师。现任北京林业大学生物科学与技术学院动物科学系主任、野生动植物保护与利用学科负责人，中国动物学会常务理事、IUCN物种生存委员会马科专家组成员、中国生态学会动物生态专业委员会委员、北京市野生动物保护协会理事、中国濒危物种科学委员会协审专家。

主要从事动物生理生态学、野生动物生态与管理、保护生物学等方面的研究与教学。曾涉足青藏高原区、新疆南北盆地、内蒙草原，南方山地。从事过啮齿类、有蹄类、华南虎、大熊猫等物种生理生态、个体和群落生态学研究。主持国家自然科学基金3项、科技部十一五科技支撑项目专题1项、博士后科学基金1项、中美合作课题2项等多项科研任务。参编两部专著，发表论文30余篇。

Email: hudf@bjfu.edu.cn

曹青 河北秦皇岛人，1981年出生。2004年7月毕业于北京林业大学生物科学与技术学院生物科学专业，之后进入野生动植物保护与利用学科攻读硕士学位；曾参与华南虎、普氏野马等濒危物种的保护生物学研究，参与多个国内外合作项目，包括2005年夏季的华南虎潜在栖息地中美联合考察队，2006年春季的泰国老虎野外检测培训；2007年至2009年在美国史密桑尼研究院国家动物园保护研究中心访问学习；自2009年秋进入美国普林斯顿大学进化生态学系攻读博士学位，主要从事动物行为生态及进化生物学研究。

Email: qcao@princeton.edu

第9章

梅花鹿生境利用与生境评价[*]

李玉春　蒙以航

9.1 梅花鹿介绍

9.1.1 梅花鹿的生物学与生态学

梅花鹿（*Cervus nippon*）隶属哺乳纲（Mammalia）偶蹄目（Artiodactyla）鹿科（Cervidae）鹿亚科（Cervinae）鹿属，分布于亚洲。关于梅花鹿的亚种划分，不同资料不尽相同。Andrew和解焱（2009）将中国的梅花鹿分为6个亚种，包括山西亚种（*C. n. grassianus*），东北亚种（*C. n. hortulorum*），华南亚种（*C. n. kopschi*），华北亚种（*C. n. mandarinus*），四川亚种（*C. n. sichuanicus*）和台湾亚种（*C. n. taiouanus*）。日本的梅花鹿分为7个亚种（大泰司，1986），包括北海道亚种（*C. n. yesoensis*），本州亚种（*C. n. centralis*），九州亚种（*C. n. nippon*），对马亚种（*C. n. pulchellus*），马毛岛亚种（*C. n. mageshimae*），屋久岛亚种（*C. n. yakushimae*），庆良间亚种（*C. n. keramae*）。此外还有越南亚种（*C. n. pseudaxis*）。

与大多数有蹄类动物一样，梅花鹿属于性别体二型物种，即成年雄鹿与成年雌鹿的身体大小和外形具有明显区别（图9-1）。雄鹿具角，雌鹿无角。雄鹿出生后的当年（仔鹿）不生角，1岁以后（出生后第二年）开始长角，为独

---

[*] 由于我国的梅花鹿种群小，其生境利用与评价方面的基础数据还比较缺乏。作者使用在日本日光国立公园对梅花鹿研究的无线电定位数据进行该物种的生境利用分析和以此为基础的生境评价，为今后我国的梅花鹿生境评价工作提供基础和参照。

图 9-1 日光的梅花鹿（李玉春摄）左图：雌鹿与当年生仔鹿；右图：发情期的雄鹿

支角，2岁雄鹿（亚成年）的角多为三尖角，3岁以上雄鹿为四尖角，五尖角的雄鹿野外罕见。梅花鹿的角每年脱落重长，在每年发情交配季节（秋季）结束后的冬春季节脱落，开春后新角生出，为茸角。茸角外层皮肤柔软细嫩，富含血管，极易受伤。至夏秋季节茸角逐渐骨化变为骨角，为雄性梅花鹿角斗和争夺配偶的武器。年复一年，梅花鹿的角不断重复着长出茸角、骨化和脱落的循环过程。

根据我们的梅花鹿解剖资料，野生梅花鹿雌鹿在良好营养状况下2岁后即可怀孕繁殖，但发情和受孕率高低与营养状况有明显关系。一般一胎产一仔，极少见到产二仔的情况。雄鹿3岁后即具繁殖能力，但能否参加繁殖因生境情况及鹿群繁殖期结群情况有关。在开放型生境中，一头强壮的雄鹿（多为4岁以上壮年鹿）可以控制一个繁殖雌鹿群，使得其他雄鹿几乎没有交配机会。但在茂密森林生境中，由于不能形成繁殖雌鹿群，雄鹿主要采取游荡搜寻方式与雌鹿相遇，遇到发情雌鹿即追逐交配。在这种情况下，雄鹿交配的机会就会相对均等。

9.1.2 梅花鹿的分布与数量

梅花鹿是一种分布广泛的有蹄类动物，从越南向东北延伸，包括中国大陆的四川、江西至东北半岛、台湾岛、朝鲜半岛、俄罗斯、日本列岛（图9-2），其中日本列岛的梅花鹿分布范围广和种群数量最大。除了上述自然分布区域外，梅花鹿在历史上被人工引种到许多地区，包括17世纪被引入到琉球群岛，19世纪后被引入到不列颠群岛、欧洲大陆（亚美尼亚、奥地利、阿塞拜疆、捷克、丹麦、芬兰、法国、德国、立陶宛、波兰、西俄罗斯、乌克兰等）、新西兰、美国等（Wilson & Reeder, 2005）。Ratcliffe（2008）报道引入到大不列颠的梅花鹿分布区域不断扩大，与马鹿产生杂交现象。

我国在20世纪70年代，梅花鹿四川亚种还成片分布（500头左右），到了90年代虽然数量有所增加（800头左右），但已分割为三个相互隔离的区域，

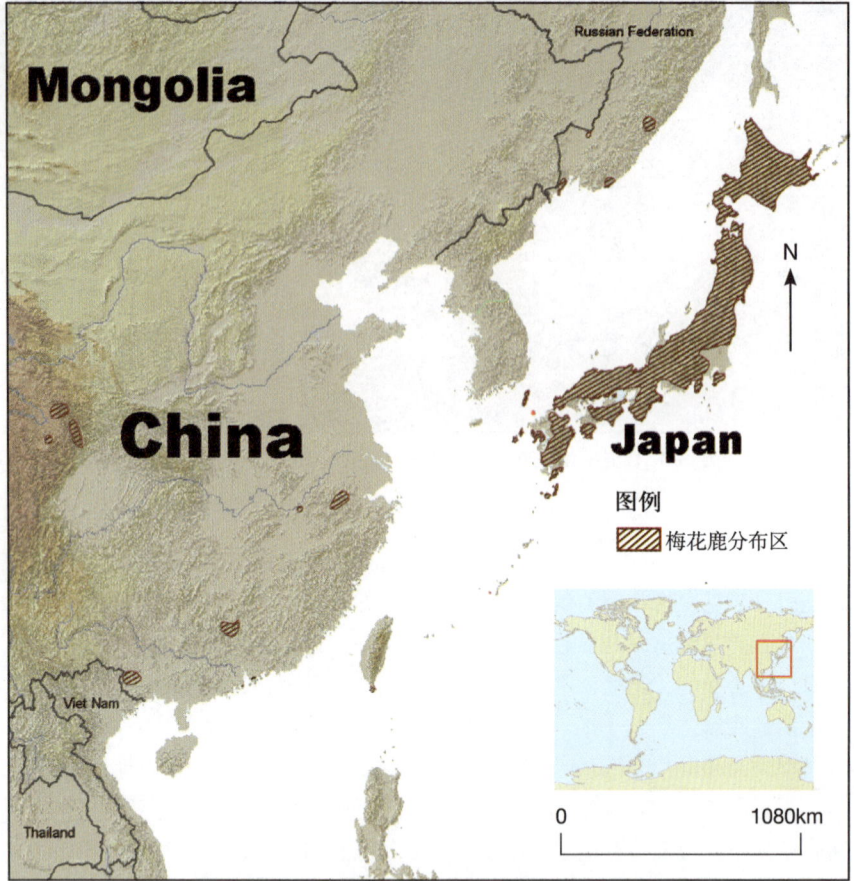

图 9-2 梅花鹿在世界上的分布（引自：IUCN Redlist Website）

加之人类活动范围不断扩大，限制了梅花鹿的生存空间（郭延蜀，2000；郭延蜀和郑惠珍，2000）。梅花鹿华南亚种在20世纪20年代曾广布于我国东部，至60~70年代在皖南和江西还有大面积的分布，但最近的调查中发现已收缩为6个孤立区域，数量仅约350头，种群间已无基因交流的可能（徐宏发等，1998）。至于梅花鹿东北亚种，虽然在吉林省东丰县境内发现了个体数量约150头的东北梅花鹿野外种群，但为人工饲养梅花鹿外逃个体野化繁衍而来（白秀娟等，1996）。由此可见，我国梅花鹿的数量已经非常稀少并处于濒危状态，被列为我国国家一级重点保护野生动物，被IUCN列为濒危物种（EN）。图9-3是根据文献报道的我国梅花鹿分布点制作的梅花鹿分布图，许多地区的梅花鹿已经消失，因此现在梅花鹿的实际分布仅是图中的部分区域。

越南的梅花鹿亚种一度曾被认为灭绝，但1990年发现了2~4头个体（Wemmer，1998），即使是当时没有灭绝也是危在旦夕。朝鲜半岛的梅花鹿在韩国区域已经灭绝，仅在朝鲜北部地区残存有小种群（McCullough et al.，2008）。

日本列岛具有分布广泛和数量庞大的梅花鹿种群，且在20个世纪80年代后梅花鹿种群数量暴发（Li et al.，1996; 李玉春，1998），梅花鹿全国性种群数量

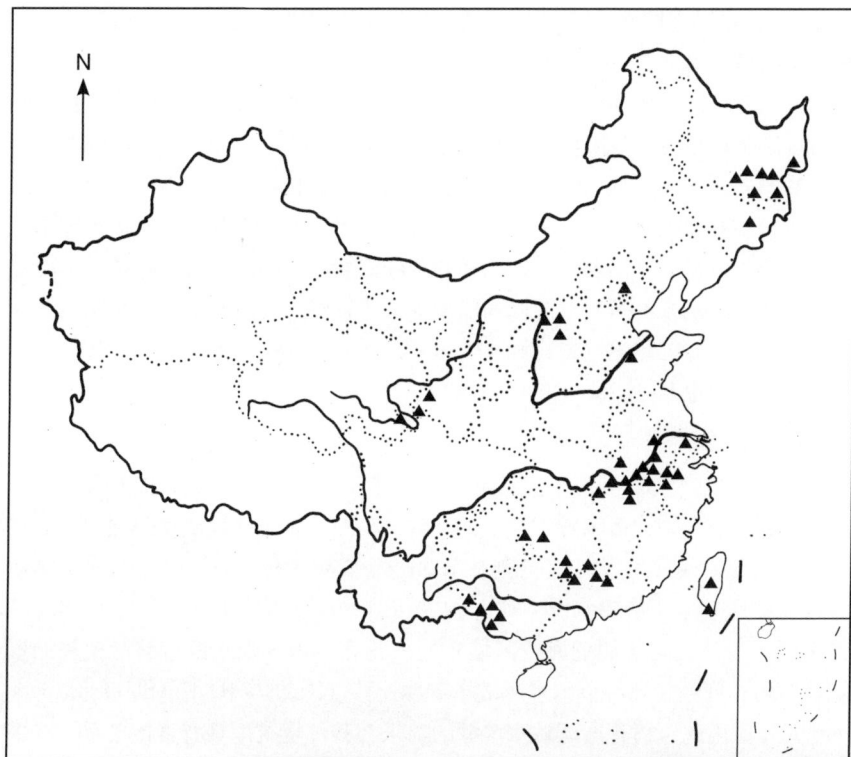

图 9-3 梅花鹿在中国的分布（改编自张荣祖等，1997）

注：此图为文献报道的梅花鹿分布点，其中有的地域梅花鹿已经灭绝。

快速增长（数量暴发），并已成为农林业和当地生态系统的危害物种，各地不得不在政府组织下进行猎杀以减少对农林业的危害及对当地生态系统的破坏，据统计，日本近年来全国每年猎杀野生梅花鹿16万头左右。因此，梅花鹿在日本具有庞大的种群数量。

9.2 梅花鹿的生境需求与研究现状

9.2.1 梅花鹿的生境需求

动物对生境自然条件的基本需求分为食物、饮水和隐蔽条件（反捕食）三个大的方面（Dasmann, 1964）。除自然条件外，人类活动对动物具有明显的影响，特别是在人类活动几乎遍及各个角落的当今时代，对动物生境利用的影响成为一个不可忽视的因素。以下即从这四个因素说明梅花鹿的生境需求。

（1）食物

梅花鹿属于反刍动物，主要采食草本植物并辅以其他植物。梅花鹿食性非常广泛和具有很大的柔韧性，根据环境条件和食物种类的差异，梅花鹿可以适应不同的食物种类。Campos-Arceiz & Takatsuki（2005）指明，日本列岛的梅花鹿从南到北因食物种类不同呈现食物种类的规律性变化，具有很高的食物种类可塑性。在日本大部分地区，箬竹（*Sasa nipponica*）是林下优势种（图9-4），因分布广和生物量大而成为梅花鹿的主要食物（Takatsuki, 1983）。但箬竹纤维含量很高，根据我们的观察梅花鹿会主动搜寻其他鲜嫩草本采食。

在日本的日光地区及其他许多地方，箬竹在林下形成优势独占种群，其他草本植物几乎无法生长。由于林缘具有足够多的太阳光线，其他草本植物在被梅花鹿采食后能够迅速生长，因而种类和数量较多，成为梅花鹿经常主动采食的区域，特别是在黄昏、夜间和清晨等人为影响少的时间带。梅花鹿对林缘的偏好利用在日光地区（丸山和関山, 1976; 丸山, 1981）和五叶山（Takatsuki, 1989）均有报道。

（2）饮水

梅花鹿的反刍胃使得它能够消化高纤维草本食物，并从中获得水分。因此，梅花鹿属于对水源依赖性较低的动物。但是，根据环境温度和湿度，如在干旱少雨或者炎热地区，梅花鹿对水源的需求会变高，而在多雨的非干旱地区，梅花鹿基本不依赖水源。如丸山（1981）以无线电遥测追踪了日本表日光地区（为日光地区的低海拔区域）的梅花鹿，未发现水源对其活动等的影响，但梅花鹿越南亚种会因水源做季节性迁移（IUCN资料: Huynh et al., pers. comm.）。因此，梅花鹿对饮水水源的需求与其环境类型具有直接关系。在多雨湿润的地区或季节，植物含水量高，依靠从食物中吸收水分完全可以满足其生活需要。在炎热干旱地区或季节，水源则会成为梅花鹿对生境条件的重要需求因素。因此，在具有水源（河流、小溪流和水塘等）的地区，梅花鹿会主动选择和利用水源，特别是在干旱季节。

图 9-4 梅花鹿的生境（李玉春摄）

左图：水楢 *Quercus crispula* －箬竹 *Sasa nipponica* 群落，是日本日光地区梅花鹿的典型生境。箬竹是梅花鹿的最主要食物。

右图：在梅花鹿的过高采食压力下林下植物被梅花鹿忌避的有毒植物替代。照片中的林下优势种植物为有毒植物之一黄菀（*Senecio nemorensis*），梅花鹿不采食。

（3）隐蔽条件

任何处于被捕食地位的动物对隐蔽条件都具有必需的要求，因为这是动物能够生存下去的条件。梅花鹿也不例外，它作为食草动物具有被食肉动物捕食的危险，对反捕食的隐蔽条件具有很高的要求，且这种需求在进化过程中保留下来成为一种本能。任何对梅花鹿构成威胁因素的事件，如人类活动等都会造成梅花鹿的躲避，从而会影响梅花鹿的生境利用。由于日本的狼（*Canis lupus*）在一百年前灭绝，在日光地区的梅花鹿并没有真正的天敌动物，野狗（*Canis lupus familiaris*）和黑熊（*Ursus thibetanus*）对梅花鹿（特别是幼仔）具有捕食危险，但捕食压力并不大。

梅花鹿属于森林—草地交汇型有蹄类动物。森林是梅花鹿赖以隐蔽和反刍的场所，草地则为其采食草本植物的良好场所。梅花鹿在草地和森林之间活动无疑正好满足了它的生态需求，即在食物丰富的草地快速采食，回到茂密的森林隐蔽、休息和反刍。因此，梅花鹿每天有两个以上的采食高峰（活动高峰），期间为休息和反刍。梅花鹿与其他草食性动物一样，性情机警、行动敏捷、听觉和嗅觉均很发达。梅花鹿四肢细长，蹄窄而尖，适于快速奔跑和跳跃，也擅长攀登陡坡。这些都是为躲避天敌而在长期进化过程中形成的特点。

（4）人为干扰

人为干扰是影响梅花鹿生境利用的一个重要因素，特别是在没有天敌的地区，人为干扰替代了天敌的作用。人为干扰包括恒常干扰，即人类活动区域（建筑和居住等）和暂时干扰（交通道路、山道等）。在人为干扰的一定距离范围内，梅花鹿对生境的利用受到严重影响，但超出一定范围，人为干扰对梅花鹿的生境利用影响显著变小。

9.2.2 国内外研究现状

（1）国内研究现状

我国华北地区可能是梅花鹿的发源中心（郭延蜀和郑惠珍，2000），现存梅花鹿在我国分为6个亚种，即山西亚种、华北亚种、台湾亚种、东北亚种、华南亚种和四川亚种。然而，19世纪40年代后梅花鹿在我国的分布急剧缩小，其中山西亚种、华北亚种和台湾亚种在野外灭绝。目前已确认的分布区为东北亚种、华南亚种和四川亚种，其中东北亚种是否有野生种群分布尚存在争议（盛和林，1992）。华南亚种分布于江西省彭泽县、浙江省临安市、安徽省径县、族德、宁国、黔县（徐宏发等，1998）。四川亚种分布于四川省若尔盖县铁布和甘肃省迭部县等（郭延蜀，2000）。我国是梅花鹿的最大养殖国，存栏头数超过20万头。对于梅花鹿的研究，我国对养殖梅花鹿以及鹿产品研究较多，但由于野生梅花鹿种群数量和分布均很少，加上研究难度较大，其研究报道较少。

我国对野生梅花鹿的生态学研究还处于起步阶段，见有对梅花鹿行为（郭延蜀等，1991；刘振生等，2002；郭延蜀，2003；宁继祖等，2008；戚文华等，2010）、生境利用（杨月伟等，2002；马继飞等，2004；付义强等，2006a，

2006b）、生命表（郭延蜀和郑慧珍，2005）和食性（郭延蜀，2001）等的研究报道，文献数量少且多为常规观察性研究。梅花鹿是国家一级保护动物，其生态学特别是生境利用现状及其评价方面的研究是保护该物种必需的基础性研究内容。然而，我国目前还缺乏该领域的研究。

（2）国外研究现状

在野生梅花鹿的分布区中，日本列岛的梅花鹿种群数量最大，有多个亚种，其研究报道最多，涵盖几乎各个研究领域。除了日本以外，其他国家的研究很少。在日本对梅花鹿的生态学研究是大型动物生态学与保护管理研究中最为活跃的领域，其主要原因有两个。一是梅花鹿在日本全国几乎均有分布，种群数量大，成为容易取样的研究对象。特别是20世纪80年代以后，梅花鹿在日本各地发生种群数量暴发和分布区扩大（李玉春，1998；Li et al., 2001），给各地的农林业以及生态系统造成极大损失，成为全国性重大研究课题。二是日本列岛的大型动物种数较少，原生的有蹄类动物仅有梅花鹿、日本鬣羚（*Capricornis crispus*）和野猪（*Sus scrofa*），所以几乎所有的大型动物生态学研究者均有研究梅花鹿的经历。当然，日本梅花鹿是日本的天然纪念物（相当于我国的一级保护动物），无疑也是促进众多学者研究梅花鹿的原因之一。

在日本最早真正进行梅花鹿大规模野外研究的是丸山直樹（Maruyama N.）博士，他于1972年开始在位于日本列岛中部的日光国立公园首次采用无线电遥测研究了表日光地区梅花鹿的季节迁移和活动范围（巢区），开创并引领了梅花鹿生态学研究（Maruyama et al., 1976; 丸山，1981）。该研究追踪了23头梅花鹿，除了明确了梅花鹿的巢区面积外，对梅花鹿的分散、季节迁移以及环境要素（积雪）的作用也进行了明确阐明。利用足迹法和夜间探照路线法对日光地区梅花鹿生境利用的研究表明，梅花鹿是一种喜欢林缘的动物（丸山，1981; Koganezawa & Li, 2002; Li & Koganezawa, 2004），梅花鹿的巢区面积与体重成正相关，雄鹿的巢区面积大于雌鹿的巢区面积（Li et al., 2006）。在19世纪80年代后期梅花鹿的种群数量暴发，日本全国各地出现了大量对梅花鹿的生态学研究，其中利用无线电追踪对梅花鹿的季节迁移等研究报道较多（本间，1995; Sakuragi et al., 2002, 2003; Igota et al., 2004; Uno & Kaji, 2006; Endo & Doi, 1996）。

关于梅花鹿食性与生境方面的研究有非常多的报道，其中以高槻成纪（Takatsuki S.）博士为代表，如Takatsuki（1986, 1988, 1992a, 1992b），Campos-Arceiz & Takatsuki（2005），其他学者的研究也非常多（Asada & Ochiai 1996；Yokoyama et al. 1996；Borkowski & Furubayashi 1998a, 1998b；Ueda et al. 2003）。以上仅是日本在梅花鹿研究方面的几个例子，其他文献非常之多，不在此介绍。

9.3 研究区域：日本日光国立公园奥日光地区

研究区域为日本日光国立公园（Nikko National Park）的奥日光地区（图

9-5）。奥日光是日光国立公园的高海拔区域，其海拔最低处为中禅寺湖的水面（1269m），最高处为男体山山顶（2484m）。 本研究的无线电遥测梅花鹿个体主要分布于男体山的西坡、南坡和千手平原区域，属于奥日光最为平坦和恒常人为干扰的区域。千手平原是一个面积约为3000hm²，周边由周围的山脚和山峰组成。有一条道路（国道1002）穿越其中，通至中禅寺湖西岸。千手平原的海拔高度为1270~1431m，包含一块湿地。该湿地由低灌木和草地组成，其余部分为森林生境。千手平原有数条河流（溪流）穿过，注入中禅寺湖。整个区域有许多条山路，为旅游山道。

奥日光地区的年降雨量为1800mm左右，集中在8~9月。一般11月底或12月开始降雪，积雪在1m左右。翌年4~5月积雪消失，5月下旬至6月上旬是植物萌发期。由于冬季积雪长达半年之久，这里的梅花鹿在秋末冬初迁移到低海拔地区越冬，包括表日光和足尾地区（本间，1995）。

该区域的植被主要是落叶阔叶林，包括栗树（*Castanea crenata*）－水楢（*Quercus crispula*）林、春榆（*Ulmus davidiana var. japonica*）林和山毛榉（*Fagus crenata*）林，林内偶有少量落叶松（*Larix leptolepis*）林混交。林下地面植物主要以箬竹为优势种，在个别区域也有千岛箬竹（*Sasa kurilensis*）、*Sasa paniculata*、北方赤竹（*Sasa borealis*），但数量很少。

男体山区域由山的南坡和西坡低海拔区域（山脚）构成，均由坡度小且平坦的部分组成。其内穿插林道，为历史上伐木用道。该区域的森林类型是常绿针叶树日光冷杉（*Abies homolepis*）与落叶阔叶树日本山毛榉、蒙古栎（*Quercus mongolica*）、岳桦（*Betula ermonii*）形成的天然混交林，部分区域为落叶松人工林。地面植被与千手平原相同，为箬竹形成的单一群落。海拔1600m以上的部分由于为日本铁杉（*Tsuga diverifolia*）天然林等覆盖，缺乏地面植被且斜度很大。

图9-5 研究区域（奥日光）及周边区域的卫星照片（白色方框为本研究区域）

研究区域内没有与梅花鹿竞争食物的大型食草动物。由于日本在约一百年前狼就被人为捕杀而灭绝，在日光地区梅花鹿没有高威胁性天敌动物。日光地区野外有野狗生活，但数量很少。

研究区域内的千手平原地区是日光国立公园的核心区，人为活动得到严格控制。虽然在研究区域内有一家原居民，但由于只有一人居住且每天早上下山晚上回家，对梅花鹿的活动影响不大。区域内旅游设施只有一处，基本仅对夏季中小学生的修学旅行开放，因此利用时间短，对梅花鹿的活动影响忽略不计。行走于观光山道的游人对梅花鹿的活动影响限于白天，且由于森林茂密和游人极少进入路旁林内，对梅花鹿的影响也不大。在男体山的西坡区域有战场平原农场和三本松商店，由于农户为防止梅花鹿夜晚啃食作物均采用电网围栏保护，这些地方是梅花鹿不能进入的区域。根据作者的数年夜间探照观察，这些人类设施本身对梅花鹿活动并无显著影响。由于农家对梅花鹿没有主动伤害行为，加上梅花鹿密度大，梅花鹿夜间经常到农田旁边活动，农家的居所紧接森林，居户并未对梅花鹿产生明显影响，也说明梅花鹿对人为干扰具有较强的适应性。

9.4 生境评价方法

9.4.1 数据获取

（1）梅花鹿无线电遥测定位点

于1993年6~11月在日光国立公园采用无线电遥测定位测定了梅花鹿的活动和生境利用数据，加挂无线电项圈（ATS Co., 200g, 电池寿命2年）的梅花鹿个体的位置定位采用三角定位法。梅花鹿野外活动定位点测定采用二十四小时昼夜追踪，包括成年雌鹿（8头）、成年雄鹿（4头）和亚成年雄鹿（1头）个体，共使用了期间的2021个定位点（包括白天和夜晚）。由于本研究是以梅花鹿这个物种作为目标进行生境利用分析，因此不区分梅花鹿的性别与年龄而将所有个体的定位点混合作为该物种的生境利用数据。无线电遥测定位时，每头梅花鹿的定位点均记录在1:25000的地形图上，使用大型数字化仪制作成数字数据库并导入GIS软件（Idrisi 15, Clark University, USA. 以下简称Idrisi），制作出梅花鹿定位点的点矢量图层。

（2）环境因子数据的来源与制备方法

A. 道路和水源：以1:25000的地形图进行在屏数字化，获得了道路和水源矢量数据图层（图9-6），采用地理信息系统工具Idrisi软件完成。

B. 高程图层（DEM）和植被图层：采用日本地理国土院根据1:25000地形图和植被图制作并公开发行的栅格图层（图9-6，图9-7），栅格大小为50m×50m。将源数据文件通过用户编程改写为Idrisi软件栅格图层文件格式使用。高程图层又称海拔图层。

C. 坡度和坡向：采用Idrisi软件从高程图层（DEM）直接计算得到。

图 9-6 研究区域（奥日光）的海拔高度（DEM）、水源与道路分布图

图 9-7 研究区域（奥日光）的植被分布图

9.4.2 梅花鹿的生境利用与生境评价

梅花鹿的生境利用通过计算梅花鹿活动定位点所在位置的各生境因子数值分析完成。生境因子图层中的高程、植被、坡度和坡向这四个图层属于栅格图层，采用根据梅花鹿活动定位点坐标直接从这些栅格图层文件中提取数

值的方法完成。我们采用编程处理完成该项分析，亦可使用Idrisi的因子提取功能完成。

（1）坐标系统设定

由于我们的梅花鹿定位点包括在奥日光地区约11.2km×6.15km的矩形区域内，因其范围小而采用平面坐标系统所形成的误差可以忽略不计，故采用用户自定义平面直角坐标系统进行数据处理。以研究区域最西南角作为直角坐标系统x和y轴的0点，最东北角为最大x和最大y值。所有图层均采用这一坐标系统。

（2）生境矢量图层数据

生境矢量数据包括道路和水域（河流与湖泊）。计算梅花鹿的每个活动定位点到道路及水源的距离时，我们采用自编程序计算了每个梅花鹿活动定位点离开道路和水源的最短距离。如果使用Idrisi的因子提取功能计算梅花鹿活动定位点距道路及水源的最小距离（以下简称道路距离和水源距离），得到的是以栅格大小（本例为50m）为精度单位的距离区段。

（3）栅格图层数据制备

在研究区域约70km²范围内，栅格图层（高程图和植被类型图，栅格大小50m×50m）的列行总数为224×123。提取梅花鹿定位点（Fix）所对应的海拔高度和植被类型时，计算定位点坐标Fix（x, y）所对应的栅格列行位置，提取该栅格的图层属性（海拔高度和植被类型）。计算方法如式（1）和式（2）：

$$C = \text{int}\ (X/U) \tag{1}$$

$$R = \text{int}\ [(Ymax - Y)\ /U] \tag{2}$$

其中C表示栅格图层中第C列，R表示第R行，X和Y表示定位点直角坐标，U表示栅格单位距离（本文U=50m），Ymax是图层的最大Y值（本文Ymax为6150m），int（ ）是取整函数。

（4）道路距离和水源距离的栅格图层制备

生境评价需要计算每个栅格离开道路和水源的最小距离，即道路距离和水源距离，以对每个栅格进行生境适宜度赋值并计算出梅花鹿的潜在适宜生境。确定各适宜度的道路距离或水源距离后，对整个图层的所有栅格进行坐标赋值，以栅格的中心作为该栅格的坐标，计算所有栅格与道路和水源的最小距离并提取符合条件的栅格。采用用户自编程完成计算，栅格坐标计算方法如式（3）和式（4），各符号所表示的含义与式（1）和式（2）中相同。

$$Y\ (C, R)\ = U \times C + 25 \tag{3}$$

$$X\ (C, R)\ = Ymax - (U \times R + 25) \tag{4}$$

（5）地图校准

所采用的6个环境因子（海拔高度、道路距离、水源距离、植被类型、坡度和坡向）的数据来源不同，因此需要对道路距离和水源距离图层进行地图校正，以使其变为统一的用户坐标系统。其地图校准步骤如下：在两图中找到多组容易识别的点作为校准参考点（特殊建筑、地形制高点、道路交叉等），并且所采用的校准参考点分布要具有分散性（地图边沿和中部均有）和代表性。

两图层的各识别点一一对应，记录该点的坐标（本研究选取了16组校对点），最后将待校正图层拉伸致标准图层（用户图层）的坐标系统。

（6）生境适宜度评价方法

①数据文件格式（Idrisi）

Idrisi软件具有较强的栅格图层处理和分析功能，也具有一定的矢量图层处理功能。它只读取自行规定的两种基本的文件格式，矢量文件后缀名为vct，栅格文件后缀名为rst。这两个文件还分别附带了一个文本说明文件，后缀名分别为vdc和rdc。矢量文件（.vct）和栅格文件（.rst）均为二进制编码，但格式较为简单，编程人员可以通过简单的编程操作进行读取和写入。矢量文件分为点、线和面三种类型，点文件的格式中只有列序号、分类代号和坐标；线文件格式由序号、分类代号、部分号（同一分类代号分为几个部分）和组成线的点坐标；面文件和线文件基本一致，只是每个部分坐标系列的首尾点相同。栅格文件格式则是一个表示行列的二维数组，数组元素值即是对应栅格的值。

②适宜指数计算

不同环境因子对梅花鹿生境利用的适宜程度采用单位面积（植被类型）或区段（高程、坡度、坡向、距水源距离、距道路距离）内梅花鹿无线电遥测定位的落点数（hi）表示，比值越大表示梅花鹿的利用度越高，其该生境类型对梅花鹿的适宜度也就越高。为了统一不同环境因子适宜度的量纲，采用将其转化为百分比指数（百分适宜度）表示。每个栅格的百分适宜度（S^i，以下简称适宜度）的计算公式为：

$$h_i = N_f/A \tag{5}$$

$$S_i = 100 \cdot h_i / \sum_{i=1}^{k} h_i \tag{6}$$

其中i是每个生境因子的类别或区间（如植被类型为16个类别，见表10-1），A为面积或区段，如高程被分为8个区间进行数据统计（表9-2）。这样就使得每个类别或区间的适宜指数范围都在0~100%之间，所有区间的适宜指数和为100%，指数越大则生境的适宜度越高。由于某生境的适宜度由多个因子来决定，因此对于复合因子的评价我们采取赋值代数求均值的方法，即每个栅格的综合适宜指数等于该栅格对应的6个因子的适宜指数的平均值，其范围亦在0~100%之间。

③适宜等级图层计算

所有生境适宜度分布图层的生成均采用用户自编程计算。以制作一个植被适宜指数图层为例，其处理过程分为5个步骤：（i）读取栅格的因子图层信息；（ii）计算栅格的因子适宜指数；（iii）将计算结果保存至相应的图层数组中；（iv）重复①~③步骤直至所有栅格处理完毕；（v）将存储的适宜度图层信息写入新的图层文件中。对每个因子的处理都采用以上的编程操作，可以产生6个新的适宜指数分布图层。其文件格式为Idrisi 32软件的栅格文件（文件后缀名为rst），供Idrisi分析使用。

9.5 生境评价结果及分析

9.5.1 植被类型的适宜度

由梅花鹿无线电遥测定位点落在各种生境中的点数（表9-1）可以看出，半湿地的适宜指数最高，其次为落叶松林、春榆林和箬竹群落。这些均为地表植物种类丰富和食物量高的生境，特别是半湿地类似于茂盛草原，尤为梅花鹿喜欢利用。日本山毛榉林、栗树-水楢林、山毛榉-箬竹群落由于树木茂密，林内进光量少，地表植被稀疏和单一，可以为梅花鹿提供的食物量和种类均较少。湿地虽然植被茂密，但地表多水，并不适合梅花鹿利用。其他植被类型如日光桦林、自然低木林、日本铁杉林、罗汉柏林、柳树林等林木茂密，提供给梅花鹿的食物量更少，梅花鹿很少利用。落叶松林为人工林，具有树木密度低、树冠小和行列整齐排列特点，林内地表植被茂密，梅花鹿的食物量大且易于行走活动，为梅花鹿的较好适宜生境。可见，梅花鹿对植被类型的利用主要决定于生境中的食物条件。

9.5.2 海拔高度的适宜度

在奥日光地区，梅花鹿的活动主要分布在1500m以下的海拔范围，包括了94.36%的分布点，为梅花鹿最适宜的海拔高度（表9-2）。而1500~1599m范围内有5%的分布点，高于1600m基本上没有梅花鹿的活动。出现这种现象的原因

表 9-1 不同植被类型对梅花鹿的适宜性

植被类型	面积（km²）	定位点数（N_f）	N_f/km²	适宜指数（%）
半湿地	0.32	50	155.04	28.38
落叶松	7.26	773	106.55	19.50
春榆	2.52	227	90.26	16.52
箬竹	0.39	27	69.23	12.67
日本山毛榉	9.14	414	45.30	8.29
栗树－水楢	6.80	295	43.37	7.94
山毛榉－箬竹	9.07	194	21.38	3.91
湿地	1.21	12	9.96	1.82
日光桦	1.60	4	2.50	0.46
自然低木林	4.80	9	1.88	0.34
日本铁杉	14.24	13	0.91	0.17
罗汉柏	1.22	0	0.00	0.00
皆伐地	0.13	0	0.00	0.00
柳树林	0.14	0	0.00	0.00
开阔水面	8.67	0	0.00	0.00
不明类型	1.94	0	0.00	0.00

为，在奥日光地区1600m以上的区域为日本铁杉林和日本栎林，树木茂密，几乎没有地面植物，加上林内难以活动，除非躲避危险因素，一般梅花鹿几乎不会进入。本文中梅花鹿的活动点主要分布在研究区域内海拔最低的范围内。

9.5.3 道路距离的适宜度

梅花鹿的定位点与道路的最小距离中，距离道路200m以内属于梅花鹿的最适宜区域，200~499m是适宜区域，距离大于500m很少有梅花鹿活动（表9-3）。由此可见，梅花鹿属于典型的喜欢林缘的动物，主要是林缘的光线充足，梅花鹿的食物种类多和食物生物量大。梅花鹿在林缘采食后便于回到林内反刍与休息。这与采用梅花鹿足迹与粪粒分布研究得到的结果相一致（丸山和关山，1976；丸山，1981；Takatsuki，1989），也与夜间探照观察结果相一致（Koganezawa & Li，2002；Li & Koganezawa，2004）。但奥日光地区的道路（包括山道）由于观光行人较多，与表日光地区（丸山和关山，1976；丸山，1981）及五叶山地区（Takatsuki，1989）相比，梅花鹿对林缘的利用变得离开道路更远，主要是白天游人的干扰造成的。

因此，虽然游客的人为干扰对梅花鹿具有一定影响，但由于林缘具有良好的食物条件，仍为梅花鹿所喜好。

表9-2 不同海拔高度对梅花鹿的适宜性

海拔高度范围（m）	定位点数（N_f）	幅度（m）	N_f/m	适宜指数（%）
1265~1299	330	35	9.43	35.81
1300~1399	768	100	7.68	29.17
1400~1499	809	100	8.09	30.73
1500~1599	101	100	1.01	3.84
1600~1699	6	100	0.06	0.23
1700~1799	4	100	0.04	0.15
1800~1899	2	100	0.02	0.08
1900~2482	1	582	0.00	0.01

表9-3 不同道路距离对梅花鹿的适宜性

道路距离（m）	定位点数（N_f）	幅度（m）	N_f/m	适宜指数（%）
0~49	342	50	6.84	25.48
50~99	377	50	7.54	28.09
100~199	654	100	6.54	24.37
200~299	291	100	2.91	10.84
300~499	260	100	2.60	9.69
500~699	59	200	0.30	1.10
700~999	34	300	0.11	0.42
1000~3134	4	2134	0.00	0.01

9.5.4 水源距离的适宜度

梅花鹿对水源距离的利用与道路相似，即喜欢在距水源500m以内的区域活动（表9-4），0~199m为梅花鹿活动最频繁的区域，200~500m范围内仍然是梅花鹿的适宜活动范围，再远的区域梅花鹿的活动频次明显减少。梅花鹿并不属于需要经常饮水的动物，因此，水源对梅花鹿除了供应饮水外，还有一个很重要的作用就是边缘效应，即与道路的作用相同，其水源边缘光线和水分充足、地表植物（草本等）种类多、生物量大，是梅花鹿采食的良好区域。

9.5.5 坡度的适宜度

梅花鹿在活动时喜欢平坦的区域，但在反刍休息时喜欢躲在较为陡峭的山坡隐蔽。表9-5显示，梅花鹿的遥测定位点在低于10°的平坦区域最多，20°~30°的较陡峭区域多于10°~20°的区域。在高于30°的陡坡定位点明显减少。由此可以认为，坡度低于10°的平坦区域是梅花鹿采食活动的最频繁区域，而在较为陡峭的区域（20°~30°）反刍休息。总的来讲，梅花鹿不喜欢很陡峭的山坡。奥日光的梅花鹿较多利用20°~30°的较陡峭区域，说明游人的干扰对梅花鹿的隐蔽和反刍地点选择起到明显影响作用。

表 9-4 不同水源距离对梅花鹿的适宜性

水源距离（m）	定位点数（N_f）	幅度（m）	N_f/m	适宜指数（%）
0~49	207	50	4.14	21.61
50~99	218	50	4.36	22.76
100~199	380	100	3.80	19.83
200~299	278	100	2.78	14.51
300~499	426	200	2.13	11.12
500~699	263	200	1.32	6.86
700~999	186	300	0.62	3.24
1000~5700	63	4700	0.01	0.07

表 9-5 不同坡度对梅花鹿的适宜性

坡度范围（°）	定位点数（N_f）	幅度（m）	N_f/m	适宜指数（%）
0~9.9	780	10	78.00	37.98
10~19.9	373	10	37.30	18.16
20~29.9	498	10	49.80	24.25
30~39.9	327	10	32.70	15.92
40~45.66	43	5.66	7.60	3.70

9.5.6 坡向的适宜度

梅花鹿最喜欢的坡向为东南坡（90°~180°）和西南坡（180°~270°）的南坡向，而很少利用北坡向区域（表9-6）。可能是由于在研究区域内南坡阳光比其他坡向更多地接受太阳光线，因而梅花鹿的食物条件较好的缘故。另一个原因是奥日光属于高海拔山区，气温较低，南坡向区域的气温更适合梅花鹿。

9.5.7 梅花鹿生境利用的主成分分析

梅花鹿对生境的利用是多个生境因子综合作用的结果，其不同因子之间又具有相关性，如地形与植被类型、道路和河流等均具有相关性。因此，明确是哪个生境因子对梅花鹿的生境利用起到主要作用需要进行主成分分析。植被类型是类别数据，不能直接进行主成分分析，我们缺乏对每个植被类型进行赋值的依据，故本文仅对其他5个数值型生境因子（海拔、道路距离、水源距离、坡度、坡向）进行分析。结果表明，梅花鹿对不同生境的利用在前三个主成分上得分最高的因子分别是海拔与道路距离（第一主成分）、水源距离（第二主成分）和坡度（第三主成分），其他主成分上的因子得分均较低（表9-7）。由此可知，决定梅花鹿生境利用的主要生境因子次序为海拔、道路距离、水源距离和坡度，坡向的从属性较高，其对梅花鹿生境利用的独立影响程度较小。

9.5.8 生境适宜度综合评价

使用梅花鹿的生境利用数据得到了6个不同生境因子对梅花鹿的适宜指数，每个区域（计算单元为栅格）对梅花鹿的综合适宜指数则需要以各生境因子的适宜指数计算出综合适宜指数。我们采用6个生境因子适宜指数的算术平均值作为各个区域（栅格）的综合适宜指数，得出奥日光地区梅花鹿的生境评价图（图9-8）。按照5%区间划分的5个级别的生境适宜类型（最适宜、较适宜、中等适宜、低度适宜、不适宜）的面积如表9-8。

表 9-6 不同坡向对梅花鹿的适宜性

坡向范围（°）	定位点数（N_f）	幅度（m）	N_f/m	适宜指数（%）
0~44.9	175	45	3.89	8.66
45~89.9	169	45	3.76	8.36
90~134.9	270	45	6.00	13.36
135~179.9	464	45	10.31	22.96
180~224.9	286	45	6.36	14.15
225~269.9	302	45	6.71	14.94
270~314.9	188	45	4.18	9.30
315~259.9	167	45	3.71	8.26

表 9-7 生境因子的主成分分析（特征值及其贡献率与因子得分）

特征值与因子得分	主成分				
	1	2	3	4	5
特征值	1.79	1.06	0.92	0.79	0.44
贡献率%	35.85	21.11	18.39	15.88	8.77
累积贡献率%	35.85	56.96	57.35	91.23	100.00
海拔	0.811	-0.141	-0.309	-0.080	-0.469
道路	0.743	-0.297	-0.278	0.341	0.407
水源	0.266	0.825	0.090	0.485	-0.064
坡度	0.398	-0.317	0.843	0.158	-0.072
坡向	0.594	0.406	0.165	-0.641	0.209

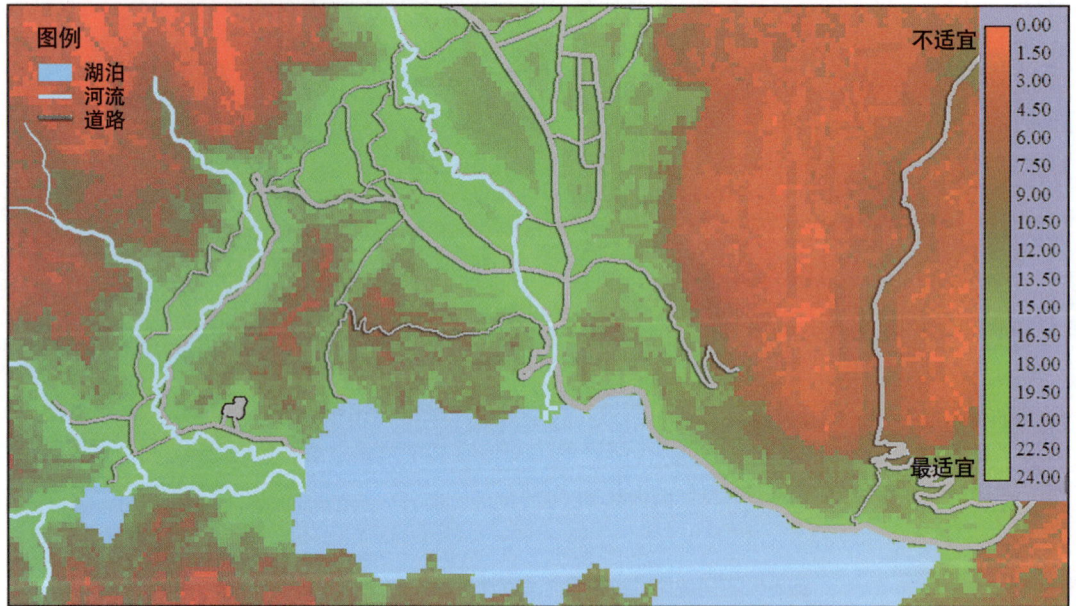

图 9-8 日本日光国立公园中的奥日光地区梅花鹿的生境评价图

表 9-8 日本日光国立公园中的奥日光地区研究区域内不同适宜度生境的面积

适宜指数%	适宜等级	面积（km²）
0.0～4.9	不适宜	14.90
5.0～9.9	低度适宜	12.47
10.0～14.9	中等适宜	12.75
15.0～19.9	较适宜	15.23
20.0～24.03	最适宜	4.38

9.6 讨论与保护建议

9.6.1 无线电遥测定位数据在生境评价中的应用

生境评价是野生动物保护管理中不可缺少的课题。然而，生境评价必须建立在动物对生境需求的知识背景之上。但是，我们对动物的生境需求往往并不清楚，因而导致对生境因子的适宜性划分出现基于评价者人为制定评价标准的情况。虽然这种人为评价标准间接地基于某些相关研究成果，但人为推测的某些标准在自然界实际上可能是错误的，或者其标准的划分界限并不符合动物的实际生态要求。

解决上述问题的最好办法是首先明确动物在实际生境中对生境的利用强度，它提供动物对不同生境或者生境因子的实际利用和喜好程度方面的信息，以此作为标准所做出的生境评价会更符合动物的实际生境需求。研究动物对不同生境的利用，常用的方法是计数动物的生境利用痕迹，如粪便、足迹和卧息地等。但是，由于在野外调查动物的活动痕迹往往由于区域面积太大，而且我们不知道哪些区域是动物实际上不利用的部分，因而必须采取全区域调查或抽样的方法以避免遗漏，这样使得工作量非常之大，很多情况下是难以完成的。

无线电遥测定位方法在研究动物的生境利用上是一种较为先进的方法。把无线电发射器安装到动物身上，通过无线电接收机就可以知道动物的具体地理位置。由于无线电遥测定位方法不需要研究者接近动物，因此调查活动不会影响动物的正常活动。再者，无线电遥测定位在所有天气情况下均可进行，使得调查结果更能真实反映动物的实际生境利用和活动规律等。

9.6.2 梅花鹿生境评价的结论与保护建议

日本奥日光地区是日光国立公园的主要组成部分，本研究的中心区域属于日光国立公园的核心保护区域而受到特别保护，人为活动极少，基本没有破坏生境的现象发生。因此，梅花鹿的种群数量高，甚至在全球变暖的影响下出现了梅花鹿种群数量暴发和分布区域扩大，并对农林业和生态系统造成了危害（Li et al., 1996, 2001）。本文结果说明，影响梅花鹿生境利用的因子中，食物条件是最为重要的，林缘效应和水源边缘效应对梅花鹿的生境利用也是非常有利的因素。因此，我国在梅花鹿的生境保护中可以借鉴这些结论。

我国梅花鹿的数量危机主要是梅花鹿生境的不断消失和过高狩猎压力造成的，因此对梅花鹿生境的人为利用进行规制是保护梅花鹿的首要措施，禁止狩猎（包括杜绝偷猎）是梅花鹿保护的一个关键人为因素。如果能够按照本文结果提供的数据评价梅花鹿的生境和找出其潜在适宜生境，对梅花鹿的潜在适宜生境进行保护，梅花鹿在我国的数量一定会大幅度上升并摆脱濒危状态。

致谢

本文分析中使用的梅花鹿无线电定位点数据中除了李玉春本人进行无线电

追踪获得的数据外，还包含了同期研究人员本间和敬（Homma K.）硕士和大仲幸作（Ohnaka K.）硕士的部分数据。研究活动在小金泽正昭（Koganezawa M.）教授的指导下完成。他们允许作者使用这些数据编写本章，在此一并致谢！

　　本章内容使用的未发表数据归原数据持有人所有，不影响作者及其他原数据所有人单独或联合发表科技论文使用。

参考文献

白秀娟, 白庆余, 王树宏. 1996. 论梅花鹿的野外种群的保护与利用野生动物. 野生动物 4: 10-11.

付义强, 胡锦矗, 郭延蜀, 朱欢兵, 刘武华, 王业生. 2006a. 桃红岭自然保护区梅花鹿对春季栖息地的利用. 动物学杂志 41(4): 60-63.

付义强, 贾小东, 胡锦矗, 郭延蜀, 朱欢兵, 刘武华, 王业生. 2006b. 江西桃红岭自然保护区夏季梅花鹿对生境的选择性. 四川动物 25(4): 863-865.

郭延蜀, 胡锦矗, 罗代华. 1991. 四川梅花鹿的社群行为研究. 兽类学报 11(3): 165-170.

郭延蜀, 郑惠珍. 2000. 中国梅花鹿地史分布、种和亚种的划分及演化历史. 兽类学报 20(3): 168- 179.

郭延蜀, 郑慧珍. 2005. 四川梅花鹿生命表和种群增长率的研究. 兽类学报 25(2): 150-155.

郭延蜀. 2000. 四川梅花鹿的分布、数量及栖息环境的调查. 兽类学报 20(2): 81- 87.

郭延蜀. 2001. 四川梅花鹿食性的研究. 四川师范学院学报(自然科学版) 22(2): 112-119.

郭延蜀. 2003. 四川梅花鹿的昼夜活动节律与时间分配. 兽类学报 23(2): 104-108.

刘振生, 吴建平, 滕丽薇. 2002. 散放条件下春季梅花鹿行为时间分配的研究. 生态学杂志 21(6): 29-32.

马继飞, 张恩迪, 章叔岩. 2004. 清凉峰自然保护区梅花鹿秋季对栖息地利用的初步分析. 动物学杂志 39(5): 35-39.

宁继祖, 郭延蜀, 郑慧珍. 2008. 四川梅花鹿发情期的几种发声行为. 兽类学报 28(2): 187-193.

戚文华, 岳碧松, 宁继祖, 蒋雪梅, 权秋梅, 郭延蜀, 米军, 左林, 熊远清. 2010. 四川梅花鹿的行为谱及PAE编码系统. 应用生态学报 21(2): 442-451.

盛和林. 1992. 中国鹿类动物. 上海: 华东师范大学出版社.

徐宏发, 陆厚基, 盛和林, 顾长明. 1998. 华南梅花鹿的分布和现状. 生物多样性 6(2): 87- 91.

杨月伟, 章叔岩, 程爱兴. 2002. 华南梅花鹿冬春季栖息地的特征. 东北林业大学学报 30(6): 57-60.

张荣祖, 金善科, 全国强, 李思华, 叶宗耀, 王逢桂, 张曼丽. 1997. 中国哺乳动物分布. 北京: 中国林业出版社, 281.

本间和敬. 1995. 奥日光・足尾地域におけるニホンジカ(Cervus nippon)の移動様式とハビタット利用選択の解析. 上越教育大学大学院修士学位論文, 60-84.

大泰司紀之. 1986. ニホンジカにおける分類・分布・地理的変異の概要. 哺乳類科学 53(2): 13-17.

李玉春. 1998. 地球温暖化による日光ニホンジカCervus nipponの分布域拡大と個体群イラブション. 東京農工大学博士学位論文, 104.

丸山直樹, 関山和敏. 1976. シカの通路林の効果. 哺乳類雑誌 7(1): 9-15.

丸山直樹. 1981. ニホンジカCervus nippon TEMMINCKの季節的移動と集合様式に関する研究. 東京農工大学農学部学術報告 No.23: 85.

Andrew S, 解焱. 2009. 中国兽类野外手册. 湖南教育出版社, 671.

Asada M, Ochiai K. 1996. Food habits of sika deer on the Boso Peninsula, central Japan. Ecological Research 11(1): 89-95.

Borkowski J, Furubayashi K. 1998a. Seasonal and diel variation in group size among Japanese sika deer in different habitats. Journal of Zoology 245(1): 29-34.

Borkowski J, Furubayashi K. 1998b. Seasonal changes in number and habitat use of foraging sika deer at the high altitude of Tanzawa Mountains, Japan. Acta Theriologica 43(1): 95-106.

Campos-Arceiz A, Takatsuki S. 2005. Food habits of sika deer in the Shiranuka Hills, eastern Hokkaido: a northern example from the north–south variations in food habits in sika deer. Ecological Research 20(2): 129-133.

Dasmann RF. 1964. Wildlife Biology. New York: John Wiley and Sons, 231.

Endo A, Doi T. 1996. Home range of female sika deer *Cervus nippon* on Nozaki Island, the Goto Archipelago, Japan. Mammal Study 21(1): 27-35.

Igota H, Sakuragi M, Uno H, Kaji K, Kaneko M, Akamatsu R, Maekawa K. 2004. Seasonal migration patterns of female sika deer in eastern Hokkaido, Japan. Ecological research 19(2): 169-178.

Koganezawa M, Li Yuchun. 2002. Sika deer response to spotlight counts: implications for distance sampling of population density. Mammal Study 27(2): 95-99.

Li YC, Koganezawa M. 2004. A density estimate of sika deer using distance sampling techniques in forested habitat. Acta Zoologica Sinica 50(1): 27-31.

Li YC, Homma K, Ohnaka K, Koganezawa M. 2006. Summer home range size and inner structure of forest sika deer *Cervus nippon* in Nikko, Japan. Acta Zoologica Sinica 52(2): 235-241.

Li YC, Maruyama N, Koganezawa M, Kanzaki N. 1996. Wintering range expansion and increase of sika deer in Nikko in relation to global warming. Journal of Wildlife Conservation Japan 2(1): 23-35.

Li YC, Maruyama N, Koganezawa M. 2001. Factors explaining the extension of Sika deer range in Nikko, Japan. Biosphere Conservation 3(2): 55-69.

Maruyama N, Totake Y, Okabayashi R. 1976. Seasonal Movement of Sika in Omote-Nikko Tochigi Prefecture. Journal of Mammalogy Society of Japan 6(5,6): 187-198.

McCullough DR, Takatsuki S, Kaji K. 2008. Sika Deer: Biology and Management of Native and Introduced Populations. Springer, 666.

Ratcliffe PR. 2008. Distribution and current status of Sika Deer, *Cervus nippon*, in Great Britain. Mammal Review 17(1): 39-58.

Sakuragi M, Igota H, Uno H, Kaji K, Kaneko M, Akamatsu R, Maekawa K. 2003. Benefit of migration in a female sika deer population in eastern Hokkaido, Japan. Ecological Research 18(4): 347-354.

Sakuragi M, Igota H, Uno H, Kaji K, Kaneko M, Akamatsu R, Koji M. 2002. Comparison of diurnal and 24-hour sampling of habitat use by female sika deer. Mammal Study 27(2): 101-105.

Takatsuki S. 1983. The importance of Sasa nipponica as a forage for sika deer (*Cervus nippon*) in Omote-Nikko. Japanese Journal of Ecology 33: 17-25.

Takatsuki S. 1986. Food habits of Sika deer on Mt. Goyo, northern Honshu. Ecological Research 1(2): 119-128.

Takatsuki S. 1988. Rumen contents of Sika deer on Tsushima Island, Western Japan. Ecological Research 3(2): 181-183.

Takatsuki S. 1989. Edge Effects Created by Clear-cutting on Habitat Use by Sika Deer on Mt. Goyo, Northern Honshu, Japan. Ecological Research 4(3): 287-295.

Takatsuki S. 1992a. A case study on the effects of a transmission-line corridor on Sika deer habitat use at the foothills of Mt Goyo, northern Honshu, Japan. Ecological Research 7(2): 141-146.

Takatsuki S. 1992b. Foot morphology and distribution of Sika deer in relation to snow depth in Japan. Ecological Research 7(1): 19-23.

Ueda H, Takatsuki S, Takahashi Y. 2003. Seasonal change in browsing by sika deer on hinoki cypress trees on Mount Takahara, central Japan. Ecological Research 18(4): 355-364.

Uno H, Kaji K. 2006. Survival and cause-specific mortality rates of female sika deer in eastern Hokkaido, Japan. Ecological Research 21(2): 215-220.

Wemmer C. 1998. Deer Status Survey and Conservation Action Plan. IUCN, Gland, Switzerland and Cambridge, UK.

Wilson DE, Reeder DM. 2005. Mammal Species of the World: A Taxonomic and Geographic Reference (3rd ed). Johns Hopkins University Press, 2142.

Yokoyama S, Koizumi T, Shibata E. 1996. Food habits of sika deer as assessed by fecal analysis in Mt. Ohdaigahara, central Japan. Journal of Forest Research 1(3): 161-164.

作者简介

李玉春 1963年生，博士，现任山东大学威海分校海洋学院教授。1983年毕业于山东师范大学生物系，1986年于山东大学生物系获硕士学位并留校任教。1993年被国家公派赴日本东京农工大学攻读博士学位，1998年获博士学位后于日本国立宇都宫大学进行日本学术振兴会（JSPS）博士后项目研究，2000年博士后出站并继续留任日本国立宇都宫大学农学部特别研究员。2002年回国后任海南师范大学教授，2007年起任现职。

主要研究领域为哺乳动物生态学与保护管理以及哺乳动物分类与系统演化，重点研究类群为小型哺乳动物（啮齿目、翼手目和食虫目）、大型食草动物和海洋资源动物。发表科技论文五十余篇，参编专著三部。主持国家级科研项目三项、省部级科研项目三项以及国外基金项目三项等十七项科研项目，参加国家七五和八五（部分）国家重点攻关项目以及日本项目六项。获中国科学院科技进步二等奖两项及省级奖励两项等数项奖励。任《兽类学报》编委、《动物学报》编委（原）、中国动物学会兽类学分会常务理事、中国生态学会动物生态学专业委员会委员、中国濒危物种评审委员会协审专家等。

Email: li_yuchun@foxmail.com

蒙以航 1981年生，动物生态学硕士，现为南宁市青秀区教育局科学教师。2004年毕业于海南师范大学生物系获学士学位，2008年毕业于海南师范大学生物系获理学硕士学位，2009年参加工作至今。本科毕业论文和攻读硕士学位期间师从李玉春教授，主要研究方向是哺乳动物行为和生态学。本科毕业论文题为"中国翼手目地理分布与环境因子的关系"，硕士期间研究"海南坡鹿的行为及其性别分离"，参与了由李玉春教授主持的"海南坡鹿的性别分离机制研究"和"海南坡鹿性别分离与环境因子的关系"二项国家自然科学基金项目的研究，发表科技论文三篇。

Email: 40901669@QQ.com

第10章

普氏原羚的生境适宜度评价

李迪强

10.1 普氏原羚介绍

普氏原羚（*Procapra przewalskii*）是国家一级重点保护野生动物（图10-1），是牛科（Bovidae）羚羊亚科（Antilopinae）原羚属的动物。历史上曾分布于内蒙古、甘肃、宁夏、新疆和青海等省（自治区）。目前仅分布在青海湖周边地区。普氏原羚的极度濒危状况引起了世界的关注，世界自然保护联盟（IUCN）颁布的1996年版、2000年版的红色名录均将普氏原羚的濒危程度评定为极危（CR）（IUCN, 1996, 2000）。普氏原羚主要在沙地草地交界地区活动，由于人类过度放牧，栖息地面积减少；狼的捕食造成幼体死亡率高，严重影响了普氏原羚的种群增长；由于围栏和道路修建等导致栖息地破碎，现存种群过小，种群交流困难，普氏原羚急需人类采取保护行动。

据报道，1986年生活在青海湖地区的普氏原羚已不到350只，1994年青海湖地区的普氏原羚已不到300只。2003年8~9月，对青海省境内普氏原羚的分布和种群数量进行了专项调查，调查结果表明，普氏原羚现存7个种群，累计数量为602只。2000年以来，普氏原羚的保护被国家林业局列为中国15大野生动植物保护工程之一，15项工程中仅此一项是作为单一物种专项工程列入的（蒋志刚等，1995；李迪强等，1999a, 1999b, 1999c）。

图 10-1 普氏原羚（李迪强摄于青海湖鸟岛）

10.2 普氏原羚的生境特征

普氏原羚生活在沙漠与干旱草原生态交错区（Ecotone）。青海湖畔沙漠中植被盖度较高，沙地沙蒿（*Artemisia desertorum*）群落中普氏原羚活动较多，而沙地柏（*Sabina vulgaris*）群落中普氏原羚活动较少。普氏原羚在沙地和距离沙地2~3km以内的地域活动，利用起伏沙丘作为隐蔽生境。草原中的芨芨草（*Achnatherum splendens*）群落、冷蒿（*Artemisia frigida*）——紫花针茅（*Stipa purpurea*）群落是普氏原羚的主要取食场所。

普氏原羚对生境的选择受到多种因素限制，如食物丰富程度、水源远近、隐蔽物特征、天敌捕食压力以及人为活动干扰程度等。普氏原羚的生境类型可以根据植被来划分。在青海湖环湖地区，沙地植物群落多种多样。由于水分条件不同，青海湖环湖地区从湖边到沙地依次分布有芨芨草群落、针茅（*Stipa capillata*）群落、冷蒿群落、沙蒿灌丛、唐古特铁线莲（*Clematis tangutica*）灌丛、鬼箭锦鸡儿（*Caragana jubata*）灌丛和沙地柏灌丛等（图10-2）。

10.3 评价区域：青海湖流域

青海湖位于青藏高原的东北隅，祁连山系南麓，四面环山的封闭式内陆盆地，地貌类型复杂多样，从低到高有滨湖平原、冲积平原、河谷平原。在青海湖西部和北部分布有河漫滩、三角洲及沼泽；其东部和北部为日月山、团保

图 10-2 普氏原羚生境（李迪强摄于青海湖湖东种羊场）

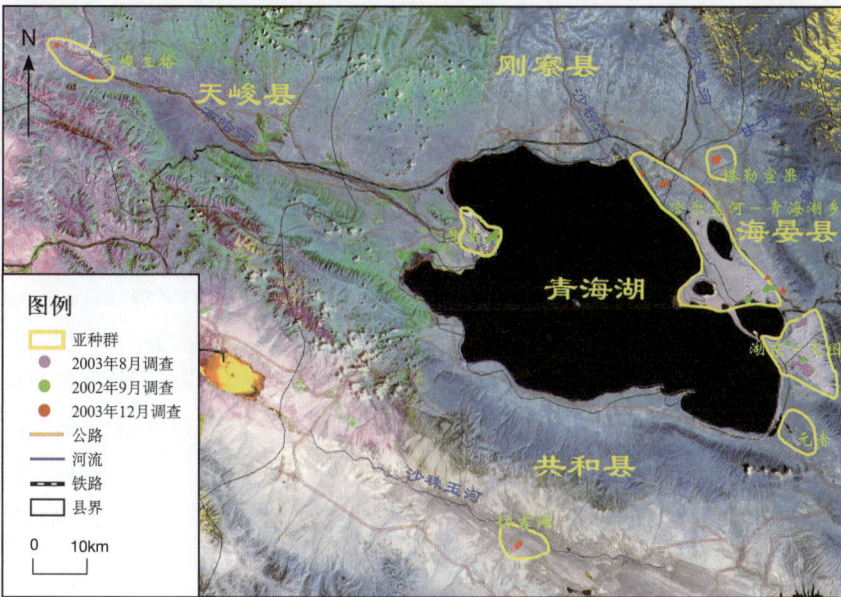

图 10-3 普氏原羚生境评价区域：青海湖流域

山和月布山；南部为青海南山；西部为布哈河谷地，构成一个广阔盆地（图10-3），盆地面积约20800km²，作北西西—南东东方向伸展。

青海湖流域面积很大，青海湖水面积超过4500km²，水面高程3193m。湖体西岸、北岸边坡较缓，南岸、东岸边坡陡倾。青海湖国家级自然保护区于1975年经青海省人民政府批准建立，1997年晋升为国家级保护区，主要保护对象为高原湿地生态系统和珍稀鸟类。保护区面积4952km²，其范围包括青海湖整个水域及鸟类繁殖、栖息的岛屿、滩涂和湖岸湿地，具体由湖中5个小岛

（海心山、三块石、海西皮、鸟岛和沙岛）和大小泉湾沼泽湿地（沼泽草甸和干子河口滩地湿草甸等）及环湖分布的沼泽湿地（倒淌河口、芦苇、小北湖湿地草甸）组成。

青海湖盆地属高原半干旱高寒气候区，干寒、多风、日温差大，无霜期短。青海湖冰冻时间较长，12月上旬形成稳定的冰盖，1月份为稳定封冻期，一般冰厚为30～45cm；3月中旬后冰盖开始破裂，4月中旬以后冰层消融。但在泉湾河口由于泉水补给，有一片不冻冰面，每年有千余只大天鹅在这里越冬。青海湖周围环山，山前漫坡范围大，再加上湖面缩小，在南岸、北岸形成了广阔的湖滨平原；西部为布哈河三角洲，大部分地区成为了牧场和农耕地。

环湖植被可分为自然植被典型草原、小半灌木荒漠、高寒草甸，农作物分布面积较小，在湖的东、南、北面土层较厚的地段均有农田分布，农作物品种单一，以耐旱油菜为主，青稞、燕麦也有种植。

10.4 评价的程序及标准和方法

进行生境评价较为系统的方法是生境评价程序（habitat evaluation procedure，HEP），HEP是基于物种水平的环境条件进行生境质量评价的方法，该程序是基于生境单元来评价生境质量和生境数量，即通过生境单元的生境适宜度指数（habitat suitability index，HSI）计算和生境面积来评价生境质量。HSI是指与生境资源相关的单位面积的承载能力（Giles, 1978），是一个无单位的0，1之间标准化的测度，1代表最适合的条件，0代表不适合。HEP提供了生境量化的标准方法。

生境适宜度分析与评价是对生境进行空间分析，而地理信息系统（GIS）是进行空间分析与空间信息管理的专门软件工具。GIS是进行资源环境信息的科学管理、分析、评价、监测和规划的强有力工具，基本功能包括：数据的输入、存储和编辑；空间数据的操作运算，如叠加和缓冲区分析；数据查询和检索；测量和数据提取；空间分析；数据显示和结果输出；数据的更新等。GIS是进行空间分析、面积计算和质量评价分析十分有效的工具，已经被利用在小熊猫（韩念勇，1992）、大熊猫（欧阳志云等，1995；Liu，2001；张爽等，2004；张爽等，2006）、大象（林柳等，2006）和虎（见本书第4章和第8章）等大型动物的生境评价和分析中。

10.4.1 生境适宜度分析程序与GIS处理技术

生境适宜度分析的目标就是在综合野生动物的非生物环境、食物、行为适合度的前提下，采用GIS技术分析生境空间的适宜度，并从其年度气候、食物变化分析生境适宜度的改变。研究的程序包括：分析对象物种的各种生态要求，明确影响其种群数量与行为的关键因子或主导因素，然后建立各项因素相应的评价准则，对单一生态要素的适宜性进行评价。然后根据一定的准则，进行综合分析，找出关键的影响因素进行管理，达到保护该物种的目的。

生境适宜度分析的第一步是根据物种生物学、生态学研究与观察资料，分析动物在各生态因子中的位置。即确立野生动物对各生态因子的要求，找出影响其生存与繁殖的关键因素，作为生境影响的关键因子，利用GIS建立植被、人为活动（居民点、交通、围栏、放牧）、气候等空间数据库。在生境分析的基础上，提出评价级别，结合已有的调查结果，对分布区的实际范围、生境适宜度与潜在分布区进行分析。图10-4给出了本章节普氏原羚生境评价的流程图。

10.4.2 影响普氏原羚生境适宜度的因素与普氏原羚数据库的建设

普氏原羚的生境组成可分为3类：非生物因子，生物因子和人为活动影响因子。非生物因子主要有地理因素、气候因素、适宜生境的景观组成等；生物因子包括食物、捕食者、种群内的相互作用等；人为活动影响因子包括交通、居民点、放牧点、放牧时间、人为捕猎等。

从青海湖地区普氏原羚的生境分析来看，非生物因素包括下列因素：①地形地貌因素：海拔高度、坡度、坡向；②基质：沼泽、草甸、草原、沙漠等；③水源远近；④气候条件与气候灾害。地形地貌数据库在通过建立数字地形图

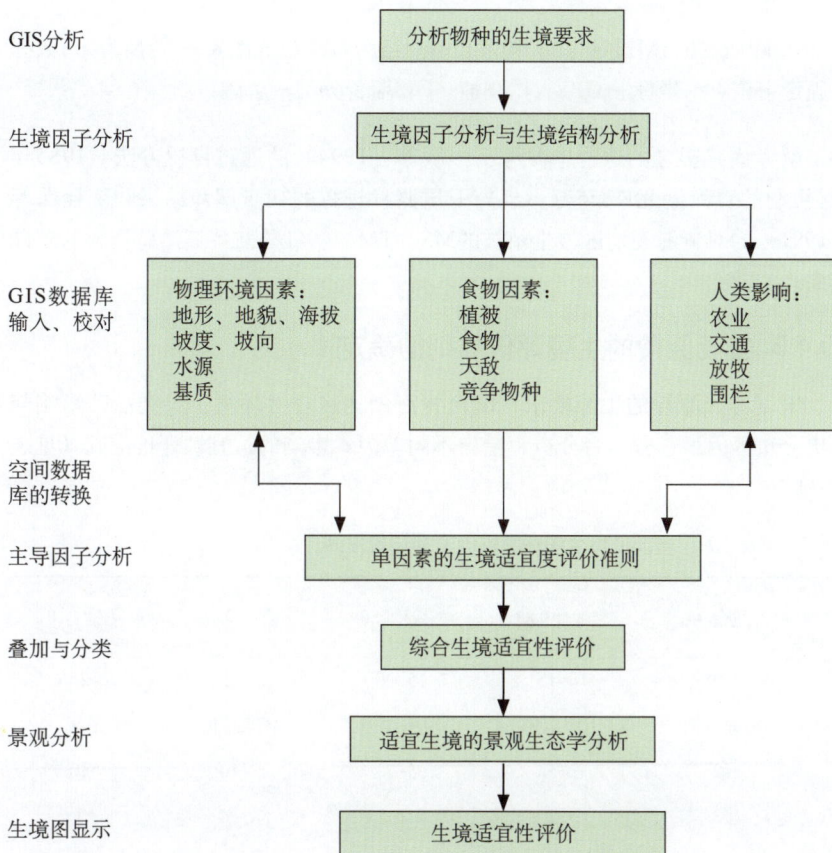

图 10-4 普氏原羚生境的评价过程

以后，利用GIS的可编程语言的SLOPE生成。基质数据库主要通过土地类型图和土地利用图生成。水源远近主要根据河流和饮水点的分布生成缓冲区，普氏原羚的日活动范围半径为5~7km，所以设缓冲区宽度为7km以内的水源较为合适，可以为普氏原羚所利用。气候因素的影响与植被、食物的影响相一致，影响生长季长度和生物量，可以通过气候散点数据库用GIS的插值模块生成气候网格数据库。

影响普氏原羚食物选择的因素可以分为以下几个方面：可食植物组成的百分比、植被生产力、牧草生长季等。生物因素中捕食者是普氏原羚生境选择中一个重要的影响因素，人类活动区扩展后迫使狼进入沙区活动，对普氏原羚种群数量产生影响。而家畜取食又与普氏原羚直接竞争食物。在不考虑人类干扰的情况下，生物因子和非生物因子的影响构成了对普氏原羚的潜在生境的影响。

人为活动对普氏原羚的影响包括直接捕杀、放牧活动（放牧时间，放牧强度）、交通（公路、铁路）、居民点、放牧点（临时居住点，不放牧季节则等同交通点），围栏及农业用地，这些人类活动区域基本上不适合普氏原羚的生活。在交通路两侧、农业用地两侧3~5km左右很少有普氏原羚分布。在放牧点、居民点附近2~3km附近没有普氏原羚活动。农业用地、沙地、建筑用地通过遥感影像解译得到。主要过程如下：

陆地卫星TM影像（1∶50万）→扫描为TIFF格式图象→ 转换为GIS数据 →确定定位点、坐标 →GPS数据叠加→GIS监督分类→解译

解译遥感影像的过程中参考了彭敏等（1994）的通过目视方法对1985年9月摄制的青海湖北岸1:5万彩红外卫星照片进行的初步解译结果和陈桂琛等（1991）的对青海湖地区沙生植被的MS、TM、彩红外航片等遥感资料的解译结果。

10.4.3 普氏原羚的生境评价准则的确定

根据普氏原羚的生境要求，结合青海湖地区自然环境、人类活动影响与历史分布等因素进行综合分析，给出不同单因素影响的适宜性评价准则（见表10-1）。

表 10-1 普氏原羚生境适宜性因素的评价准则

基础数据图层	适合 1	较适合 0.80	一般 0.50	较差 0.20	不适合 0
坡度（°）	<10	10~15	15~20	20~25	>25
植被类型	山地草原	山地草甸	灌丛沙地	高寒草甸	沼泽
水源（离河距离)(km)	<2	2~5	5~7	7~10	>10
交通影响 (km)	>3	3~2	2~1.5	1.5~1	<1
居民点 (km)	>4	4~2	2~1.5	1.5~1	<1
农业用地 (km)	>3	3~2	2~1.5	1.5~1	<1

10.5 生境评价结果与分析

10.5.1 普氏原羚的潜在生境

在没有人类活动影响时，普氏原羚活动的潜在生境主要考虑四个因素的限制：土壤基质、坡度、水源、植被类型，所得结果如图10-5所示。普氏原羚最适宜地区在干旱草原区，包括倒淌河的河滩地、在刚察县从西到湖东种羊场地区，属于适宜生境，面积4207km²；较适合的地区在海晏县至湖东种羊场的青海湖东北的最大一块沙地草地区域，面积462km²；青海湖的山地灌丛混杂于沙地中，灌丛下面草本植物较为发育，在不十分密闭的地区可能有普氏原羚生活，为一般适合区，面积99km²；沙地区域是较不适合区。青海南山由于坡度较大，且青海湖南山海拔高，水源充足，沿青海湖南岸主要发育着蒿草草甸植被，是不适合的地区。根据研究结果，普氏原羚在春季受自然环境因素制约，青海湖环湖地区面积约4670km²，将生境适宜度指数与各自面积相乘，得到普氏原羚的最适生境面积为4664km²。

10.5.2 人类活动对普氏原羚生境适宜性的影响

综合考虑到交通、农业开垦、城镇和居民区建设、围栏等因素的影响，得到现实的生境适宜度图（图10-6）。在青海湖南面，由于交通建设和围栏的影响，没有普氏原羚的最适合生境。在青海湖北面，有4个大型农场：青海湖农场，三角城农场、军区农场和刚察、海晏县县城，湖东种羊场也有较大面积种植的油菜农田，面积达450km²，交通和居民点的建设使生境减少和生境适宜度

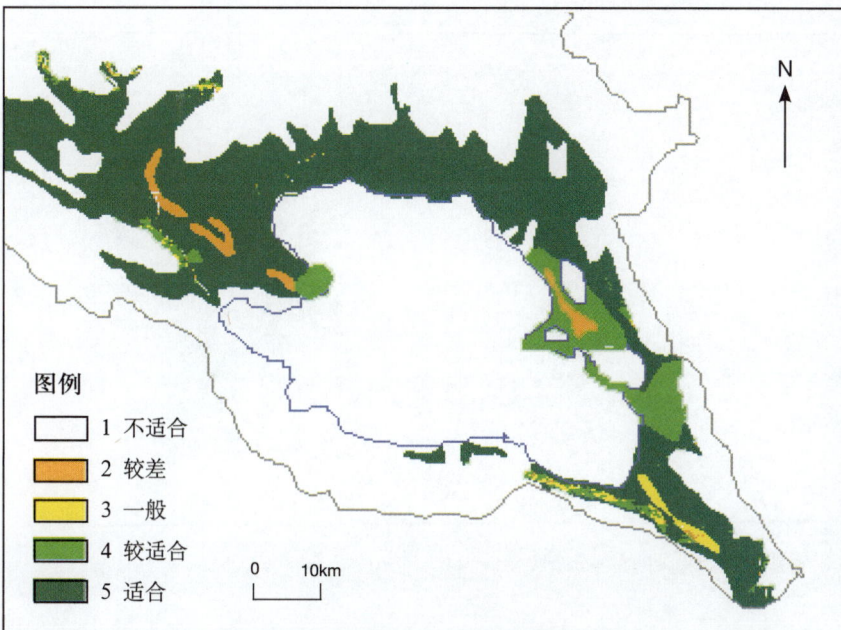

图例

1 不适合
2 较差
3 一般
4 较适合
5 适合

0 10km

图 10-5 普氏原羚的潜在生境适宜度等级分布

降低(见图10-6)，加上围栏（假设为80%），整个地区没有特别适合的生境。较为适合的生境出现在青海湖灌丛沙地（见图10-7）。

在人类活动影响条件下，原来适合的生境，即青海湖的山地草原植被，有一部分被转变为了交通和农业用地，受人类活动影响而不能生存的面积占

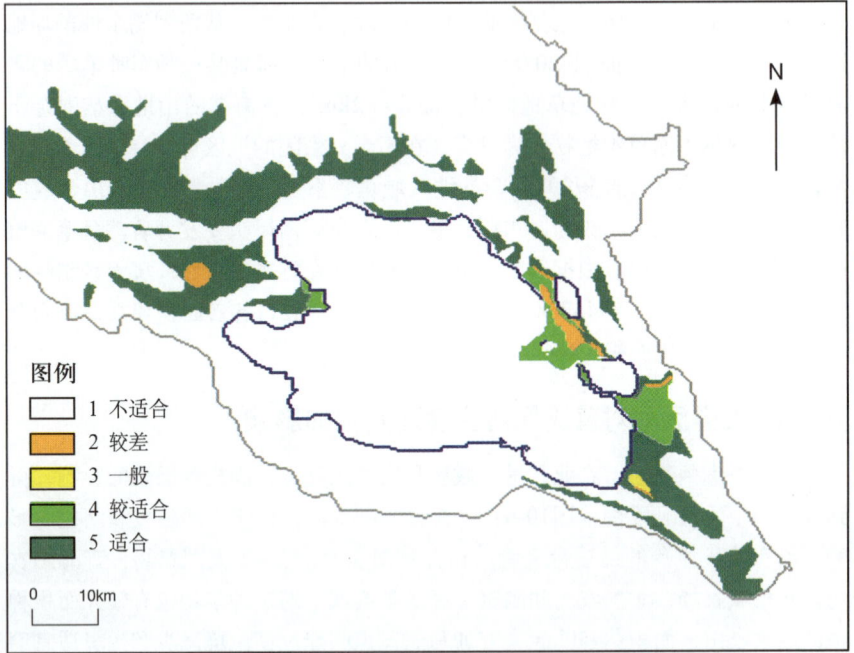

图例
- □ 1 不适合
- ▨ 2 较差
- ▨ 3 一般
- ▨ 4 较适合
- ▨ 5 适合

0   10km

图 10-6 人类活动对普氏原羚生境适宜度的影响

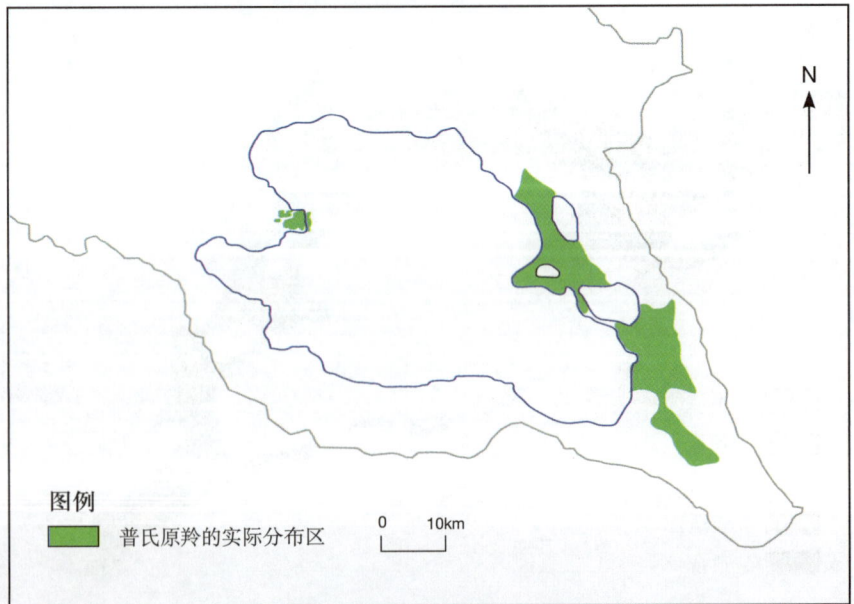

图例
- ▨ 普氏原羚的实际分布区

0   10km

图 10-7 普氏原羚的实际分布区

23%，绝大部分剩余草原面积被围栏，受其影响，普氏原羚很难进入围栏地生活，故这些草原由适合生境转变为不适合生境。沙地面积有44%受到人类活动影响而减少，其他等级的普氏原羚生境面积多受人类活动影响而减少。普氏原羚生境面积变化最大的是适合生境和不适合生境两种类型，结果使得适合生境的面积减少到仅为人类活动影响前潜在适合生境面积的11%。

10.5.3 普氏原羚生境的景观分析

野生动物的生境是由食物、水、隐蔽物等因素及其空间配置所决定的，在进行适宜度分析的基础上，基质的组成，适宜斑块的大小、隔离度、边缘效应、普氏原羚的扩散能力等都是影响普氏原羚生境适宜度的指标。在人类活动的干扰下，在刚察县内和共和县内的部分生境被围栏，可能有部分适宜的生境区域因人类活动而导致生境破碎化。普氏原羚适宜生境将进一步减少，面积减小的生境斑块不能使普氏原羚存活下来。此时影响普氏原羚生存的关键因素为人类活动，同时隐蔽场所也受到限制。

适宜生境之间的生境多样性指数高的地区是普氏原羚的最适宜生境。因为只有加入躲避生境的因素，普氏原羚在5km以内有沙漠或山地灌丛作为隐蔽物才能生存下来。从目前发现的普氏原羚分布区来分析，发现普氏原羚的生境斑块特征都与沙地结合在一起，湖东种羊场的普氏原羚依赖于沙地的存在，倒淌河所存在的普氏原羚分布区主要是由于山前沙地的存在，刚察、海晏县交界处的普氏原羚分布也是由于附近沙地存在的缘故。而青海湖鸟岛的分布更是如此。成为普氏原羚现实分布区的只有倒淌河、克图－湖东沙地、尕海沙地和鸟岛（图10-7）。据青海湖当地牧民回忆，普氏原羚20世纪60年代曾经密集分布在倒淌河、刚察－海晏县一带，是当地人们的主要狩猎对象，从此次分析来看，正好说明了这种现象。

10.5.4 普氏原羚生境适宜度的变化趋势分析

如果土地沙化，将使沙地生境面积增加。而人为的开荒、撩荒已经导致土地沙化，沙漠面积不断扩大化。青海湖附近1956年沙漠面积为452.88km^2；1972年为498.82km^2；1986年为756.50km^2。从1956年至1986年30年间沙漠面积扩大了303.62km^2，平均每年扩大10.12km^2。其中，20世纪70年代和80年以来沙漠面积扩大较快（中国科学院兰州分院和中国科学院西部资源中心，1994）。

另一方面，耕地目前是青海湖北岸最主要的土地类型，其范围覆盖了所有平坦地面。开垦后的大部分荒地被废弃，致使大面积冬春草场遭到破坏，植被恶性退化。由于草场退化，优良牧草比例减少，毒杂草数量显著上升。对牛羊来说其冬春牧场生境的进一步恶化，在冬季将更加加重与普氏原羚的食物竞争。在冬季，湖东种羊场附近的沙地，牛羊已经被赶进沙地3~5km取食，牛羊数量的增加，生境的退化，将进一步加重围栏的作用，使普氏原羚的取食生境面临威胁。

10.6 讨论与结论

普氏原羚是一个受人类活动显著影响的一个物种，根据卫星遥感（TM）影像资料与GPS（全球定位系统）的野外实地考察资料，以及前人的研究成果，我们建立了普氏原羚的生境－分布关系模型，对分布于青海湖周围普氏原羚的生境进行了分析，认为普氏原羚生境的影响因素主要为基质类型、坡度、水源远近、植被类型与人为活动影响。在没有人类活动影响时，普氏原羚的最佳生境分布在典型草原，而在人为活动影响下，如交通、居民点、农业用地、特别是草原围栏的影响下，普氏原羚的生境萎缩，目前仅仅分布在草地、沙地边缘和沙地。

以前在草原的管理实践中很少考虑生物多样性的保护，野生动物的保护工作没有受到重视，从普氏原羚的命运看出，原来一个常见的物种仅在短短的几十年内就变成了濒危物种，所以野生动物保护必须结合生态系统管理，将牧业发展、生物多样性保护与区域可持续发展相结合，我们应清楚意识到生态系统管理是解决普氏原羚生境保护的必由之路。

从生境变化趋势分析可知，适于普氏原羚隐蔽的生境面积在增加，而其取食生境的面积在减少，只有采取有效行动，才能真正解决普氏原羚的困境。可以考虑以下措施，一方面在沙地、草地交界处划出一定面积的普氏原羚取食区，并建立饮水点，以保证冬季普氏原羚的食物供应。另一方面在沙地附近3~5km范围内禁止围栏，将此地作为普氏原羚的取食活动场所。并且，在不同生境斑块之间建立走廊带，促进不同生境斑块之间的普氏原羚种群间的基因交流，最有效的方法就是将青海湖沙地一带建成自然保护区。在青海湖环湖地区已经建立的青海湖环湖保护区，将普氏原羚的适宜分布区与保护区进行叠加，发现只有鸟岛在保护区的核心区之内，而普氏原羚的适宜生境不在核心保护区内。然而由于普氏原羚生存于多民族杂居的偏远地区，执法力量不足，铁路、公路均从其分布区经过，导致普氏原羚易被猎杀。同时草场被围栏，生境破碎化，无采食场所，种群过小，抵抗自然灾害的能力很差，使得该物种极易灭绝。

基于以上研究，提出以下保护措施：建立保护区，在青海湖环湖保护区基础上，在湖东种羊场与海晏交界地区设立保护区的核心区，包括水源、沙丘及沙丘周围的部分草地，及日月山的部分高山草甸与灌丛，以保证普氏原羚的采食与繁殖场所。并在冬季投食，就地进行保育。

参考文献

韩念勇译（自Pralad Yonzon）. 1992. 地理信息系统用于尼泊尔琅唐国家公园小熊猫栖息地评价与种群估算. 人与生物圈通报.

蒋志刚, 冯祚建, 王祖望, 陈立伟, 蔡平, 李永波. 1995. 普氏原羚的历史分布与现状. 兽类学报 5: 241-245.

李迪强, 蒋志刚, 王祖望. 1999a. 普氏原羚的活动规律与生境选择. 兽类学报 19(1): 17-24.

李迪强, 蒋志刚, 王祖望. 1999b. 普氏原羚的食性研究. 动物学研究 20(1): 74-77.

李迪强, 蒋志刚, 王祖望. 1999c. 青海湖地区生物多样性的空间特征与GAP分析. 自然资源学报 14: 47-54.

林柳, 冯利民, 赵建伟, 郭贤明, 刀剑红, 张立. 2006. 在西双版纳国家级自然保护区用3S技术规划亚洲象生态走廊带初探. 北京师范大学学报(自然科学版) 42(4): 405-409.

欧阳志云, 张和民, 谭迎春, 张科文, 李洪举, 周世强. 1995. 地理信息系统在卧龙自然保护区大熊猫生境评价中的应用. 见: 王如松等主编. 现代生态学热点问题研究. 北京: 中国科学技术出版社, 403-408.

张爽, 刘雪华, 靳强, 李纪宏, 金学林, 魏辅文. 2004. 秦岭中段南坡景观格局与大熊猫栖息地的关系. 生态学报 24(9): 1950-1957.

张爽, 刘雪华, 靳强. 2006. 决策树学习方法应用于生境景观分类. 清华大学学报(自然科学版) 46(9): 1564-1567.

中国科学院兰州分院, 中国科学院西部资源中心. 1994. 青海湖近代环境演变和预测. 北京: 科学出版社.

Giles H Jr. 1978. Wildlife Management. Freeman WH, San Francisco CA. Inhaber H. Environment Indices. New York: John Wiley and Sons.

Liu XH. 2001. Mapping and Modelling the habitat of Giant Pandas in Foping Nature Reserve, China. Febodruk BV, Enschede, The Netherlands.

Schamberger M, Farmer A. 1978. The habitat evaluation procedure: their application in project and planning and impact evaluation. Trans. N. Am. Wildl. Nat. Resour. Conf. 43: 274-283.

作者简介

李迪强 1966年生. 中国林业科学研究院森林生态环境保护研究所, 自然保护区学科组首席专家, 研究员, 主要研究方向是自然保护区管理与生物多样性研究, 包括野生动物保护生态学和保护遗传学研究, 自然保护区管理技术, 气候变化对生物多样性影响等.

1997年博士后出站以后, 到中国林业科学研究院森林保护所工作, 开始以野生动物研究作为主要研究方向, 2002年后, 自然保护区管理学科首席专家. 先后主持科技部基础性科技支撑项目: "藏羚羊拯救技术研究" (2002-2006), 社会公益项目: "濒危动物保护技术", 国家自然科学基金项目: "普氏原羚种群动态与景观异质性关系研究", 国家林业局项目: "自然保护区社会经济与生态价值研究" (2003-2005), 国际合作项目: "长江上游森林生态区系统保护规划"及"东北内蒙古林区自然保护区规划"项目等. 主持了自然科技资源平台子项目"自然保护区生物标本标准化的整理、整合和共享试点", 科技支撑重大项目子课题"气候保护对生物多样性影响研究""野生动物类型自然保护区区划技术研究""秦岭山地濒危物种保护技术研究"等. 发表论文60多篇, 主持或参加专著编写18部.

Email: lidq@caf.ac.cn

第 *11* 章

云南高黎贡山羚牛的生境评价

王金亮　李石华

11.1 羚牛介绍

11.1.1 羚牛概况

　　羚牛（*Budorcas taxicolor*）隶属偶蹄目（Artiodatyla）、牛科（Bovidae），大型草食动物，现存4个亚种，即羚牛指名亚种（*B. t. taxicolor*）（因主要分布于云南的高黎贡山地区，也称之为高黎贡山羚牛）、秦岭亚种（*B. t. bedfordi*）(因主要分布于陕西秦岭一带，也称之为秦岭羚牛)、四川亚种（*B. t. tibetana*）和不丹亚种（*B. t. whitei*）。羚牛是亚洲特有的大型兽类，与大熊猫（*Ailuropoda melanoleuca*）、金丝猴（*Rhinopithecus* spp.）一道，被称为中国高山林型中的三大珍贵动物（吴家炎，1990），是国家一级重点保护野生动物。

　　羚牛体形粗壮，成年体重一般在200~300kg，体长在1.8~2.1m。四肢健壮有力，前肢尤为发达，肩高大于臀高，尾短如羊尾，额鼻部特别隆曲，吻鼻部裸露，鼻孔位于侧上方，扁圆形而孔腔较大，上唇具稀疏短毛，下颌具长须，老年个体长须很明显，无眶下腺、脚后腺及足腺，具有发达的汗腺及不明显的蹄腺。角粗，构造特别，雌雄均具角，角形弯曲特殊，呈扭曲状，故而又被称作扭角羚。羚牛的四个亚种的毛色各不相同。其中，指名亚种头部至吻鼻纹褐黑至纯黑色，眼周及额部间为浅茶黄或个别个体褐黑色，而背亦为浅黄色至褐黑色，颈背浅茶黄色（图11-1）。秦岭亚种通体为白色或黄白色；四川亚种整

a. 羚牛一家群 b. 处于发情期的 2 个体
图 11-1 高黎贡山羚牛【2005 年 12 月,肖安国摄于云南省贡山县独龙江(高黎贡山西坡)】

个躯体主要为灰棕色;不丹亚种通体以黑色毛型为主,且有一明显的黑色背中线,初生牛犊为咖啡色(吴家炎,1990)。

羚牛看上去笨拙,但反应很敏锐,活动性强,攀爬能力较强。其食性广,可供择食的植物较多,以各种树枝、树叶、竹叶、青草等为食。发情期6~8月份,孕期8个月左右,每胎产1仔(吴家炎,1990)。

羚牛起源于亚洲大陆北部，其化石发现在山西榆社第三纪上新世和河北泥河湾更新世以及河南安阳殷墟全新世的地层中，这些化石的发现表明了羚牛是当时生长在我国华北平原的一种大型偶蹄类动物，由于各种自然条件的变化使其扩散、迁移而留存至今。

我国是羚牛种群数量最大、分布区域最广、亚种最多的国家。羚牛的四个亚种在我国皆有分布，主要分布于陕西的秦岭，四川与甘肃交接的岷山，四川的邓峡山和凉山，云南高黎贡山以及西藏东南部的喜马拉雅山等地（吴家炎，1990）。秦岭亚种和四川亚种主要分布于我国境内，不丹亚种和指名亚种在不丹、尼泊尔、缅甸、印度也有零星分布。经实地调查，当前羚牛指名亚种主要分布于高黎贡山的北部与南部（图11-2）。本章选择主要研究羚牛指名亚种的生境适宜性及其保护问题。

11.1.2 国内外相关研究

随着人类活动的不断扩大和加强，羚牛的生态环境遭到愈来愈严重的破坏，生境的破碎化和斑块状分布对羚牛的生存构成较大威胁。由于生境遭到破坏，羚牛数量逐年减少（曾治高等，1998；葛桃安等，1989；宋延龄等，2000），因此，开展羚牛生境保护研究显得尤为重要。

国内学者纷纷对羚牛的各个亚种开展研究。对秦岭亚种的研究最多，几

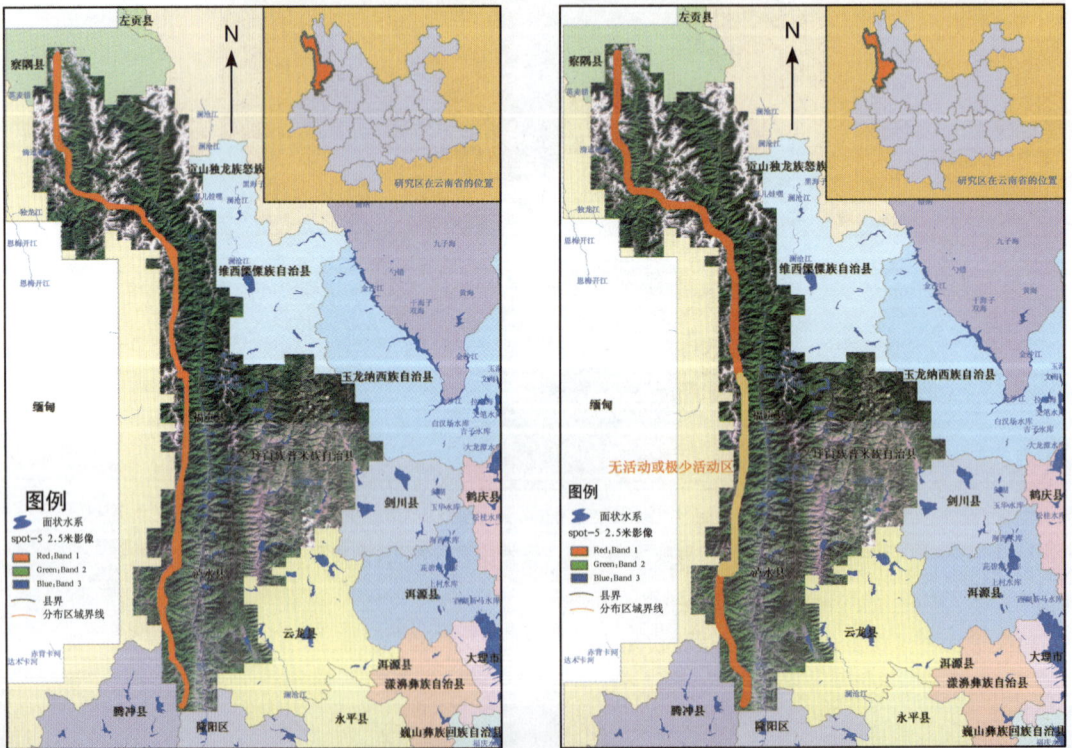

图 11-2 中国高黎贡山羚牛分布示意图（左图：20 世纪 80 年代分布区。右图：目前的分布区。红色实线表示实际分布区，黄线表示无活动或者少活动区）

乎涉及羚牛生态学的所有方面。从1964年开始陕西省动物研究所在太白山对羚牛秦岭亚种的生态进行了初步观察（宋延龄和曾治高，1999）；随后，一些学者就秦岭亚种的集群类型、种群数量与结构特征、群体分离与重组的变化、独栖现象、家域、防御和舔盐行为、春夏季昼夜活动节律与时间分配等方面进行了长期跟踪研究（吴家炎等，1966，1986；吴家炎，1990；王小明和邓启涛，1987；袁重桂和江明道，1990；张涛和黄华梨，1995；黄华梨等，1996；曾治高和宋延龄，1998，1999；马亦生，1999；曾治高等，2001；曾治高和宋延龄，2001；麻奎太等，2001）。四川亚种的研究次之，主要涉及生境与栖息地、种群结构与行为的研究（吴家炎等，1986；吴家炎，1990；邓其祥，1981；吴华和胡锦矗，2001；吴华等，2002）。在云南也对高黎贡山羚牛的栖息地、分布、食性等开展了初步研究（吴家炎，1990；王应祥，1995；张国珺等，2001；艾怀森，1998，1999，2000，2003）。对不丹亚种研究很少，仅局限于分类、栖息地、食性及分布等方面（吴家炎和牛勇，1981；吴家炎等，1986；吴家炎，1990）。相对于羚牛秦岭亚种和四川亚种来说，对指名亚种的研究较少，从研究范围来看，多数研究在羚牛活动小范围或点上进行，对羚牛生境的适宜性、生境格局、生境的动态变化（尤其是生境的破碎化）及其对羚牛的影响等综合性研究不多，特别是对羚牛指名亚种的研究就更少。

从20世纪60年代起，国内学者大多采用了实地踏勘，样线调查，以及应用无线电跟踪仪等方法对各亚种的集群类型、种群数量与结构特征、群体分离与重组的变化、独栖现象、家域、防御和舔盐行为、春夏季昼夜活动节律与时间分配等方面进行了跟踪研究。90年代后期，国内开始利用3S技术进行野生动物生境研究，但主要集中利用在大熊猫（刘雪华等，1998，2006；Liu et al.，1997，2002，2005），亚洲象（李芝喜等，1996；吴金亮和江望高，1999；张立等，2003；冯利民和张立，2005；国艳莉等，2006；杨正斌等，2006；林柳等，2006；郎学东等，2008）、金丝猴（龙勇诚等，1996；吴钢等，2004；年波，2004；李学友等，2008）、普氏原羚（刘丙万和蒋志刚，2002；蒋志刚等，2003；王秀磊，2004；叶润蓉等，2006）和印度野牛（张洪亮，1999，2000a，2000b）等动物种类的生境研究中。可以看出，综合利用3S技术开展羚牛生境综合研究还处于起步阶段。

11.2 云南高黎贡山羚牛的生境需求

11.2.1 生境要素与生境选择

一般而言，野生动物的生境包括三个要素，即食物、水和隐蔽场所。它们在野生动物生境中的配置应该分别位于三角形的三个顶点，从而构成野生动物生活的三角区。从理论上讲，这个三角区不宜太大（不同的物种，范围不一），各顶点均在动物的日常活动范围之内，便于动物在一天之内可以到达或容易获取这三个顶点的资源，否则会给动物的生活带来许多不便，如消耗过多的能量，影响其正常的繁殖和生存（马志军等，2000）。

生境作为生物生存的空间，其个体必然会选择能使自己的适合度达到最大的生境，这是生境选择理论的前提。生境选择（habitat selection）体现的是个体在其可利用生境中寻找一个相对适宜生境的过程。个体会在特殊的行为下（如繁殖、取食和休息等）选择特定的生境。生境选择是对生境利用（habitat use）、生境取向（habitat preference）和生境需求（habitat requirement）概念的总和，其既包括了生境对动物的影响又包括了动物主动选择适宜生境。一般认为，生境在具备一个物种生存的各个特性后，就能被物种利用，但并不是所有具备这些特性的生境都可以发现被研究物种的出现，因为其中存在着动物生境取向的问题。生境选择就是生物对适宜栖息环境的选取，是一个主动的过程（颜忠诚和陈永林，1998）。

动物的生境选择具有三个特点：物种的特异性；对生境结构资源的严格要求；时间和空间变化性。通常，动物对生境的选择遵循"经济原则"，即以最小的代价（能力消耗、被捕食的风险等）获取最多的收益（食物、配偶等）。

影响动物生境选择的因素很多。可分成两个大类别：生物因素和非生物因素。生物因素主要包括食物、种内竞争和种间竞争等。而非生物因素是物理化学环境。影响动物生境选择的最基础的非生物因素有温度、水分、光、土壤结构和养分等。然而，这种分类没有充分考虑动物本身对生境的影响和喜好，忽视了动物对生境选择的主动性，这种主动性表现在动物的生境选择过程往往不是与上述基本生态因子直接相关，而相关的往往是由这些基本因子派生出来的一些综合因素。而且传统意义上的分类方法显得过于繁琐，给动物的生境研究与管理带来诸多不便。所以许多野生动物研究者或管理者，根据目标物种生理和行为的需要，重新分析、归纳生态因子，形成新的生境因子分类体系，并且认为，影响动物生境选择的主要因素包括：干扰、水、食物和隐蔽场所（颜忠诚和陈永林，1998）。

11.2.2 高黎贡山羚牛生境影响因素

据前人研究资料（吴家炎等，1986；吴家炎，1990；艾怀森，1999，2000，2003）和野外调查的数据统计分析可知，羚牛各个活动点上的生境差异明显，但大多在箭竹灌丛里栖息活动。影响高黎贡山羚牛生存与种群繁衍的主要因素有物理环境因素、生物环境因素和人类活动因素。

（1）物理环境因素

物理环境因素有海拔高度、地貌类型、坡度、水源等方面。据调查研究，在高黎贡山保护区，羚牛通常在海拔2000~3800m范围内活动，并喜在地形稍陡，坡度在20°以上斜坡的山脊、山腰活动取食，而且喜好在靠近水源的缓坡地栖息。

（2）生物环境因素

生物环境因素包括可食植物的类型分布及丰富度、天敌及竞争物种的分布。高黎贡山保护区内羚牛的主要可食植物有：荨麻科的冷水花，辣姜木。高山草甸、高山灌丛及针叶林是高黎贡山羚牛的最适植被类型（图11-3）。调查中发现，竞争物种与天敌对羚牛生境质量没有明显不利影响。

（3）人类活动因素

人类活动因素主要有木材采伐与薪柴采集、公路建设、耕种活动等，这些生产与生活活动，或直接破坏羚牛生境，或使栖息地隔离、破碎化，导致生境质量的下降。

综合文献资料（吴家炎等，1986；吴家炎，1990；艾怀森，1999，2000，2003）和实地调查，以及研究区自然条件，得知高黎贡山羚牛生境选择的生态因子主要有：食物丰富度、隐蔽条件、水源（主要是含硝盐的）、植被、地形、人为活动、气候、道路。然而，受研究区自然及其他条件的限制，开展羚牛生境长期监测与调查难度较大，本研究主要考虑的生态因子为植被类型、郁闭度、坡向、坡位、水源、人为干扰、距主要公路距离、距农用地距离等。

11.3 评价区域：高黎贡山北段

11.3.1 地理位置与地位

横断山区是中国西南与东南亚极为重要的生态廊道（何大明等，2005），其生物多样性保护在国内外都有极其重要的意义。其中，西部的高黎贡山一带

图 11-3 高黎贡山羚牛生境（常绿阔叶林与落叶阔叶林的混交林）

地区是我国具有全球意义的生物多样性分布中心之一，也是中缅边境地区生物迁徙的重要通道。高黎贡山源于西藏念青唐古拉山脉，自北向南横亘在云南西部中缅边境地区，它的东面是怒江（萨尔温江）大峡谷，西面是伊洛瓦底江。

高黎贡山国家级自然保护区位于高黎贡山山脉的中上部，98°08′~98°50′E，24°56′~28°22′N之间，总面积40.55×10⁴hm²，由北、中、南互不相连的三段组成。北段位于，98°08′~98°37′E，27°31′~28°22′N之间，北与西藏察隅县接壤，东起怒江峡谷，西至担当力卡山山脊与缅甸相邻，面积24.32×10⁴hm²；中段位于98°40′~98°49′E，25°11′~26°15′N之间，西至高黎贡山山脊与缅甸相邻，东以泸水县、福贡县海拔2500m以上无人居住处为界，向南延伸到泸水县古登乡，北至福贡县的架科底乡，面积3.78×10⁴hm²；南段位于98°34′~98°50′E，24°56′~26°09′N之间，东以泸水县和保山市隆阳区境内的高黎贡山东坡海拔1090m以上的山腰为界，西以泸水县、腾冲县境内高黎贡山西坡海拔1900m以上的山腰为界，面积12.45×10⁴hm²。

根据调查结果，高黎贡山羚牛活动的范围大，几乎涉及高黎贡山自然保护区的北段、中段和南段，但根据野外调查，目前高黎贡山羚牛在北段活动频繁，考虑到研究的可行性，研究区范围（图11-4）以贡山县西界作为西界，以怒江作为东界，北界：28°22′N，南界为贡山县南界。

11.3.2 自然地理条件

研究区的地质构造比较复杂，以高差巨大的高山、极高山的地貌形态为主，冰川地貌发育，还残存有现代冰川。河流深切的河谷多为V型峡谷，以怒江

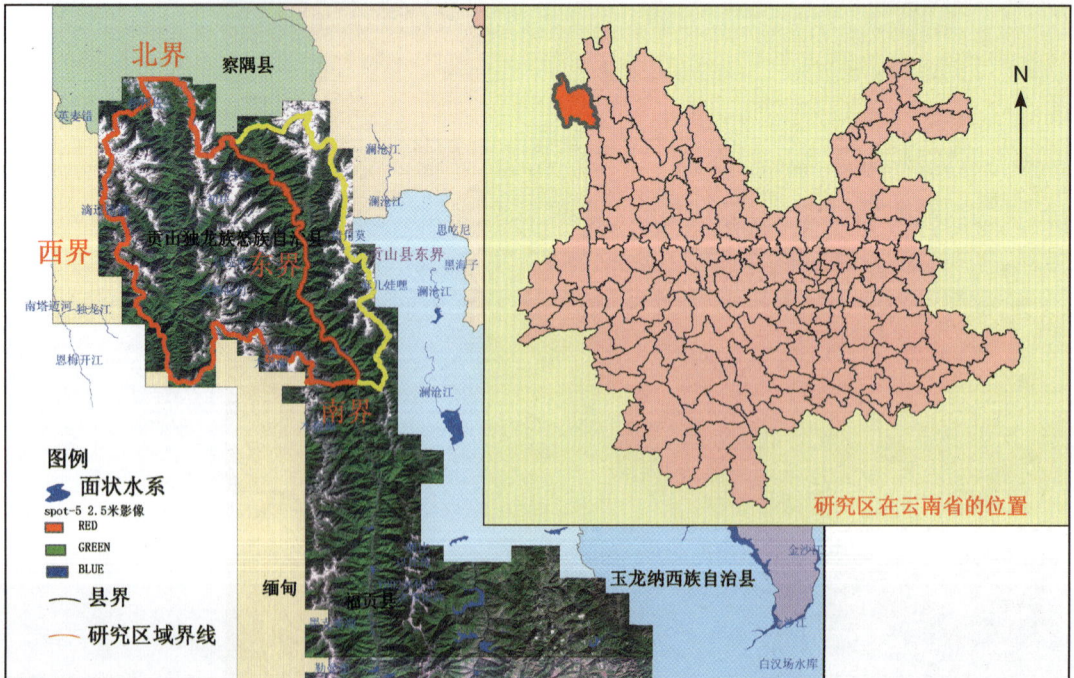

图 11-4 高黎贡山研究区

峡谷最有名。它北高南低，境内最高峰嘎娃嘎普峰海拔5128m，最低海拔800m（怒江），相对高差达4328m。其中，独龙江（流经高黎贡山西侧91.7km）、龙江（流经高黎贡山西侧100km）和脑昌卡河等，均属伊洛瓦底江水系。怒江是研究区的主要河流，流经高黎贡山的东侧约300km，属怒江水系。

研究区具有我国西部典型季风气候特征。日照时数少，为云南省的寡照区和太阳总辐射量低值区，气温偏低，热量强度不足，降水量呈双峰值，有春、夏两汛期。年降雨量1667.6~3672mm，独龙江最高年降雨量可达4875mm，为云南省4个多雨中心之一。

自然条件垂直差异大，气候和土壤等随海拔升高而变化，分布着不同的植被，从河谷到山顶，形成了景色十分明显的山地植被垂直系列，从怒江河谷到山顶分布有季风常绿阔叶林（西坡）、云南松林、中山湿性常绿阔叶林、针阔叶混交林、亚高山灌丛草甸、高山灌丛草甸、高山流石滩植被7个植物带。区内植物区系南北混杂、新老兼有，高等植物有1000多种，其中国家重点保护植物有秃杉、大树杜鹃等20多种；高等动物约有440种，其中国家重点保护动物有羚牛、白眉长臂猿、蜂猴等30多种。

11.3.3 社会经济概况

研究区在行政区划上属怒江州贡山独龙族怒族自治县（简称贡山县）。贡山县辖四乡一镇（独龙江乡、丙中洛乡、茨开镇、捧打乡、普拉底乡），26个村委会，两个居委会，242个村民小组，总人口3.65万人（2006年）。境内居住着独龙族、怒族、藏族、傈僳族等15个少数民族，少数民族人口32954人，占总人口的96%，其中独龙族5288人，怒族6071人。截止2005年底，全县国民生产总值为14151万元，公路通车里程达571.36km（其中，乡道181km，专用公路212.1km），研究区周边的乡镇及大部分村委会已通公路，这对研究区发展提供了良好条件。研究区天然林较多，旱地多，粮食单产低，经济林的经济价值也低（何大明和李恒, 1996）。

独龙江乡位于贡山县西北角，东以最高峰5128m的高黎贡山与怒江并连，西以最高峰4934m的担当力卡山与缅甸毗连，北以海拔高于3200m的青藏高原相连并与印度相近，国境线长（91.7km）。这里山高水深，沟壑纵横，形成封闭式的地理环境，交通闭塞，与外界联系困难，且冬季多雪灾。由于地处边远的山区、半山区，自然条件恶劣，交通条件差，是我国独龙族的唯一聚居地，经济落后（2007年农民人均纯收入747元），是云南省最贫困的乡镇之一，人口较稀少，对自然资源的依赖性大。这种自然社会经济条件是羚牛得以较好保存的重要条件，独龙江乡成为目前高黎贡山羚牛最集中分布的地区。

11.4 生境评价方法

11.4.1 高黎贡山羚牛生态因子相关分析

2004年7月至2007年2月在研究区内开展了样方和样点调查研究。主要记录调查点内的植被类型、郁闭度、坡向、坡度、水源、人为活动强度、距主要道路距离、距农业用地距离8个生态因子。

由于开展样点调查时，记录的海拔值是一些具体的值，并且差值不大，而羚牛活动是在一定海拔范围内；如果用一些具体的海拔值进行相关性分析，那么得出的结论也无意义；并且，研究区植被的垂直带性相当显著。故海拔这一生态因子虽然不参与生态选择分析，但如果通过分析得出植被类型是羚牛生境选择的主要生态因子，那么，海拔也是羚牛生境选择的主导生态因子。

将羚牛在不同生境中痕迹出现的概率作为因变量Y，其他生态因子作为自变量X_i(i=1，2……m)，m是自变量的个数。根据高黎贡山羚牛对生境选择的实际情况，将影响羚牛生境选择的生态因子分级如下：

植被类型（X_1）：1－常绿阔叶林；2－箭竹灌丛+针阔混交林；3－高山草甸+杜鹃灌丛+冷杉林。

郁闭度（X_2）：1－地势平坦，植被覆盖为亚高山灌丛，易被敌害发现；2－斜坡，视野开阔，容易发现敌害，容易逃脱，植被覆盖好；3－介于1级与2级之间。

坡向（X_3）：1－阳坡（157.5°～212.5°）；2－半阴半阳（22.5°～157.5°，212.5°～337.5°）；3－阴坡（337.5°～22.5°）。

人为活动强度（X_4）：1－人的活动频繁，强度大且有对羚牛重大影响的行为（如打猎，捕杀行为）；3－几乎无人在该地活动，只有少数的季节性人类活动（如采药、挖野菜等）；2－介于1和3之间；。

坡度（X_5）：1－缓坡（<15°）；2－斜坡（15°~30°）；3－陡坡（>30°）。

距主要道路距离（X_6）：1－3km以内；2－3~6km；3－6km以上。

距农业用地距离（X_7）：1－3km以内；2－3~6km；3－6km以上。

水源（X_8）：根据泉水、溪流等到羚牛痕迹出现的距离为划分标准，分为3个等级，即<500m为近水源，500~1000m为中水源，>1000m为远水源。

每季对各调查点进行数据采集，记录统计羚牛采食、粪便、睡台、擦痕等（包括遇见实体）活动痕迹的数量和新旧程度。在20个点的实地调查中，有4个点见到羚牛活体，总的头数为40余头。为此，根据实地调查结果和专家知识建立的计算标准（表11-1），对各个等级数量羚牛出现的概率权重赋值。

因此，利用痕迹频率为因变量Y，其他生态因子作为自变量X_i（i=1，2，……m），依据羚牛对生境选择的有利程度大小将各生态因子依次赋值为1，2，3。根据数量化理论I[*]，利用SPSS软件进行回归分析，得到羚牛生境选择概率的预测方程，求出复相关性系数R_0，对复相关性系数R_0进行F检验以判

＊数量化理论I是一种类似多元回归的分析方法，与一般回归分析不同之处在于可把定性变量纳于回归式中进行分析.在数量化理论I中，需求定性的自变量xij与因变量之间的回归方程：$y=b11x11+\cdots+b1L1xL1+b21x21+\cdots+bLLlxLLl\cdots(1)$；利用最小二乘法估计回归方程的系数矩阵B，构造正规方程组：$X'BX=X'Y\cdots(2)$；求解正规方程组(2)得预测方程，并对方程精度进行检验，同时通过偏相关系数、方差比和范围评价每个自变量(项目)对因变量作用的大小。

断预测性方程是否成立，并进行共线性检验以判断方程是否存在共线性。然后对各生态因子和羚牛在不同生境中其痕迹出现的概率进行方差分析，判断影响羚牛生境选择的主要生态因子。

利用回归分析理论分析羚牛生境选择，以羚牛痕迹频率为因变量，各生态因子为自变量，根据野外调查记载表和表11-1的计算标准，计算出不同生态因子条件下羚牛痕迹出现频率（表11-2）。利用SPSS软件建立回归方程（1），预测在不同生境条件下羚牛痕迹频率：

表 11-1 羚牛出现概率权重值

指标	羚牛痕迹数量						羚牛痕迹新旧程度	
等级	1~10	10~20	20~30	30~40	40~50	>50	新	旧
权重	0.1	0.2	0.3	0.4	0.5	0.5	0.5	0.25

表 11-2 不同生境中羚牛的痕迹概率

调查点编号	植被类型	郁闭度	人类活动强度	坡向	坡度	距主要公路距离	距农业用地距离	水源	羚牛痕迹频率
1	3	1	3	3	3	2	3	3	0.95
2	1	1	3	1	3	2	3	3	0.75
3	1	2	2	2	2	3	3	2	0.15
4	3	2	2	2	2	3	3	1	0.30
5	3	2	2	3	2	1	3	3	0.55
6	3	2	2	1	2	1	3	3	0.35
7	3	2	1	3	2	3	2	2	0.15
8	1	2	1	1	2	3	2	3	0.10
9	1	1	3	3	3	1	3	3	0.65
10	3	1	3	2	3	1	3	3	0.55
11	3	1	1	3	3	2	3	3	0.60
12	2	1	1	1	3	2	2	3	0.30
13	2	3	1	3	1	3	2	1	0.15
14	1	3	1	2	1	3	2	1	0.10
15	1	3	2	3	1	2	3	1	0.25
16	2	3	2	2	1	2	3	1	0.40
17	2	3	3	3	1	1	3	1	0.45
18	3	3	3	2	1	1	3	1	0.25
19	2	2	2	1	1	2	1	1	0.15
20	2	2	2	1	1	3	2	1	0.25

; 注：依据羚牛对生境选择的有利程度大小将各生态因子依次赋值为：1－羚牛选择率低，2－羚牛选择率中等，3－羚牛选择率高。

$$Y = 0.429 + 0.008X_1 - 0.12X_2 - 0.271X_3 + 0.086X_4 + 0.095X_5 + 0.005X_6 + 0.085X_7 + 0.046X_8$$

$$(1)$$

式中Y是羚牛痕迹频率；X_i（i=1，2，……8）分别为植被类型、郁闭度、坡向、坡度、人类活动强度、距主要公路距离、距农业用地距离和水源。

本研究的回归方程检验包括：①相关系数；②方程显著性检验；③回归系数的显著性检验；④线性相关性检验和方差齐次性检验；⑤共线性检验。

已建立数学模型的精度，用复相关性系数R_0来检验，R_0的计算公式为：

$$R_0 = \sum \sqrt{(y_i - \sum y_i/8)/[\sum(y_i - \sum y_i/8)^2 - \sum(y_ip - \sum y_ip/8)^2]} \quad (2)$$

式中，y_i为实测值，$\sum y_i/8$为实测平均值，y_ip为预测值，$\sum y_ip/8$为预测平均值。

用SPSS计算得复相关性系数R_0=0.907，判定系数为0.893，调整为0.90。说明样本回归方程的代表性较强。对R_0进行F检验，用SPSS计算得F=6.381>3.061（F8，11，0.05），说明该数学模型成立。

利用SPSS可得出系数表（表11-3），各个解释变量的t检验表明，回归系数显著。使用容限值(Tolerance)和方差膨胀因子（Variance Inflation Factor，VIF）两个指标对方程的共线性进行检验。对于正态分布的数据，容限越大，表明解释变量的独立信息越多，共线性越弱。一般认为，容限小于0.1即存在共线性。膨胀因子值越小，表明共线性越弱（韦玉春和陈锁忠，2005）。共线参数检验表明方程无共线性。

从以上几个指标对回归方程检验结果来看，所建立的回归方程显著性好，对因变量Y（羚牛出现概率）具有很好的解释能力，各自变量之间共线性很弱，该回归方程可用于羚牛出现概率的预测。利用SPSS进行相关性分析和方差分析（余建英和何旭宏，2003），判断8种生态因子对羚牛生境选择的影响（表11-4）。

表 11-3　生态因子相关性系数表

模型1	非标准化相关系数 B	非标准化相关系数 标准差	标准化相关性系数 Beta	T检验值	共线性统计值 容限值	共线性统计值 VIF	置信度
常量	0.429	0.509		0.844			0.417
坡度	0.086	0.165	-0.446	-0.725	0.243	3.469	0.484
水源	0.046	0.073	0.189	0.628	0.378	2.630	0.543
植被类型	0.008	0.045	0.027	0.177	0.722	1.385	0.862
人类活动强度	0.095	0.075	0.342	1.273	0.223	1.474	0.229
郁闭度	-0.120	0.042	0.319	2.040	0.660	1.516	0.066
与主要公路距离	0.005	0.056	0.017	0.082	0.397	2.520	0.936
坡向	-0.271	0.152	-0.940	-1.783	0.258	3.253	0.102
与农业用地距离	0.085	0.092	0.224	0.926	0.275	3.636	0.374

表11-4 羚牛生态因子、F值及相关性系数

生态因子量化指标	相关性系数	F值	P值
植被类型	0.008	2.040	0.862
郁闭度	-0.200	-0.725	0.066
人类活动强度	0.095	1.273	0.229
坡向	-0.271	-1.783	0.102
坡度	0.086	0.926	0.484
距主要公路距离	0.005	0.177	0.936
距农业用地距离	0.085	0.628	0.374
水源	0.046	0.082	0.543

从表11-4可以看出：影响羚牛生境选择的主要生态因子是植被类型、人类活动强度和坡度，其次是距农业用地距离、距主要公路距离、水源和郁闭度，坡向对羚牛生境选择的影响较弱。

由文献信息得知，影响其生境选择的主导因子：①植被类型和人类活动强度是影响高黎贡山羚牛生境选择的最重要生态因子。在箭竹林、高山草甸、中山湿性常绿阔叶林等生境中，羚牛活动的痕迹出现概率大，而在人类活动强度大的地方（如耕作地和居民地附近）无羚牛活动。②为了逃避天敌的迫害，羚牛通常会选择隐蔽条件较好的地方，如选择视野开阔的生境栖息和取食。③羚牛主要在阳坡活动，坡度范围为0~60°，秋季活动的坡度范围30°~60°，而夏冬季小于30°；④羚牛通常要添硝盐来补充体内的盐分。常在有硝塘的地方活动，羚牛活动的地方通常距离水源很近（500~5000m）；⑤羚牛选择的生境一般是远离主要公路和农业用地；⑥羚牛生境选择有季节差异，冬季栖息地多在低海拔范围内，而夏季则移向高海拔至食物和气候适宜处，但是多在山顶平台、洼地和山间缓坡。

11.4.2 高黎贡山羚牛生境评价准则

根据多次实地调查结果，参照以往研究资料和有关专家意见，对影响羚牛生境的因素进行综合分析，建立自然环境因素的适宜性评价准则（表11-5，表11-6）和人类活动强度对高黎贡山羚牛生境影响的评价准则（表11-7）。本研究分别评价了在不考虑人类活动的羚牛"潜在生境"和考虑人类活动的羚牛"实际生境"。

由11.4.1得出的结果可知，植被类型是羚牛生境选择的主导因子，同时在建立评价准则时，还考虑了海拔。故高黎贡山羚牛的潜在生境适宜性评价主要考虑了3个因素的限制：坡度、生境植被类型和海拔。

将潜在生境适宜性分布图与人类活动影响强度分布图进行叠加分析，可以得到研究区内人类活动影响下的生境适宜性分布图。考虑到人类活动对羚牛生

表 11-5 潜在生境评价中自然环境因素评价准则（括号中为适宜度等级赋值）

生态因子		最适宜（3）	一般适宜（1）	不适宜（0）
物理环境	海拔(m)	2700~3900	1900~2500	>3900 或者<1900
	坡度(°)	0~25	36~50	>50
生物环境	植被类型	高山草甸，杜鹃灌丛，云南铁杉林	常绿阔叶林	沼泽化草甸，落叶阔叶林，暖温性稀树灌木草丛

表 11-6 实际生境评价中人类活动对羚牛生境影响的评价准则（括号中为适宜度等级赋值）

人类活动类型	最适宜（3）	中等适宜（2）	一般适宜（1）	不适宜（0）
居民点	>2.5km	1.5~2.5km	1.0~1.5km	<1.0km
主要公路	>2.0km	1.0~2.0km	0.5~1.0km	<0.5km
农业用地	>2.0km	1.0~2.0km	0.5~1.0km	<0.5km

表 11-7 人类活动对生境影响的评价准则

潜在生境类型	人类活动影响程度			
	强烈影响	较强烈影响	有影响	无影响
最适宜（3）	0	1	2	3
中等适宜（2）	0	0	1	2
一般适宜（1）	0	0	0	1
不适宜（0）	0	0	0	0

境选择的强烈影响，在分析人类活动影响强度时，又加入了距离居民点的距离这一因子。本研究中人类活动影响强度考虑三个方面：距离主要道路距离、距离农业用地距离和距离居民点距离。

11.4.3 评价单元与评价模型

利用MSS、TM、ETM+影像解译得到的植被图做工作底图，采用100m×100m网格为评价单元。在GIS技术支持下分别求算每一个网格内坡度影响权重、生境植被类型影响权重，海拔影响权重，以及每个网格内人类活动影响权重，取值范围是0~3。再利用评价模型计算每个评价网格的适宜性指数，定量评价高黎贡山羚牛境质量及其空间分布规律。

如何将几种不同因子依据其重要性进行组合，对评价羚牛的生境质量非常关键，目前国内外通常采用模糊赋值求积法（陈华豪等，1990）。本文根据羚牛的生态特性做出如下假设：在几种影响因子中，如果有一种不适宜于羚牛的生存，那么尽管这个网格内的其他因子均适宜，但结果将是不适宜于羚牛生存。采用模糊赋值求积的方法进行羚牛生境评价的表达式（3）：

$$S_j = \prod_{i=1}^{n} U_i \qquad (3)$$

式中，S_j表示不同评价单元生境适宜度值，潜在生境评价中n取3，包括坡度、生境植被类型和海拔；实际生境评价中n取4，包括坡度、生境植被类型、海拔和人类活动强度（已包括距离居民点距离，距主要公路距离，距农业用地距离两因子）。由于坡向对羚牛生境影响不明显，以及郁闭度的量化困难，故这两因子没有参与计算。U_i表示不同影响因子对高黎贡山羚牛的影响强度。从表达式（3）可以看出，当评估因子中的一个为零时，那么S_j将为零；只有当各种因子均达到质量最佳时，S_j才会取得最大值。

在生境评价中，按各个因子的适宜性等级赋值，最适宜等级赋值3，中等适宜2，一般适宜1，不适宜0。

根据上述的评价标准，利用GIS的空间分析工具进行生境评价。其流程如图11-5。

11.5 生境评价结果及分析

根据式(3)计算出每个评价单元的潜在生境适宜度值和实际生境适宜度值，计算结果开方标准化后对适宜度进行分级：最适宜，中等适宜，一般适宜，不适宜，对应的值分别为：3，2，1，0。利用GIS统计功能，可计算各个等级的

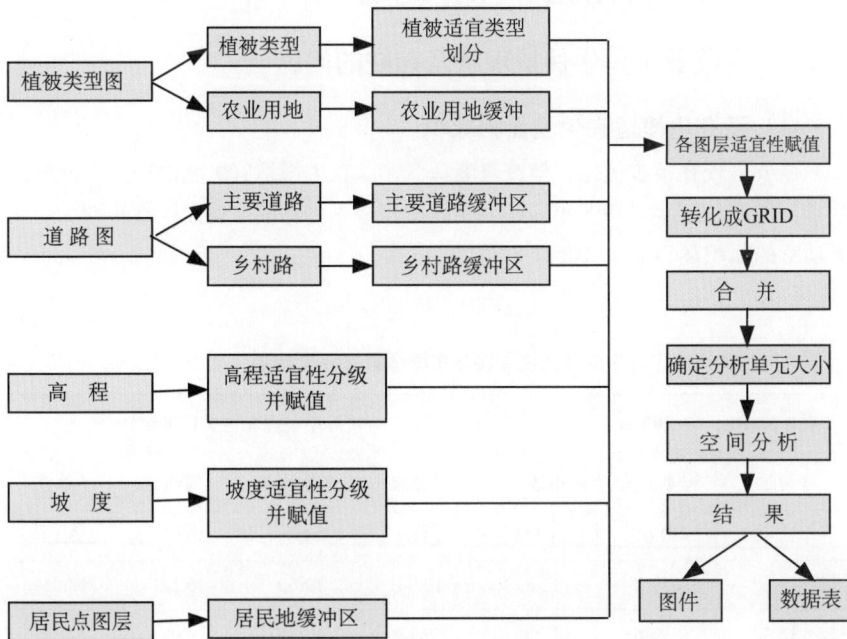

图 11-5 生境评价空间分析流程图

面积。本研究分别评价了1974，1989，1999和2004四个年度的潜在生境和实际生境，并进行了变化转移分析。

通过建立评价单元和评价模型，综合各因素，得到潜在生境和实际生境适宜度状况（表11-8）。表11-8显示潜在生境适宜度评价结果表明在没有人类活动的影响下，大部分地区属最适宜区和中等适宜区，羚牛可在大部分地区生存，这也说明历史上羚牛在该地区曾有广泛分布是有可能的。从1974至2004年这30年间，适宜羚牛生存的各等级生境面积逐年减少，而不适宜生境的面积的逐年增加。

图11-6 a,b,c,d分别为1974、1989、1999、2004年潜在生境适宜度评价图。将各年的潜在生境适宜性分布图进行叠加分析，可以得到研究区内1974~2004年间羚牛潜在生境的变化分布图（图11-7）。

同样，图11-8 a,b,c,d分别为人类活动影响下1974、1989、1999、2004年实际生境适宜度评价图。将各年的实际生境适宜性分布图进行叠加分析，可以得到研究区内1974~2004年间羚牛实际生境的变化分布图（图11-9）。

进一步分析表11-8、图11-6、图11-7、图11-8、图11-9表明，在不考虑人类活动影响下，研究区大部分地区适宜羚牛生存，而在人类活动影响下，适宜生境面积大量转变消失。并且1974~2004年间虽然潜在生境和实际生境均表现为适宜生境在逐年减少，不适宜生境在逐年增加。但潜在生境各等级生境的面积年际变化较小，而在人类活动影响下，30年间各等级适宜生境的面积变化趋势十分明显，生境退化严重。

11.6 生境评价结论和保护建议

11.6.1 高黎贡山羚牛保护现状及存在的问题

（1）潜在生境适宜生境面积减少

主要表现在植被退化，植被盖度降低，潜在生境适宜生境面积逐年减少。从1974年到1989年、1999年和2004年，适宜羚牛生存的生境面积逐年减少，而不适宜的面积逐年增加（表11-8）。

表 11-8 高黎贡山羚牛潜在生境和实际生境适宜度评价结果

年代	潜在生境面积（×10⁴hm²）				实际生境面积（×10⁴hm²）			
	最适宜	中等适宜	一般适宜	不适宜	最适宜	中等适宜	一般适宜	不适宜
1974	14.32	22.48	12.07	0.972	13.65	24.78	10.93	3.19
1989	14.07	17.60	11.12	12.37	12.94	13.60	16.12	18.51
1999	10.32	15.40	9.48	17.66	9.12	12.28	8.48	22.79
2004	8.15	13.58	5.78	25.11	5.06	12.92	3.57	28.21

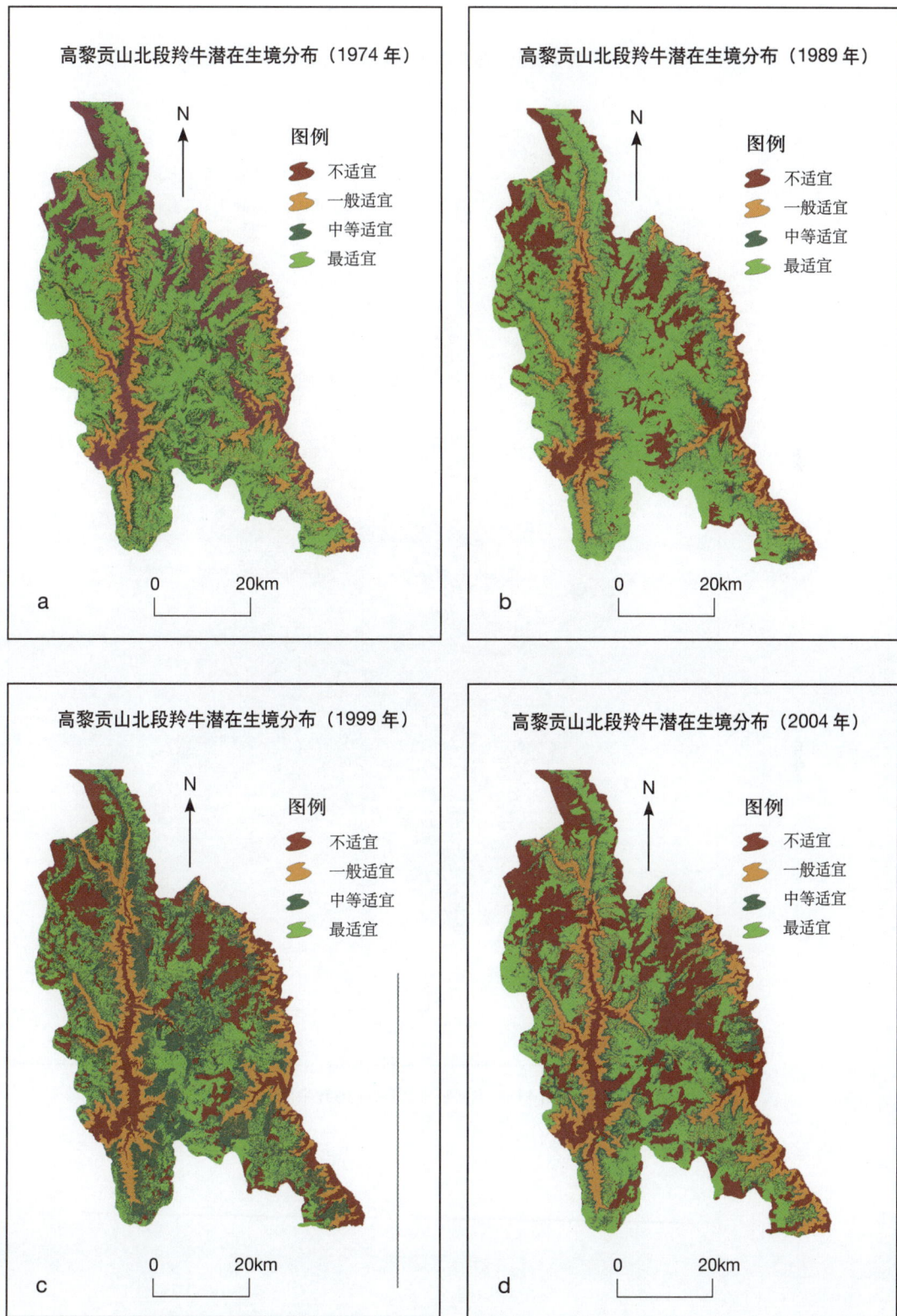

图 11-6 研究区各年度羚牛潜在生境适宜度评价图（a-1974 年，b-1989 年，c-1999 年，d-2004 年）

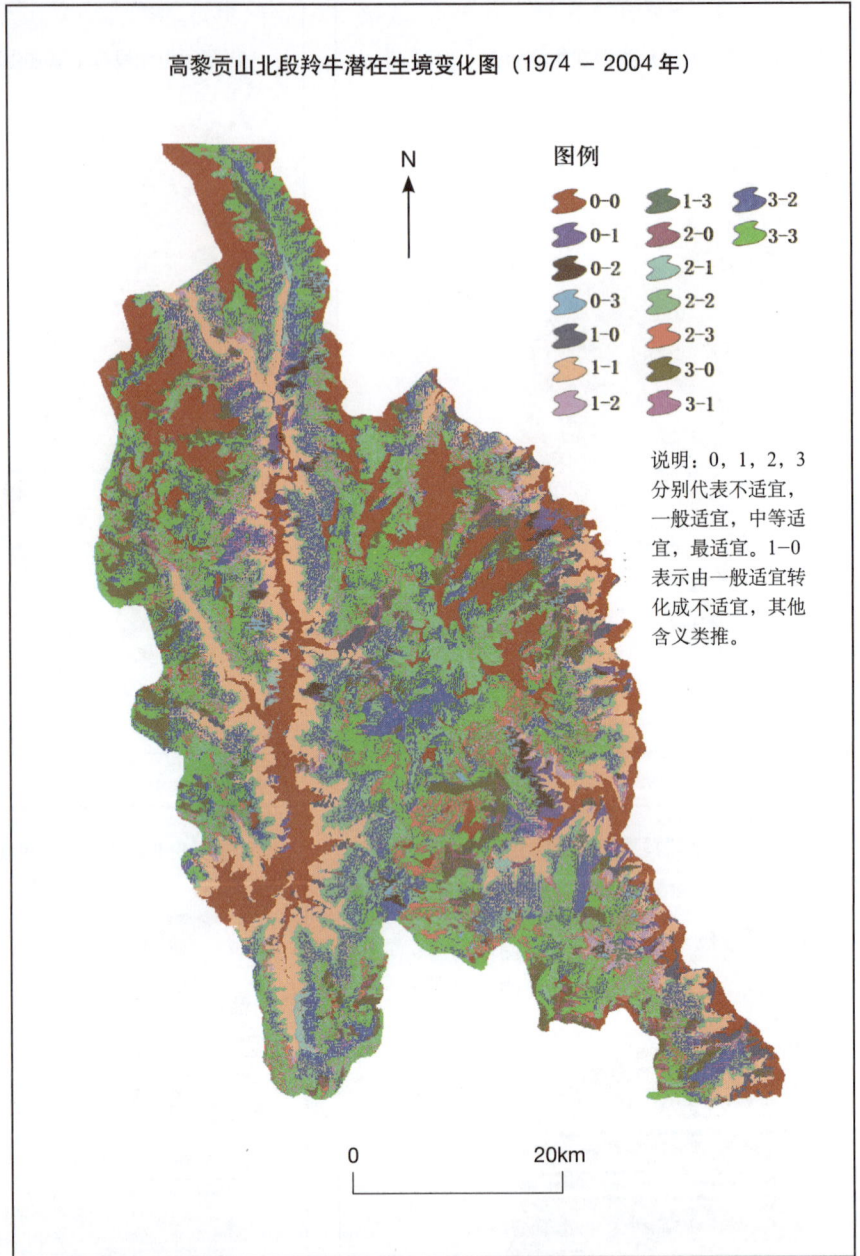

高黎贡山北段羚牛潜在生境变化图（1974 – 2004 年）

N

图例

0-0　　1-3　　3-2
0-1　　2-0　　3-3
0-2　　2-1
0-3　　2-2
1-0　　2-3
1-1　　3-0
1-2　　3-1

说明：0，1，2，3
分别代表不适宜，
一般适宜，中等适
宜，最适宜。1-0
表示由一般适宜转
化成不适宜，其他
含义类推。

0　　　　　　20km

图 11-7　1974 ～ 2004 年间羚牛潜在生境转化图

高黎贡山北段羚牛实际生境分布（1974 年）

N

图例

不适宜
一般适宜
中等适宜
最适宜

0   20km

a

高黎贡山北段羚牛实际生境分布（1989 年）

N

图例

不适宜
一般适宜
中等适宜
最适宜

0   20km

b

高黎贡山北段羚牛实际生境分布（1999 年）

N

图例

不适宜
一般适宜
中等适宜
最适宜

0   20km

c

高黎贡山北段羚牛实际生境分布（2004 年）

N

图例

不适宜
一般适宜
中等适宜
最适宜

0   20km

d

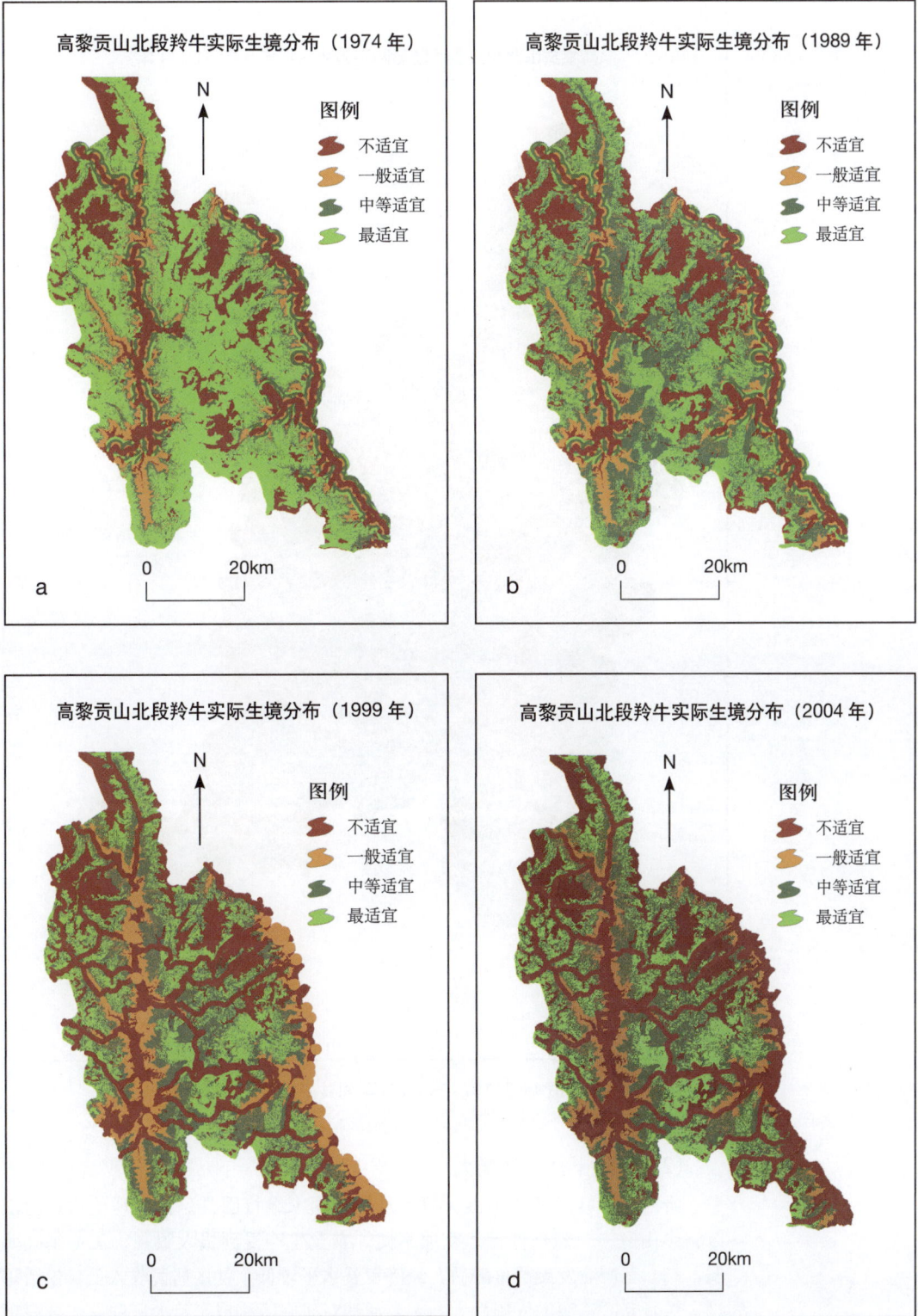

图 11-8 研究区各年度羚牛实际生境适宜度评价图（a-1974 年，b-1989 年，c-1999 年，d-2004 年）

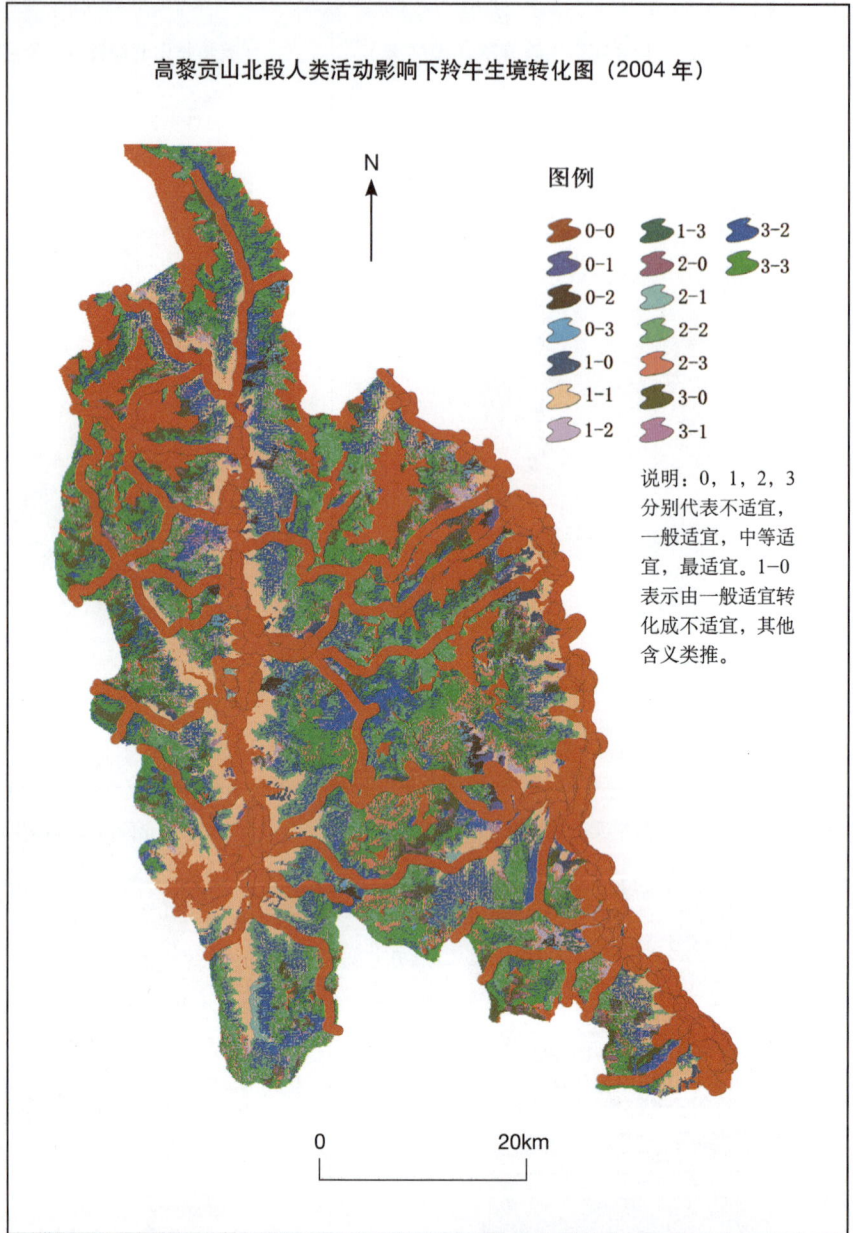

图 11-9 1974～2004 年间羚牛实际生境转化图

（2）人为干扰强度增大

研究区所涉及的贡山县、福贡县均是国家级特困县。由于地处边远的山区、半山区，自然条件差，交通不便，农业生产受到极大限制，工业基础薄弱，二、三产业发展严重滞后，经济发展水平较低。社区居民收入低，生活困难，对研究区资源的依赖性大。人类活动对研究区构成了巨大威胁。主要表现为羚牛被捕杀事件时有发生和对其生境的破坏和干扰不断增强。在实地调查中多次见到被人捕杀后的羚牛的遗骸。人类活动影响下，最适宜羚牛的生境大面积消失,生境变化比例逐年增加。生境的适宜性降低明显,最适宜生境演变为中等适宜、一般适宜和不适宜,中等适宜演变为一般适宜和不适宜,而一般适宜则转化成不适宜。

(3)生境破碎化程度增加

适宜羚牛的生境斑块的破碎度和分离度逐年增大(图11-8),适宜生境之间连通性降低,对羚牛生存构成威胁。对研究区的景观格局进行分析可知,森林、灌丛、草地各类型的破碎度和分离度较小,说明受人类干扰小。

(4)执法力度不够

虽然省级相关部门在认真贯彻执行国家的法律法规的前提下,结合云南的具体情况,陆续制定颁布了《云南省森林和野生动物类型自然保护区管理细则》、《云南省陆生野生动物保护条例》、《云南省自然保护区管理条例》等一系列地方性法规和政府规章。但由于管理人员有限,素质不够高,管理与环保执法不力,人为干扰与破坏生境行为时常发生,十分不利于羚牛的保护。

(5)羚牛基础研究薄弱

由于高黎贡山自然条件复杂,羚牛现实栖息地偏远,难以实施全面、长期的观测,研究成果和现实可供参考的资料极少,不能为高黎贡山羚牛保护提供更多的决策依据,这给羚牛后续保护研究带来一定的困难。

11.6.2 高黎贡山羚牛生境恢复

(1)生境恢复及优化的理论基础

野生动物生境的恢复建设是在野生动物生境现状研究和评价的基础上,以景观生态学的理论为指导,合理地规划和建设生境的空间结构,将生境中的各种廊道、斑块与基质的数量和空间格局进行优化,使生境充分发挥其功能,维护生境生态系统的平衡,为生物多样性创造健康的生存空间。野生动物生境的恢复建设就是合理开展生境景观生态规划的过程。景观生态规划的最终目标是人与自然关系的协调,时空结合意义上的可持续发展。其目的主要包括三个方面的内容:景观结构的改善与功能的协调;景观的最优化利用;景观的维持与发展。

景观生态规划与设计的基本内容应包括:景观生态分类、景观生态评价、景观生态设计、景观生态规划和实施四个方面的内容(傅伯杰,1991)。景观生态学规划与设计过程首先是开展景观的生态分类、格局与动态分析、功能分化等研究。其次是评价景观对现有用地状况的适宜性,以及对于已确定的将来用途的适宜性。再次是景观生态规划与设计。根据景观生态评价的结果,探讨景观的最佳利用结构。最后是景观管理。一方面是负责景观生态规划与设计成果的实施;另一方面对于实施过程中所出现的问题,应及时反馈到景观生态规划与设计人员那里,使其对于规划与设计能够不断进行修改,使之完善。

景观生态规划与设计的基本原则包括:①整体优化原则;②时空深度、广度原则;③异质性与多样性原则;④景观针对性原则;⑤遗留地保护原则;⑥

生态关系协调与可持续原则；⑦综合性原则；⑧规划的最优化与现实性协调原则（贾宝全和杨洁泉，2000）。

高黎贡山羚牛生存于国家级自然保护区，开展羚牛保护的生境规划设计，应该注意以下几个方面：①尽可能增加自然保护区的面积，因为一个大的自然保护区要比小的自然保护区保存的物种多（刘茂松和张明娟，2004）。②合理的斑块形状。一个能满足多种生态功能需要的斑块形状应该包括一个较大的核心区和一些可以充分与外界发生相互作用、利于物质能量交换的边缘触须或触角。将典型地带性森林植被和珍稀濒危动植物资源，人为干扰少、自然生态系统保存比较完好的区域划为核心区。建立缓冲区以减少外围人为活动对核心区的干扰。③高黎贡山自然保护区北、中、南段应该完全连接，因此要合理的设计廊道，以增加斑块之间的连通性，以减少隔离程度。④增加景观异质性，以有利于物种的生存和连续及整体生态系统的稳定。

（2）高黎贡山羚牛生境规划原则

野生动物保护区景观生态规划主要是在对保护区域景观综合评价的基础上，进行野生动物保护区域的功能区划与其他专项规划。在具体的规划中，主要涉及两类内容的规划：①斑块的规划和设计，包括斑块的大小、数目、形状和位置的设计；②廊道的规划和设计，包括廊道的数目、构成、宽度和形状的规划设计。在对高黎贡山羚牛生境景观生态规划中将利用自然保护区功能分区规划设计的方法，进行生态核心区和生态缓冲区以及羚牛迁移廊道的设计。

A. 羚牛生境区域功能区划

核心区是指植被群落和生态系统受到绝对保护的区域，一般处于自然保护区的中心地带，是羚牛生存的最佳场所。开展高黎贡山羚牛生境核心区规划的原则为：①核心区的设计在有效生境实际生境的基础上进行；②核心区包括最适宜生境和中等适宜生境两类；③小于50km^{2}的最适宜和中等适宜斑块不划分为核心区；④尽可能少地把城镇和居民点包括在规划保护区的范围内。

缓冲区的主要功能是保护核心区的生态过程和自然演替，减少外界景观人为干扰对核心区带来的冲击。在羚牛生境景观规划中，由于缓冲区位于居民点和生态核心区之间，其与核心区域无论是在生物流的交换上还是在景观的连通性上都是息息相关的。缓冲区的规划主要选取较适宜生境地区。

B. 羚牛生境廊道的规划设计

廊道的规划主要考虑到廊道的数目、廊道的构成、廊道的宽度以及形状，而这些参数的确定必须对研究动物进行长期的定点观测。由于野外对于羚牛迁移的定位观测较少以及野外调查研究的困难，对于羚牛生境廊道的规划主要是从定性的角度来描述。根据自然保护区的规划原则，并结合羚牛生境评价指标体系，实施高黎贡山羚牛生境景观规划。

C. 高黎贡山羚牛生境规划与恢复

从对羚牛生境选择与影响因子的分析结果来看，人类活动对羚牛生境影响破坏最大。从羚牛生境的年际变化来看，各年的羚牛生境差异显著。故恢复羚牛生境相当于对人类活动强度大或羚牛生境从适宜变为不适宜的区域进行恢复。主要从以下两方面着手：①增加这些生境的景观连接度，有效地连接孤立或残存的最适宜生境斑块。②由人类活动引起的生境退化区域，应进一步限制人类在此生境活动。

根据以上规划原则，以分析评价结果和辅助数据为基础，在GIS技术的支撑下，实施高黎贡山羚牛生境景观规划：①高黎贡山羚牛生境核心区的规划。首先，提取最适宜生境和中等适宜生境两类区域；其次，去除这两类区域中面积小于50km²的斑块；再次，以城镇和居民地做1km的缓冲区，区外为保护区的范围；最后，提取较适宜生境地区作为缓冲区。②羚牛生境廊道的规划设计。目前，廊道的形状和宽度设计还缺乏相关研究参数支撑。

11.6.3 羚牛保护策略及建议

（1）加强羚牛现有生境的保护

①在适宜生境区域，坚决控制和减少村民的活动，使羚牛的生境得到严格的保护。如捕猎、砍伐、挖野菜等非林产品的采集活动。在中等适宜生境区域，减少居民的农业活动显得尤为重要。②将被隔离的生境单元连接起来，使得北段羚牛生境成为相互连接的整体。高黎贡山北段羚牛生境隔离主要是由于交通干线，农业活动与森林资源开发导致的生境退化。为了保护羚牛生境，应消除羚牛生境隔离因素，增强生境连接度，建立或保护好羚牛在中缅边境上的迁徙廊道。因此，加强高黎贡山北段人类干扰地区的生境恢复是使羚牛生境成为整体的重要举措。

（2）充分注意人类活动对羚牛生境的影响

通过对研究区近30年来四个时段的景观格局进行分析研究，从1974到2004年，景观的破碎度和分离度逐年增加。近年来，高黎贡山北段尤其是独龙江旅游业迅速发展，大规模的交通建设与旅游区的开发将进一步加剧高黎贡山北段羚牛生境破碎化程度，从而威胁羚牛等野生动物的生存与繁衍。

（3）完善相关的保护法规政策，以法制来约束人类的行为

羚牛是国家一级保护动物，应进一步完善健全的法规来对研究区的羚牛进行保护。各相关部门应进一步强化羚牛保护法律、法规、政策的学习、宣传和贯彻，以增强全社会的法制观念和保护意识；另外，加强依法查处对羚牛及其生境造成破坏与威胁的违法犯罪行为处理力度。

（4）深入开展羚牛的科学研究工作

今后应在现有研究基础上，进一步研究羚牛各种群之间的迁移规律，研究对影响羚牛生境选择的因素的调控措施，建立可供羚牛自由迁移的生境廊道，加强监测，对高黎贡山整个羚牛分布区进行生境评价、恢复与重建等，是保护羚牛的一项重要基础性工作。其次，广泛开展研究区项目合作，促进研究区科学研究的自身发展。同时强化羚牛保护意识，对来此的游客和当地居民进行教育，使之了解羚牛保护的重要性。

（5）扶持社区发展，促进羚牛保护

研究区涉及的贡山县辖四乡一镇（独龙江乡、丙中洛乡、茨开镇、捧打乡、普拉底乡），这些地区属特困地区，当地居民生产活动对羚牛保护产生了重要的影响，发展该区经济有利于缓解保护区的压力。近年来，云南省在保护区的管理方面借鉴了国外社区共管的管理思想和管理方法，积极开展社区共管工作。关心和扶持保护区内及周边地区村社农村经济的发展，以减少当地居民对保护区内资源的依赖与压力，引导他们参与保护区的管理。

参考文献

艾怀森. 1998. 高黎贡山的羚牛. 云南林业 3: 20.

艾怀森. 1999. 羚牛在高黎贡山的栖息地及食性. 野生动物 20(4): 36-37.

艾怀森. 2000. 高黎贡山中南段羚牛栖息地与食性初步观察. 云南林业科技 3: 61-67.

艾怀森. 2003. 羚牛在中国的地理分布与生态研究现状. 四川动物 21(1): 14-18.

陈华豪, 高中信, 袁述. 1990. 用综合评分法和判别排序法对丹顶鹤繁殖生境进行评价分析. 见: 黑龙江林业厅主编. 国际鹤类保护与研究. 北京: 中国林业出版社, 61-65.

邓其祥. 1981. 蜂子河冬春季羚牛的生活习性与社群结构. 南充师院学报(自科版)3: 90-94.

冯利民, 张立. 2005. 云南西双版纳尚勇保护区亚洲象对栖息地的选择. 兽类学报 25(3): 229.

傅伯杰. 1991. 景观生态学的对象和任务. 见: 肖笃宁, 贺红仕, 徐岚主编. 景观生态学——理论、方法与应用. 北京: 中国林业出版社.

葛桃安, 胡锦矗, 江明道, 邓启涛. 1989. 唐家河自然保护区扭角羚的兽群结构及数量分布. 兽类学报 9(4): 262-268.

国艳莉, 张立, 董永华. 2006. 西双版纳野生亚洲象的觅食行为. 兽类学报 26(1): 54.

何大明, 李恒. 1996. 独龙江和独龙族综合研究. 昆明: 云南科技出版社, 1-25.

何大明, 吴绍洪, 彭华, 杨志峰, 欧晓昆, 崔保山. 2005. 纵向岭谷区生态系统变化及西南跨境生态安全研究. 地球科学进展 20(3): 338-344.

黄华梨, 张涛, 杨文. 1996. 白水江自然研究区羚牛的分布与栖息地特征. 兽类学报 16(3): 230-234.

贾宝全, 杨洁泉. 2000. 景观生态规划: 概念、内容、原则与模型. 干旱区研究 17(2): 70-77.

蒋志刚, 雷润华, 刘丙万, 李春旺. 2003. 普氏原羚研究概述. 动物学杂志 38(6): 129-132.

郎学东, 彭明春, 王崇云, 李永杰, 段禾祥, 李晓华, 江望高. 2008. 南滚河流域亚洲象生境质量现状评价. 云南大学学报(自然科学版) 30(4): 415-423.

李学友, 杨士剑, 杨洋. 2008. 滇金丝猴现状及研究进展. 生物学通报 43(4): 5-7.

李芝喜, 李红旮, 陆锋. 1996. 亚洲象生境评价. 环境遥感 11(2): 108-115.

林柳, 冯利民, 赵建伟, 郭贤明, 刀剑红, 张立. 2006. 在西双版纳国家级自然保护区用3S技术规划亚洲象生态走廊带初探. 北京师范大学学报(自然科学版) 42(4): 405-409.

刘丙万, 蒋志刚. 2002. 普氏原羚生境选择的数量化分析. 兽类学报 22(1): 15-21.

刘茂松, 张明娟. 2004. 景观生态学——原理与方法. 北京: 化学工业出版社.

刘雪华, Andrew K, Skidmore, Bronsveld MC. 2006. 集成的专家系统和神经网络应用于大熊猫生境评价. 应用生态学报 17(3): 357-560.

刘雪华, Bronsveld MC, Toxopeus AG, Kreijns MS, 张和民, 谭迎春, 汤纯香, 杨建, 刘明聪. 1998. 数字地形模型在濒危动物生境研究中的应用. 地理科学进展 17(2): 50-58.

龙勇诚, 钟泰, 肖李. 1996. 滇金丝猴地理分布、种群数量与相关生态学的研究. 动物学研究 4: 145-152.

麻奎太, 郑松峰, 何百锁, 孙延昌. 2001. 夏秋季羚牛对长青自然保护区境内栖息地的选择初报. 动物学杂志 36(4): 66-69.

马亦生. 1999. 太白山自然保护区羚牛分布的初步调查. 兽类学报 19(2): 155-157.

马志军, 李文军, 王子健. 2000. 丹顶鹤的自然保护. 北京: 清华大学出版社, 1-210.

年波. 2004. 基于RS和GIS的滇金丝猴生境适宜性评价和景观规划研究. 云南师范大学(硕士论文).

宋延龄, 曾治高. 1999. 秦岭羚牛的集群类型. 兽类学报 19(2): 81-87.

宋延龄, 曾治高, 张坚, 王学杰, 巩会生, 王宽武. 2000. 秦岭羚牛的家域研究. 兽类学报 20(4): 241-249.

王小明, 邓启涛. 1987. 唐家河自然保护区羚牛观察. 野生动物 6: 16.

王秀磊. 2004. 普氏原羚生境的景观动态与适宜性评价研究. 中国林业科学研究院(硕士论文).

王应祥. 1995. Ⅵ 野生动物资源(兽类). 见: 薛纪如主编, 高黎贡山国家自然保护区. 北京: 中国林业出版社, 277-299.

韦玉春, 陈锁忠. 2005. 地理建模原理与方法. 北京: 科学出版社, 142-157.

吴钢, 王宏昌, 付海威, 赵景柱, 杨业勤. 2004. 樊净山自然保护区黔金丝猴生境选择的研究(英文). 林业研究(英文版)15(3): 197-202.

吴华, 胡锦矗. 2001. 四川唐家河羚牛、鬣羚、斑羚春冬季生境选择比较研究. 生态学报 21(10): 1627-1633.

吴华, 张泽均, 胡杰, 胡锦矗. 2002. 四川扭角羚春冬季对栖息地的利用初步研究. 动物学杂志 37(1): 23-27.

吴家炎. 1990. 中国羚牛. 北京: 中国林业出版社, 63, 169.

吴家炎, 韩亦平, 雍严格, 赵俊武. 1986. 中国羚牛食性及种群特征的初步研究. 动物世界 3(2-3): 1-4.

吴家炎, 吕宗宝, 邓永烈. 1966. 秦岭太白山地区羚牛生态的初步观察. 动物学杂志 8(3): 107-108.

吴家炎, 牛勇. 1981. 我国兽类的新记录——不丹羚牛. 动物分类学报 6(1): 105.

吴金亮, 江望高. 1999. 近40年来亚洲象在西双版纳州的分布变迁. 野生动物 20(3): 8.

颜忠诚, 陈永林. 1998. 动物生境选择. 生态学杂志 17(2): 43-49.

杨正斌, 陈明勇, 董永华, 刘林云, 杨士剑. 2006. 西双版纳国家级自然保护区勐养子保护区亚洲象生境现状分析. 林业调查规划 31(3): 49-51.

叶润蓉, 蔡平, 彭敏, 卢学峰, 马世震. 2006. 普氏原羚的分布和种群数量调查. 兽类学报 26(4): 373-379.

余建英, 何旭宏. 2003. 数据统计分析与SPSS应用. 北京: 人民邮电出版社, 191-211.

袁重桂, 江明道. 1990. 唐家河自然保护区冬季独栖羚牛及其习性. 动物学研究 11(3): 204-207.

曾治高, 宋延龄. 1998. 秦岭羚牛的舔盐习性. 动物学杂志 33(3): 31-33.

曾治高, 宋延龄. 1999. 秦岭羚牛中独栖现象的初步研究. 兽类学报 19(3): 169-175.

曾治高, 宋延龄. 2001. 秦岭羚牛春夏季昼夜活动节律与时间分配. 兽类学报 21(1): 7-14.

曾治高, 宋延龄, 巩余生. 1998. 佛坪自然保护区羚牛的种群数量与结构特征. 兽类学报 18(4): 241-246.

曾治高, 宋延龄, 钟文勤, 巩会生, 张坚, 党高第, 2001. 秦岭羚牛的食性. 动物学杂志36(3): 36-44.

张国珺, 朱慧贤, 屈文政, 李炳章. 2001. 云南境内羚牛分布的研究. 陕西师范大学学报 29(专辑): 180-181.

张洪亮. 1999. 基于GIS的生境类型及其与印度野牛生存关系的研究. 应用生态学报 10(5): 619-622.

张洪亮. 2000a. 基于GIS的贝叶斯统计推理技术在印度野牛生境概率评价中的应用.遥感学报 4(1): 66-70.

张洪亮. 2000b. 应用多元统计技术和GIS技术进行印度野牛生境定量分析. 热带地理 20(2): 152-155.

张立, 王宁, 王宇宁. 2003. 云南思茅亚洲象对栖息地的选择与利用. 兽类学报 23(2): 185.

张涛, 黄华梨. 1995. 白水江地区羚牛生态初步研究. 见: 张洁主编, 中国兽类生物学研究. 北京:中国林业出版社, 110-114.

Liu XH, Bronsveld MC, Toxopeus AG, Kreijns MS. 1997. GIS application in research of wildlife habitat change – a case study of the giant panda in Wolong Nature Reserve. The Journal of Chinese Geography 7(4): 51- 60.

Liu XH, Skidmore AK, Wang TJ, Yang Y, Prins HHT. 2002. Giant panda movement pattern in Foping Nature Reserve, China. Journal of Wildlife Management 66 4: 1179-1188.

Liu XH, Albertus G, Toxopeus, Andrew K, Skidmore, Shao XM, Dang GD, Wang TJ, Prins HHT. 2005. Giant panda habitat selection in foping nature reserve, China. The Journal of Wildlife Management 69(4): 1623-1632.

作者简介

王金亮 博士，教授，云南师范大学旅游与地理科学学院副院长，硕士生导师，云南省高等学校教学与科研带头人，云南省中青年学术技术带头人后备人才，云南师范大学学术带头人，云南师范大学特聘岗位教授，云南省省级精品课程《遥感原理与方法》主持人，云南省地理学会常务理事，中国地理学会环境遥感分会理事。主要开展遥感与GIS应用研究、环境与可持续发展教育研究。近年来主持国家自然科学基金2项、973子课题1项、云南省自然科学基金2项、云南省教育厅自然科学基金项目等20多项；主持保护国际（CI）、国际混农林研究中心（ICRFA）、美国大自然保护协会（TNC）、香港乐施会（Oxfam）等国际机构项目7项；参加完成各级项目等多项。在《JOURNAL OF ENVIRONMENTAL SCIENCES》、《地理科学进展》、《生态学报》等重要核心期刊和IEEE等国际会议上发表学术论文60余篇，EI收录6篇，出版著作3部。获中国"2005年福特汽车环保奖"（环境教育项目提名奖）等奖励3项。

Email：wangjlyn@263.net

李石华 云南省马龙县人。硕士，工程师。2006年毕业于云南师范大学，获理学硕士学位。主要从事遥感图像处理、RS和GIS在生态环境评价中的应用研究。2006年7月就职于云南省基础地理信息中心。在校期间曾参与完成导师国家自然科学基金项目和973项目子项目各一项。工作期间参与单位的省部级项目一项，主持并完成省级项目——"云南省第二次全国土地调查坡度图制作"。在《测绘科学》、《红外技术》、《国土资源遥感》、《遥感信息》等相关刊物发表文章10余篇。

Email：lsh8010@163.com

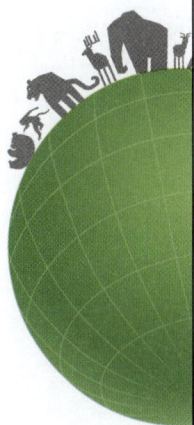

第12章

3S特别技术及其应用介绍

刘雪华 程迁

3S技术是地理信息系统（GIS）、遥感（RS）、全球定位系统（GPS）有机结合与集成的总称，是对空间数据实时采集、更新、处理、分析以及为各种实际应用提供科学决策咨询的强大技术体系。目前许多专家利用3S技术在野生动物生境的研究中取得了丰硕的成果，为野生动物生境的保护和恢复提供了科学依据。这里仅对与野生动物保护相关的3S技术进行简要介绍。

12.1 全球定位系统（GPS）全球定位及导航功能

12.1.1 GPS简介

GPS（Global Positioning System）即全球卫星定位系统，是由美国建立的一个卫星导航定位系统，利用该系统，用户可以在全球范围内实现全天候、连续、实时的三维导航定位和测速；另外，利用该系统，用户还能够进行高精度的时间传递和高精度的精密定位。

GPS的整个系统由空间部分、地面控制部分和用户部分所组成：①空间部分是由24颗卫星组成，用于发出导航定位的信号。②地面控制部分是由若干个跟踪站组成的监控系统，负责卫星调度和参数的计算与传输。③用户部分是接收GPS卫星所发出的信号，利用这些信号进行导航定位等工作。生活中常见的车载导航仪、PDA以及野外工作中常用的手持GPS均属此类。

GPS信号接收是根据GPS信号从卫星到达接收天线的传播时间来定位的。

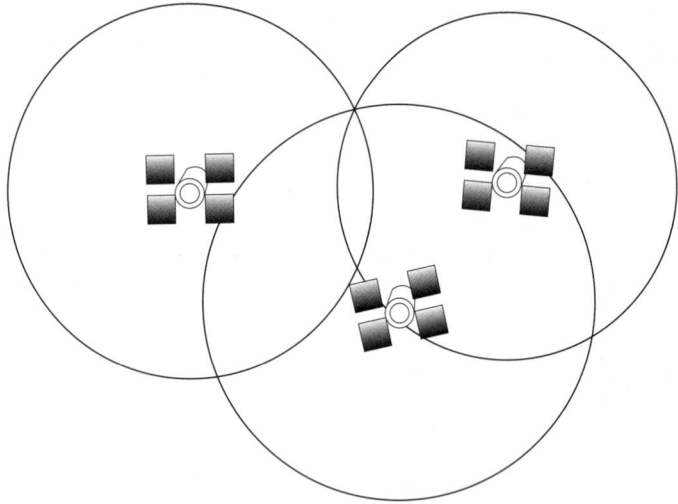

图 12-1 GPS 定位原理示意图
(引自：Simthsonia Institute – National Zoological Park 和清华大学，2009 野生动物管理人员地理信息系统和遥感技术培训教材)

由于无线电信号传播速度是已知常数，因此可根据传播时间计算两者之间的距离。同时GPS卫星有既定轨道，根据卫星时间可测算其位置。已知了卫星的位置和卫星到达GPS接收器的距离，就可以确定GPS接收器位于以卫星位置为中心以距离为半径的球面上。接收器同时接受多颗卫星的数据，就可以确定多个这样的圆，当卫星数大于等于3后，这些球面在地面上出现唯一的交点，这个交点的坐标即为GPS接收器的位置（图12-1）。考虑到地球表面并非平坦面，有高山，有峡谷，故通常需接受4颗及以上卫星的数据，所计算的位置比较准确。

　　GPS的定位方式可以分为静态和动态两种。所谓动态定位，就是在进行GPS定位时，认为接收器的天线在整个观测过程中的位置是变化的，多用来测定一个运动物体的运行轨迹，如航行中的船舰，空中的飞机，行走的车辆等。相对的，静态定位就是在进行GPS定位时，认为接收器的天线在整个观测过程中的位置是保持不变的。接收器高精度地测量GPS信号的传播时间，利用GPS卫星在轨的已知位置，解算出接收器天线所在位置的三维坐标（当卫星数大于3时）或二维坐标（当卫星数等于3时）。

12.1.2 GPS定位功能

　　根据使用目的的不同，用户要求的GPS信号接收器也各有差异。目前世界上已有几十家工厂生产GPS接收机，产品也有几百种。这些产品可以按照原理、用途、功能等来分类。野外监测中用于定位的接收器多为手持GPS，此类GPS具有较好的防水防震效果，且提供电子罗盘、面积计算、日升日落时间、气压计、温度计等功能，能较好地适应野外环境。

本文以Garmin GPS 72（图12-2）为例，简单介绍GPS定位操作方法。

①长按红色按钮，直至屏幕显示开机界面。

②按翻页键（PAGE）至GPS信息页，待连接上的卫星数大于等于3时（建议多于3颗卫星），屏幕中将显示所在点的经纬度、海拔等信息。

③点击回车键（ENTER），接受自动定名，或重新命名，再按回车键（ENTER）。选存贮（SAVE），完成一个路点的定位和记录。这里建议采用GPS内给定的命名，以便提高速度，然后在笔记本上记录点号和其他相关环境信息。GPS内的记录和笔记本上的记录能起到双保险的作用。

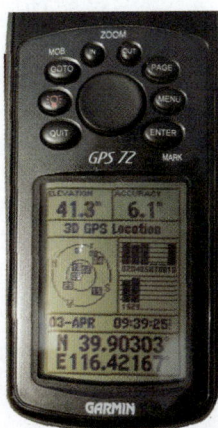

图 12-2 Garmin GPS 信息页面

12.1.3 GPS数据导出

GPS数据导出之前，请确认安装了MapSource软件，且将GPS与电脑之间用数据线连接完毕。

打开MapSource，点击工具栏中的"传送/从设备接收"，在打开的"从设备接收"对话框中，设备一栏将自动显示已经连接的设备。勾选接收内容，单击"接收"。接收完毕，即可在左边的内容表和右边的空间图中查看航点、航迹、航线等（图12-3）。

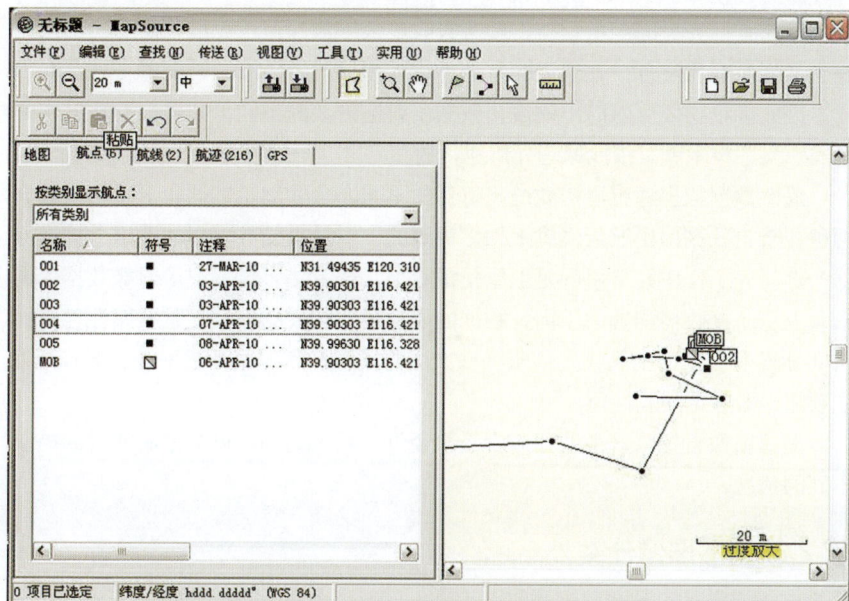

图 12-3 GPS 数据导出结果图

12.1.4 GPS导航功能

GPS的导航功能是野外调查中最为常用的功能之一，如寻找设定的地面调查样点或样方。GPS导航功能可以通过设定走向和活动路线两种方式达到。

① "走向"（GOTO）目标方式。"走向"目标的设定可以按"GOTO"键，然后从列表中选择一个路标（Waypoint），然后转到"导向"页面，上面会显示你离目标的距离、速度、目标方向角等数据。

② 活动路线（Activity route）方式。活动路线一般在"菜单（MENU）/计划路线（Plan route）"下设定。把某条路线激活，按照和"GOTO"相同的方式，"导向"页会引导你走向路线的第一个点，一旦到达，目标点会自动更换为下一路点，"导向"页引导你走向路线的第二个点。若行进过程中偏离了路线，越过了某些中间点，一旦你再回到路线上来，GPS会跳过你所绕过的那些点，指向线路上你当前位置对应的下一个点。

12.2 遥感（RS）判别分类功能

12.2.1 遥感简介

RS（Remoto Sensing），即遥感，是从不同高度平台上使用各种传感器接收来自地球表层各类地物的各种电磁波信息，并对这些信息进行传输、加工处理，从而达到对不同地物及其特性进行远距离探测和识别的综合技术。

遥感技术通常靠测量目标物体反射或释放的电磁能量获得信息。电磁波分为无线电波、微波、红外辐射、可见光、紫外辐射、X光和伽马射线等。不同电磁波之间速度相同，但因波长不同，携带的能量也不同。以可见光为例，白光是多种颜色混合而成，照到物体上不同颜色的光会不同程度地被反射和吸收。例如我们看见的红色物体，即为吸收较多绿色和蓝色波段，而反射红色光波，从而显现为红色。地球表面每一种物体都反射电磁波，其反射方式各有不同。因此接收物体反射的电磁波，依据反射电磁波的不同，即可推测反射物的种类。遥感技术就是依此原理分辨地物的。

遥感数据依据遥感器搭载的飞行器的不同，分为航拍数据和卫星拍摄数据两种。航拍数据即由航天飞机上拍摄得到的，卫星拍摄数据即为卫星上拍摄得到的。研究工作中较常用的是卫星拍摄数据，即卫星影像。卫星影像数据依据搭载卫星、接收器配置的不同，数据的属性也有较大的差别，重要属性包括：空间分辨率、光谱波段或光谱分辨率、图幅面积、和时间分辨率等。表12-1为主要遥感器数据的属性值。

遥感图像自接收器上取回后，需要经过一系列处理才可依据研究目的提取不同的信息。

12.2.2 遥感图像分类

遥感图像分类即通过遥感图像分析来识别地物的过程。遥感技术是通过对

表 12-1 遥感数据属性

遥感器	空间分辨率（m）	光谱波段/光谱分辨率	图幅面积	时间分辨率
AVHRR	1000	可见光、近红外、2热红外	航带800 km	12小时
Landsat MSS	68	绿色、红色、2近红外	185×175 km^2	16天
Landsat TM	30	蓝绿、绿、红、近红外、2中红外	185×175 km^2	16天
	60	热红外		
Landsat ETM	30	蓝绿、绿、红、近红外、2中红外	185×175 km^2	16天
	60	红外		
	15	可见光（全光谱）		
SPOT	20	绿、红、近红外	60×117 km^2	2.5天
	10	可见光（全光谱）	60×60 km^2	
IRS 1B（LISS2）	36	蓝、绿、红、近红外	航带74 km	22天
IRS 1C（LISS3）	25	绿、红、近红外、中红外	航带142 km	24天
IRS 1C	5	可见光（全光谱）	航带70 km	5天
CBERS	19.5	可见光	航带885km	3~5天
	80/160	红外		
Quick Bird	0.61/2.44	蓝、绿、红、近红外	16.5×16.5 km^2	1~6天
MODIS	250	全光谱	航带2330 km	1天
Aster	15/30/90	可见光/近红外、短波红外、热红外	60×60 km^2	15天

遥感传感器接收到的电磁波辐射信息特征的分析来识别地物的，这可以通过人工目视解译来实现，也可以用计算机进行自动分类处理，或者将两者相结合来实现。遥感图像分类的方法可以分为非监督分类和监督分类两种。

（1）非监督分类

非监督分类是指人们事先对分类过程不施加任何的先验知识，而仅凭数据（遥感影像地物的光谱特征的分布规律），即自然聚类的特性，进行"盲目"的分类；其分类的结果只是基于光谱差异对不同类别达到了区分，但并不能确定类别的属性，其类别的属性是通过分类结束后目视判读或实地调查确定的。非监督分类也称聚类分析。一般的聚类算法是先选择若干个模式点作为聚类的中心。每一中心代表一个类别，按照某种相似性度量方法（如最小距离方法）将各模式归于各聚类中心所代表的类别，形成初始分类。然后由聚类准则判断初始分类是否合理，如果不合理就修改分类，如此反复迭代运算，直到合理为止。

非监督分类适用于没有研究区域类别先验知识的情况，它仅根据地物的光谱统计特性进行分类。因此，非监督分类方法简单，工作量小，易于实现，但与监督分类的结果相比，分类结果与实际类别相差较大，准确性不高。

非监督分类操作步骤如下：

①打开Erdas Imagine 8.7，单击分类（Classifier）工具下的非监督分类（Unsupervised Classfication），在弹出的对话框内指定输入图像和输出图像，并将"Output Signature Set（输出样本设置）"前面的"勾选"取消掉。将分

类数改为预分类数。填写最大重复次数（Maximum Iterations）和聚合收敛阈值（Convergence Threshold）。最大重复次数用于避免运行时间太长或者达不到聚类标准而产生死循环；聚合收敛阈值是指两次重复间类别的不变像元的最大百分数达到特定阈值或者更大时则处理停止。设置完毕，点击OK，待运行完毕，可通过视窗（Viewer）打开并查看结果。若分类的结果并不满意，可以通过重新设置参数值，再次运行非监督分类，直至得到相对满意的结果。通常为了得到较好的分类效果，将分类数设置为目标分类数的2~4倍之间的整数，运行监督分类后，再对各类进行合并。例如图12-4中左图是将影像分20类迭代15次后的效果图，右图是将20类合并为6类的结果。

②评价分类。分类完毕后用分类叠加来评价和测试分类精度。用栅格属性编辑器来比较原始影像数据和由非监督分类产生的专题栅格层的单个类别。

（a）打开前文的输入文件，选择层4，5，3。再打开分类后输出文件叠加于原图之上。

（b）在视窗（Viewer）中，选栅格图（Raster）/属性（Attribute），在栅格属性编辑器页面内选择编辑（Edit）/列属性（Column properties）。在列属性对话框内可以完成各类别先后顺序的重新排列、直方图的绘制、透明度的设置，颜色和类型名称的设置。

（c）设置所有类的不透明度（Opacity）为0，全部透明，下层全显。对选择的某一类别设置颜色，设它的不透明度（Opacity）为1，此类显示在图像中，用效果（Utility）/闪烁（Flicker）分析哪些像元应该赋予此类。

（d）修改各类的名称和颜色，如对Class1，将其名改为水域，并修改其颜色为蓝色。

（2）监督分类

监督分类是以建立统计识别函数为理论基础，依据典型样本训练方法进行分类的技术，是根据已知训练区提供的样本，通过选择特征参数，求出特征参数作为决策规则，建立判别函数以对拟分类影像进行图像分类，是模式识别的一种方法。监督分类的效果与训练区样本的选择关系密切，成功的监督分类要求训练区样本具有较好的典型性和代表性。若分类精度满足要求，则判别准则成立；反之，需重新建立分类的决策规则，直至满足分类精度要求为止。常用算法有：平行六面体法、最小距离法、马氏距离法、最大似然法、波谱角法、二进制编码法、光谱信息散度法、神经元网络法、支持向量机分类、基于专家知识的决策树分类、面向对象的分类等。

监督分类方法中最常用的是最大似然法，它是建立在贝叶斯概率准则基础上的分类方法，偏重于集群分布的统计特征。分类原理是假定训练样本数据的光谱空间分布服从高斯正态分布规律，做出样本的概率密度等值线，确定分类，然后通过计算像元属于各类的概率，将像元归属于概率最大的一类。

监督分类方法适用于对研究区域有先验知识的情况下。此类方法根据训练区样本选择特征参数，建立判别函数，对拟分类点进行分类。因此，训练区样本的选择是监督分类的关键。训练样本的选择要考虑到地物光谱特征，样本数

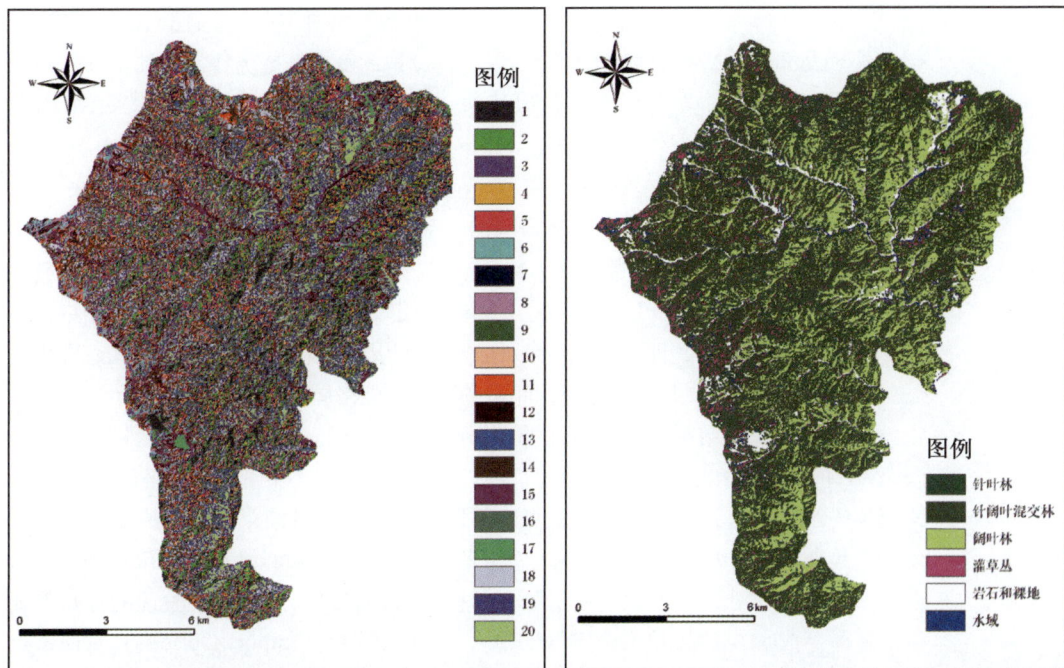

图 12-4 非监督分类效果图（以陕西观音山自然保护区生境分类为例，来自于刘雪华研究组研究成果）：
左图是非监督分类分 20 类的结果，右图是将 20 类合并为 6 类的结果。

目需满足分类的要求，有时这些并不容易做到，这是监督分类的不足之处。但与非监督分类相比，此方法精确度高，准确性好，与实际类别吻合较好。操作步骤如下：

　　本文中监督分类的案例，建立在已通过实地考察确定了研究区几种地类的多个样点的坐标与地类的基础上。例如研究区有5种地类，每种地类样点200个。将5种地类各取100个样点作为训练样本，另100个点作为精度检验的样本。

　　①将训练样本的样点坐标导入Arcmap，生成各地类样本点的空间图层，如地类1.shp. 具体操作步骤详见12.3.2的步骤2。

　　②生成训练样本。打开Erdas，导入待分类图层和地类的shp文件。单击矢量（Vector）/工具（Tools），点击矩形选择工具，将shp图层中的点全部选中。点击AOI/Copy selection to AOI……（将选定区转为AOI）。此时打开图层管理器视窗（Viewer）/视图（View）/图层管理器（Arrange layers），可以看见新生成的AOI图层。打开AOI/Tools，用矩形选择工具选中所有样点。回到Erdas主菜单，打开样本编辑器分类（Classifer）/样本编辑器（Signature Editor）。在样本编辑器中点击编辑（Edit）/添加（Add），即可将样点对应的待解译图层上的点作为训练样本加入到样本编辑器内。合并样本为单一类，并删除原有类，地类1的样本选取完成。用鼠标拖动图层，调整图层在图层管理器中的顺序，使其他地类图层处于列表最顶端，即进入被编辑状态，单击应用（Apply）。重复上面操作即可完成其他地类训练样本的选取。

221

③样本精度评价。在样本编辑器中点击评价（Evaluate）/一致性（Contingency），在弹出的对话框内，设定非参数规则为特征空间法（Feature Space），参数规则为最大似然法（Maximum Likelihood），单击确定（OK），即可查看评价结果。

④监督分类。评价结果满足要求以后，在样本编辑器中单击分类（Classify）/监督分类（Supervised），在弹出的对话框内输入结果图层的路径和文件名，设定非参数规则为特征空间法（Feature Space），参数规则为最大似然法（Maximum Likelihood），单击确定（OK）。待监督分类运行结束，点击确定（OK），即可查看结果（如图12-5为陕西观音山自然保护区遥感影像的监督分类结果，比较两个不同年份的土地覆被格局差异）。

⑤分类结果精度评价。单击分类（Classifer）/精度评价（Accuracy Assessment），在精度评价窗口内打开结果图层，单击图标为黑箭头加黑框的按钮，然后到待分类图层上点一下鼠标左键，即将结果图层与原始图层联系起来。点击编辑（Eidt）/输入使用者自定义的点（Import user-defines points），在打开的对话框内找到用于验证的样点所在目录，这里用于验证的样点需要保存成txt文件，单击确定（OK），在输入选项（Import Options）页面再点击确定（OK），即可将用于验证的样点导入精度评价的页面。此时精度评价页面内有5个列，分别为名字（Name）、X、Y、类型（Class）、相关信

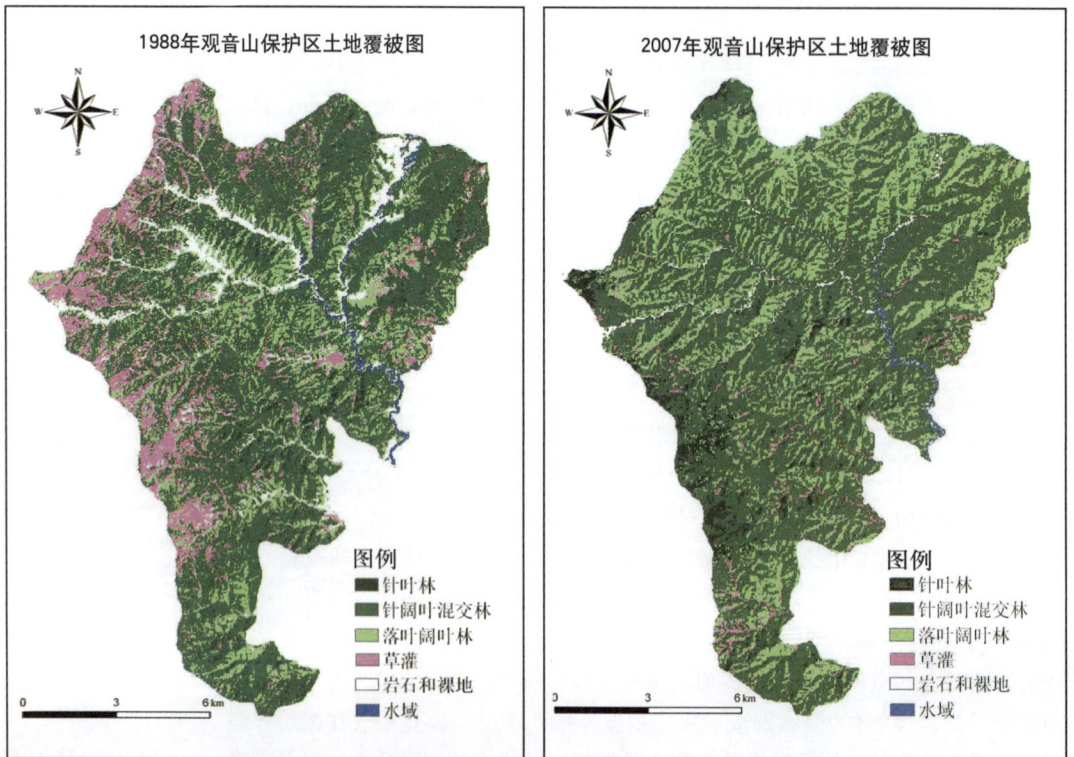

图 12-5　监督分类效果图
（以 1988 年 9 月和 2007 年 9 月陕西观音山自然保护区生境分类为例，引自：刘雪华等，2007）

息（Reference）。其中Reference列是样点真实的地类信息，需人工输入。点击编辑（Edit）/显示类型值（Show Class Values）即可看见Class列上的地类名，此列为结果图层上样点坐标对应的地类名。点击报告（Report）/精度报告（Accuracy Report），即可得分类结果的精度检验结果。精度不满足要求，则重复以前操作，直至精度满足要求为止。

12.3 地理信息系统（GIS）相关功能

12.3.1 GIS简介

GIS（Geographic Information System），即地理信息系统是在计算机硬、软件系统支持下，对整个或部分地球表层（包括大气层）空间中的有关地理分布数据进行采集、储存、管理、运算、分析、显示和描述的技术系统。地理信息系统处理、管理的对象是多种地理空间实体数据及其关系，包括空间定位数据、图形数据、遥感图像数据、属性数据等，用于分析和处理在一定地理区域内分布的各种现象和过程，解决复杂的规划、决策和管理问题。其技术优势在于它的数据综合、模拟与分析评价能力，可以得到常规方法或普通信息系统难以得到的重要信息，实现地理空间过程演化的模拟和预测。

以下将对GIS软件的随机布样、空间叠加、距离计算、颈圈数据处理、空间分区、布局制图等功能进行详细介绍。

12.3.2 GIS随机布样功能

野外调查活动中，设置随机样点并将随机样点的信息用空间图形表达出来，是研究人员经常要做的工作。在GIS平台上快速完成这一任务，步骤如下：

①生成随机坐标点。

例如在自然保护区内随机生成10个采样点，假设区域的范围为100°~102°E，37°~39°N。打开Excel 软件，在公式栏输入"= (RAND()×(b-a) +a"，a和b分别为经度或纬度取值范围的上下限值。即$f(x) = RAND() \times (102-100)+100$。点击Enter，得到一个100~102之间的随机数。将鼠标放在结果值所在的单元格右下角，当鼠标图像变成"+"，按住鼠标左键向下拖动19个单元格（为保证样点位置落在保护区范围内，这里取20个随机点），即可得到20个经度随机数。同理得到20个37°~39°之间的纬度随机数。两者合并即为20个随机点的坐标。

②将样点坐标导入ArcGIS

（a）打开Excel，将随机点的坐标整理成下列格式（表12-2）。整理完毕另存为随机点.csv文件。

（b）打开ArcMap，在主菜单栏点击工具（tools），在工具（tools）下拉菜单中单击 添加XY数据（Add XY Data），见图12-6。

（c）在添加XY数据（Add XY Data）对话框中找到.csv文件，单击添加（Add）。此时"定义X和Y坐标：（Specify the fields for the X and Y

表12-2 生成随机点的 .csv 文件格式

	X	Y
样点1	101.85	38.23
样点2	100.46	38.04
⋮	⋮	⋮
样点20	100.25	37.52

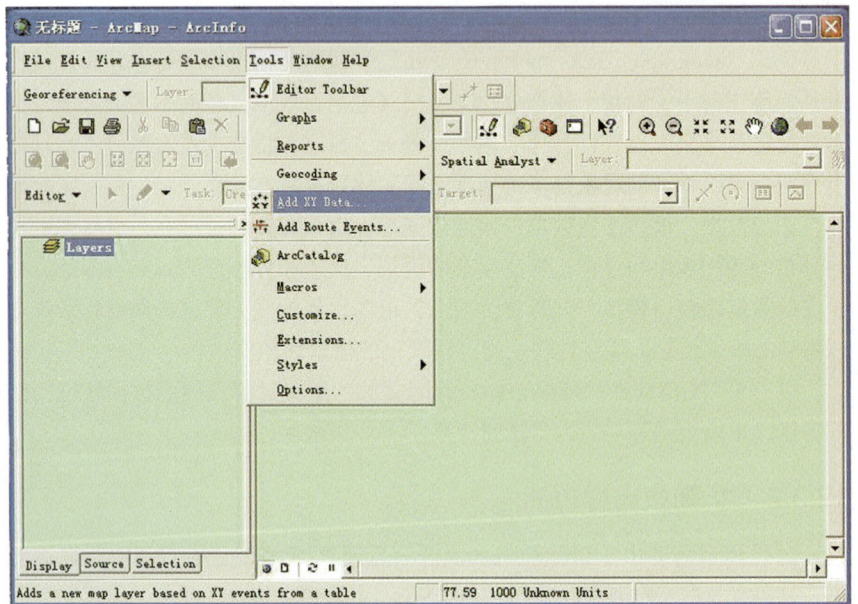

图 12-6 在 Arcmap 中添加坐标数据

coordinates:）"下面的选项框内将出现 csv文件中的列名，选择 X对应经度所在列，Y对应纬度所在列。

（d）在输入坐标系统的空间参考（Spatial Reference of Input Coordinates）框体下点击编辑（Edit）/选取（Select），然后沿路径找到你要的坐标体系，点确定，然后单击OK。即得到了随机样点的空间分布图，如图12-7。

（e）将图层另存为.shp格式。右键点击内容表中随机点图层，在下拉菜单中，点击数据（Data）/输出数据（Export Data），在输出.shp文件或特征类型（output Shapfile or feature class）下面的框内，选择输出文件的路径和输入文件名，然后单击OK。

③图像切割

由于我们需要的样点必须落在保护区范围内，因此得到随机点的空间分布后，要用保护区边界对其进行切割，将保护区范围内的点提取出来。具体步骤如下：

（a）点击添加数据（Add Data）工具，将保护区边界的多边形

（Polygon）图层添加进来。

（b）点击显示/隐藏工具箱（Show/Hide Arctoolbox Window）工具，页面中间将出现Arctoolbox的内容列表。

（c）点击分析工具（Analysis tools）前面的"+"，在子目录里点击提取（Extract）前面的"+"，双击子目录中的剪切（Clip）。

（d）在插入特征属性（Input Features）下面的选定被切割的图层，也就是随机点的空间分布图（图12-7）。

（e）在剪切特征属性（Clip Features）下面选定用于执行切割的图层，也就是保护区边界的多边形图层。

（f）单击OK，即可以得到保护区内的随机样点图（图12-7）。

④删除多余点

如果保护区内的随机样点多于10个，那么将多余的点删去。或者也可以选定特定区域的随机样点留用，而删去其他点，这在分层随机采样中非常有用。

（a）点击编辑工具 Editor/开始编辑Start Editing，在对话框中点击要编辑文件所在的目录，然后OK。

（b）在图中单击要删去的点，点上将出现高亮的圆圈和"×"，按Delete键，即可将之删除。直到只剩下10个点，即得到前文设计要生成的保护区内的10个随机样点（图12-8）。

12.3.3 GIS空间叠加功能

野生动物研究工作中，通过对生境破碎化及空间格局的分析，进行生境的质量评价是必不可少的工作。GIS的空间叠加功能能够很好地将多种信息以不同的数据图层在同一空间上显示出来，对于多种因素相结合的评价工作具有重要的意义。以下仅以保护区内河流、道路、动物点、村庄等信息的显示为例，

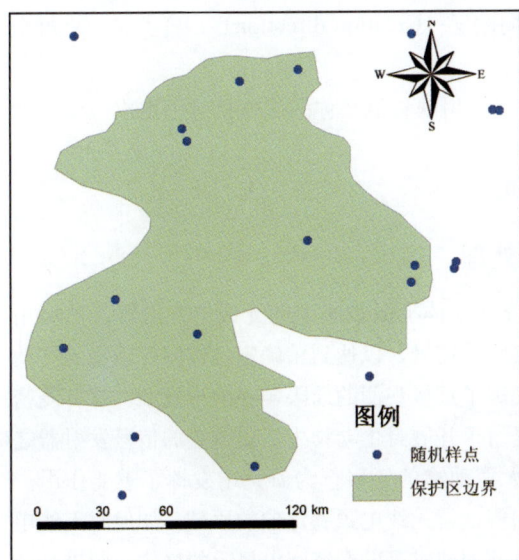

图 12-7 获得的随机点分布图

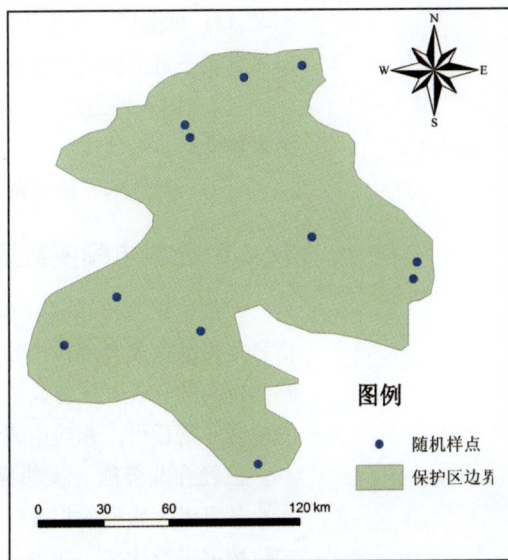

图 12-8 ArcMap 生成的有效随机点图

介绍GIS的空间叠加功能。

（a）双击ArcMap图标，打开ArcMap。

（b）选择打开新空图（A New Empty Map），点击OK。

（c）单击添加数据（Add Data）工具，在对话框中选择要打开文件的目录，选择要打开的文件。

（d）点击添加（Add），此时可以在内容表中可以看到已经打开的文件。

（e）按照上面操作打开多个图层。在内容表中的图层名上长按鼠标左键，拖动图层，改变其显示顺序。显示优先级最高的图层放在内容表最上边，按优先级从高到低依次排列。注意：通常影像数据每个格点上均有数值，因此放在其下的图层均会被遮盖，矢量文件中的多边形（Polygon）文件也一样。所以点文件（Point）和线文件（Polyline）通常放在优先级较高的位置。

至此，即可看到相同空间上多种数据的信息，如图12-9。

12.3.4 GIS距离计算功能

直线距离函数可以计算每点距离最近源的距离，这里的源可以是任何地物，如一口井、一条路、一条河流、一个区域等。下面仅以计算距村庄的距离为例，简要介绍操作步骤：

（a）单击空间分析（Spatial Analyst）/ 距离（Distance）/ 直线（Straight Line）。

（b）在距离到（Distance to）的下拉框中选择村庄图层。

（c）可选项，指定一个最大距离，在这一最大距离之外的单元在计算中将被赋予空值，不予考虑。如果此项空白不填，计算将对图层所有单元进行操作。

（d）指定输出结果的像元大小（Output cell size）。

（e）可选项，单击生成方向图层（Create direction），将生成一个显示距离最近源的直线方向栅格数据。

（f）可选项，单击生成方向图层（Creation direction），将生成一个每个单元均赋予最近源值的栅格数据。

（g）键入输出结果的名称或使用缺省值在你的工作目录下生成一个临时结果数据。

（h）单击OK，得到图12-10。

12.3.5 无线电颈圈数据的处理

无线电定位技术是在被研究动物体上佩戴小型的无线电发射器，然后用信号接收塔点或者手持接收器接收其信号，以达到精确定位被跟踪动物的移动路线目的的有效方法。此技术突破了直接观测的局限，在地形复杂、森林茂密的地区非常适用。无线电颈圈是用于开展野生动物生活史调查的信号发射器之一，已经在北极熊、大熊猫等大型动物的迁移行为研究中发挥了重要作用。本小节将以大熊猫的相关研究为例，就无线电颈圈定位的原理、如何对无线电定位数据进行筛选、并进一步将其处理成可以在空间上显示的格式问题进行介

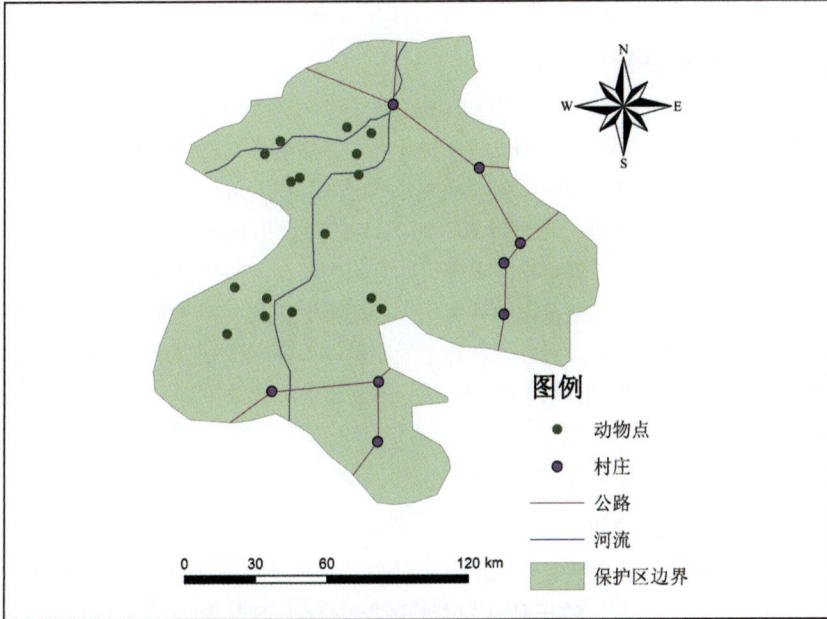

图 12-9 Arcmap 空间信息叠加效果图

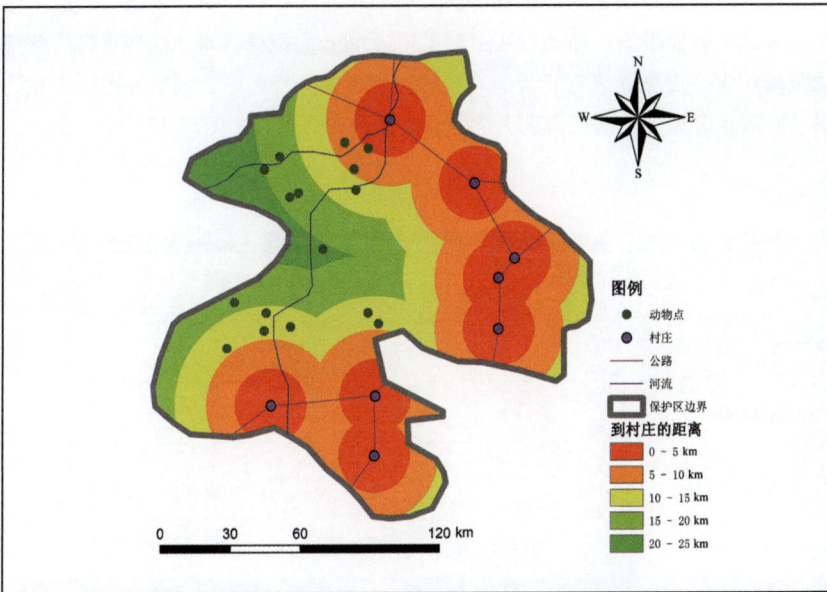

图 12-10 Arcmap 生成距居民点的距离图

绍，方便研究人员了解和操作，部分内容引自王亭（2006）。

（1）三点定位原理

无线电技术的主要依据即为三点定位原理。三点定位是用三个塔点接收同一个颈圈发射的无线电信号，分别测得方位角。在图上以按方位角做三条射线，射线相交成为一个三角形，信号源的位置就在这个三角形中。估计信号源坐标值的方法有最大似然法、Huber估计法和Andrews估计法等。

（2）颈圈数据的预处理

首先将塔点的位置图与研究区地图匹配并统一定义UTM坐标系统，获得塔点的坐标值，输入LocateⅢ（ERSI公司开发）。然后分别将每个无线电颈圈返回的无线电信号方位角和时间值按要求格式导入LocateⅢ。这时软件可根据塔点位置坐标与方位角进行批量计算（如图12-11）。根据计算结果对数据进行逐个检查，一些没有计算结果的方位可能是因为某个方位角错误，尝试减少用于计算的角度，直到得到合理的计算结果。如果方位角两两之间仍没有定位结果，则舍去当日的数据。另外，计算结果中用一个面积值来显示当日定位点的95%置信范围，如果此面积大于$0.6hm^2$，则说明定位效果不好，当日数据直接舍去。

计算结果可直接转换为Excel或txt文档，便于与GIS的连接。

（3）GIS数据分析

将大熊猫定位点导入ArcMap 生成点图层，并转存为.shp图层。将此图层与河流、高程、植被、竹子种类分布等图层在ArcGIS下叠加，进行数据错误检查，检查方法：①熊猫定位点落在信号无法穿越的地方（如山脊或山峰之后），则把当日数据删除。②在得到大熊猫相邻日移动距离计算结果之后，根据研究地大熊猫平均日移动直线距离不超过500m的规律，将一些严重超出此规律范围的定位点删除或重新考虑其合理性。数据检查完毕，调整各图层中点的形状、颜色等属性，即可得到大熊猫活动的分布数据（如图12-12）。

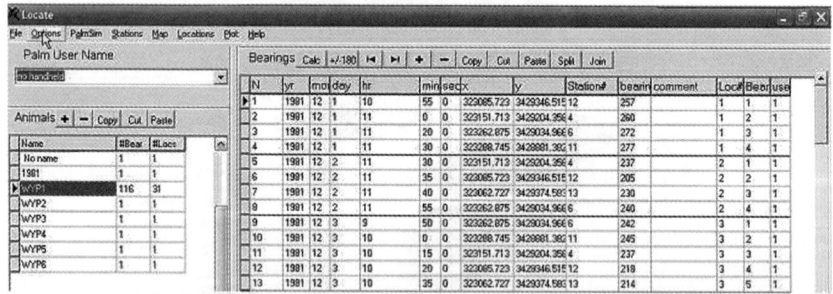

(a) 输入界面：方位角数据

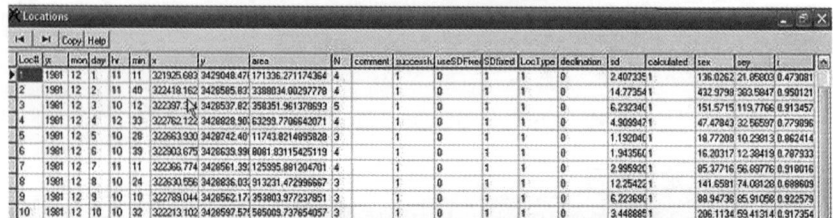

(b) 输出界面：定位点数据

图 12-11　Locate Ⅲ 的输入输出界面（引自：王亭，2006）

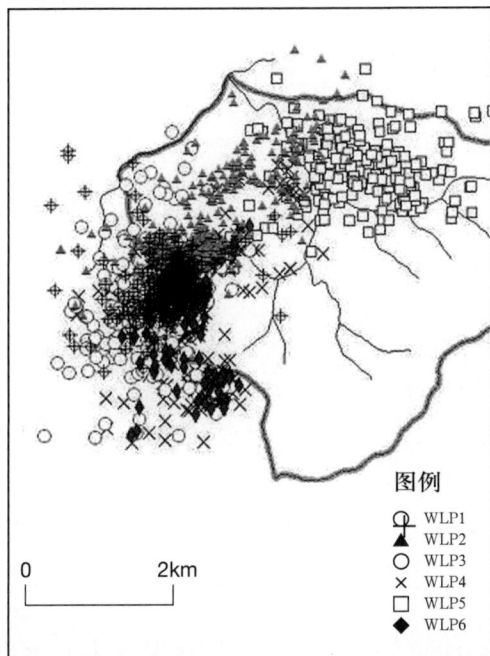

图 12-12 卧龙五一棚地区 6 只大熊猫 1981~1983 年间所有活动点的空间分布
（引自王亭，2006；刘雪华等，2008）

12.3.6 GIS空间分区功能

GIS软件具有依据同一空间各点对应的数值对空间进行分区的功能。这里以陕西老县城自然保护区生态功能区划作为案例（李纪宏等，2004），说明GIS的空间分区功能在生态功能分区工作中的应用。

（1）识别影响保护目标生境的限制因素和影响因素

根据自然保护区功能分区的主要目标、要求，本文选取景观和人为干扰两大类因素共9个因子作为评价的指标。其中景观因素包括海拔高度、坡度、竹子种类和植被类型4个因子；人为干扰因素包括居民点密度、距农田距离、距旅游区距离、距道路距离、距薪柴区距离等5个因子。准备好各评价因子的基础图层。

（2）对各评价因子分等级赋值

其中景观类因子分为最适宜、中等适宜、一般适宜和不适宜4个等级，分别赋值3、2、1、0。人为干扰类因子分为严重干扰、中等干扰、一般干扰和无干扰四个等级，也分别赋值3、2、1、0。这里仅以坡度因子为例介绍操作步骤，其余因子均依此处理。

①分级：打开ArcMap载入坡度图层，将鼠标移动到内容表中坡度图层上，单击鼠标右键/属性（Properties）打开该图层的属性对话框。点击标签（Symbology），对于矢量文件，在显示（Show）下面的框体中选择等待分

类的文件（Classfied）；对于影像文件则在在显示（Show）下面的框体中选择分类（Categorioes）下面的任一类型。然后，在域（Fields）下选择要分级的属性，单击分类（Classification）下的分类（Classify）按钮。在打开的分类（Classification）对话框下，可以设定分类方法、级别数，并可通过修改右下角的界限值（Break Values）设置分界点。设置完毕单击OK。

②赋值：点击空间分析（Spatial Analyst）/重分类（Reclassify），在弹出的对话框中，输入栅格文件（Input Raster）后面的文本框中选择坡度图层；分类域（Reclass Field）后面选择要分类的域（field）。在设置分类值（Set Values to Reclassfy）下方的框体内，点击新值（New Values）列下方数值，更改为赋予的新值。单击OK，即可完成赋值。

（3）生境评价

确定评价准则和计算方法。这里选择景观适宜性指数和人为干扰度指数作为主要指标。计算方法：景观适宜度指数为各景观因子适宜性等级赋值的权重加和；人为干扰度指数为各干扰因子干扰度等级赋值的最大值。操作步骤如下：

（a）点击空间分析（Spetial Analyst）/栅格计算（Raster Calculator），即可打开栅格计算器（Raster Calculator）对话框。

（b）在对话框下面的文本框内键入运算公式如下：

景观适宜度 = [图层1] + [图层2] + [图层3] + ……

其中"景观适宜度"为结果图层的名字，注意此文件为临时文件，计算完毕需导出另存。[图层1]、[图层2]等可以直接在对话框左上角的层（Layers）框中选定并双击得到。运算符号可以点击对话框右上角的小键盘得到。

（c）计算公式完成后，点击评价计算（Evaluate），即可得到结果。

（4）对评价结果分级

即依据景观适宜度指数和人为干扰度指数对保护区进行重新分级。依据景观适宜度指数将区域分为4类：最适宜、中等适宜、一般适宜和不适宜。依据人为干扰度指数将区域分为严重干扰、中等干扰、一般干扰和无干扰。分类方法如步骤（2）①中所述。

（5）功能分区

依据对保护区核心区、缓冲区、实验区的设计，采用不同的数学"与""或""非"等运算。例如景观适宜度为最适宜，且人为干扰度为无干扰的区域划为核心区。则可在空间分析（Spetial Analyst）/栅格计算器（Raster Calculator）的对话框下输入如下公式：

核心区 = （[景观适宜度] =4）&（[人为干扰度] = 0）

计算公式完成后，点击评价计算（Evaluate），即可得到结果，以此类推计算缓冲区和实验区，如图12-13。

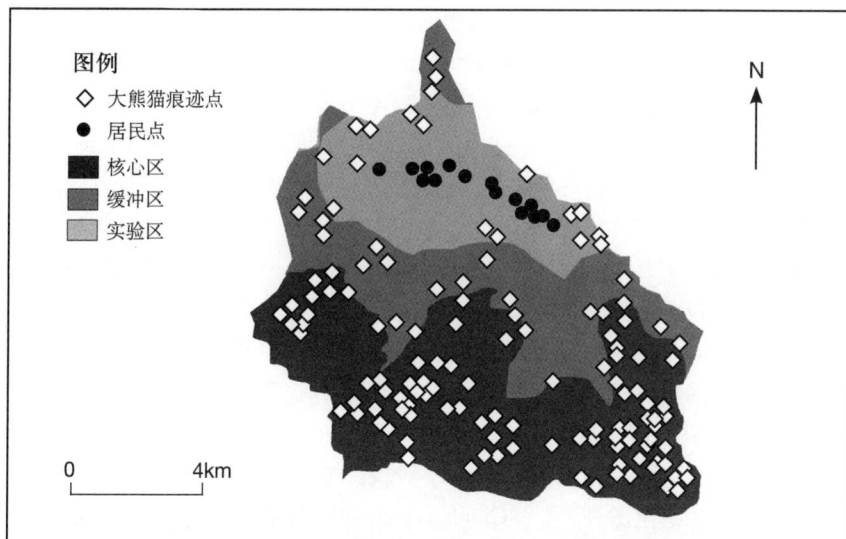

图 12-13 陕西省老县城自然保护区功能分区图 （引自：李纪宏等，2004）

12.3.7 GIS布局制图功能

一幅完整的地图通常由标题、地图内容、指北针、比例尺、图例等构成，因此要将空间信息出图之前，需要将这些辅助读图的信息显示在页面上。具体实现步骤如下：

（a）在ArcMap中将要显示的内容顺序、大小、颜色等调整好后，点击视窗左下角的页面设计（Layout View）图标。视窗将出现出图的边框和蓝色的结构（Frame）边框。调整结构（Frame）和图像的大小，直到在页面中比例合适为止。

（b）插入标题：在主菜单栏点击插入（Insert）/题目（Title），视窗中将出现一个文本框，将文本框拖动到合适的位置。双击文本框，将跳出文本框的属性对话框。在这里可以改动标题文字，也可以对文字格式进行设置和修改，设置完毕点击确定，则标题设置完毕。

（c）插入指北针：在主菜单栏点击插入（Insert）/指北针选择器（North Arrow Selector），视窗中将出现一个对话框，在对话框左边选定指北针的样式，单击OK。视窗中将出现你所选的指北针，将调整指北针的大小并拖动到合适的位置。双击指北针，可以打开属性对话框。在这里可以调整指北针的属性，设置完毕点击确定。

（d）插入比例尺：在主菜单栏点击插入（Insert）/比例尺选择器（Scale Bar Selector），视窗中将出现对话框，在对话框左边选定样式，单击OK。视窗中将出现你所选的比例尺，调整比例尺的大小并拖动到合适的位置。双击比例尺，可以打开属性对话框。在这里可以调整指北针的属性，设置完毕点击确定。

（e）插入图例：在主菜单栏点击插入（Insert）/图例（Legend），视窗中将出现图例向导（Legend Wizard）对话框，对话框左边显示的是已打开的图层，右边显示的是将在图例中显示的图层，通过"<"、">"按钮调整图例中显示的图层，调整完毕，点击下一步。在图例标题（Legend Title）对话框中可以设定图例的标题及其样式。完成后点击下一步进入图例结构（Legend Frame）对话框，这里可以设置图例结构（Frame）的样式，包括边框粗细、背景颜色、是否有阴影、间隔等。完成后继续点下一步，进入块状图例的设置界面，这里可以设置块状图例的宽度、高度以及线形和块形。继续下一步进入图例向导（Legend Wizard）界面，这里可以设置图例框中各元素之间的间隔，单击"完成"，图例将显示在视窗页面里，如图12-14。

（f）添加统计图：

在ArcMap菜单栏点击工具（Tools）/图表（Graphs）/创建（Create）。在打开的对话框中选定图表类型（Graph Type）和图表亚型（Graph Subtype）。本文中选择图表类型为Pie（饼图），点击下一步。

在"Choose the Layer or Table Containing（选择图层或表格内容）"下面的选项框内选择要表达的图层。在"Use Selected Set of Features or Record（使用选定的特征设置）"前面勾选，在"Choose One Field to Graph（选择图形区域）"下选择要表现的属性，单击下一步。

在第三步的对话框中，可填写图件的标题和亚标题。也可以通过勾选Label Pie Slice（标记扇区）前面的复选框，调整饼图的标签显示方式，如单击"with Percent of Tot（显示百分比）"前面的圆点，图中即显示各部分的百分比。对话框左下角是图例及其位置的选择。对话框右侧是图标的预览显示，选中"Show Graph on Layout（在版面内显示图表）"前面的复选框。单击"完成"，即可在页面中看到如图12-14所示的图。

12.4 小结

3S技术以其对各种空间信息和环境信息的快速、机动、准确、可靠的收集、处理与更新的巨大优势，在野生动物保护工作中发挥了重要作用。近年来，3S技术得到了越来越多科学工作者的肯定，在实际工作中应用也越来越多。随着科学技术的发展，3S及其相关技术发展日新月异，未来3S技术将有更加广阔的应用前景，也会为野生动植物的保护工作提供更多的便利。

参考文献

李纪宏, 刘雪华, 朱建州, 李冬群. 2004. 基于GIS的自然保护区功能分区自动实现. 环境科学与工程 1: 24-32.

刘雪华, Andrew KS, Bronsveld MC. 2006. 集成的专家系统和神经网络应用于大熊猫生境评价. 应用生态学报 17(3): 438-443.

刘雪华, 邱志, 邵小明, 田瑞选, 朱云, 何祥博. 2007. 陕西观音山自然保护区的景观格局变

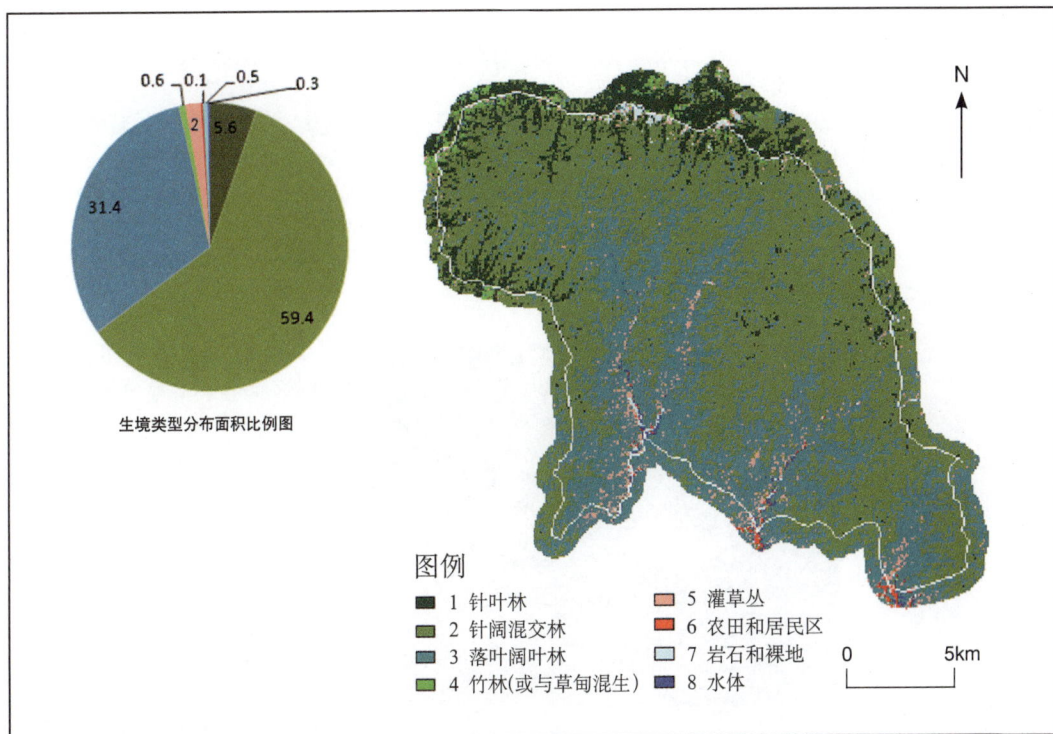

生境类型分布面积比例图

图例
- 1 针叶林
- 2 针阔混交林
- 3 落叶阔叶林
- 4 竹林(或与草甸混生)
- 5 灌草丛
- 6 农田和居民区
- 7 岩石和裸地
- 8 水体

0　5km

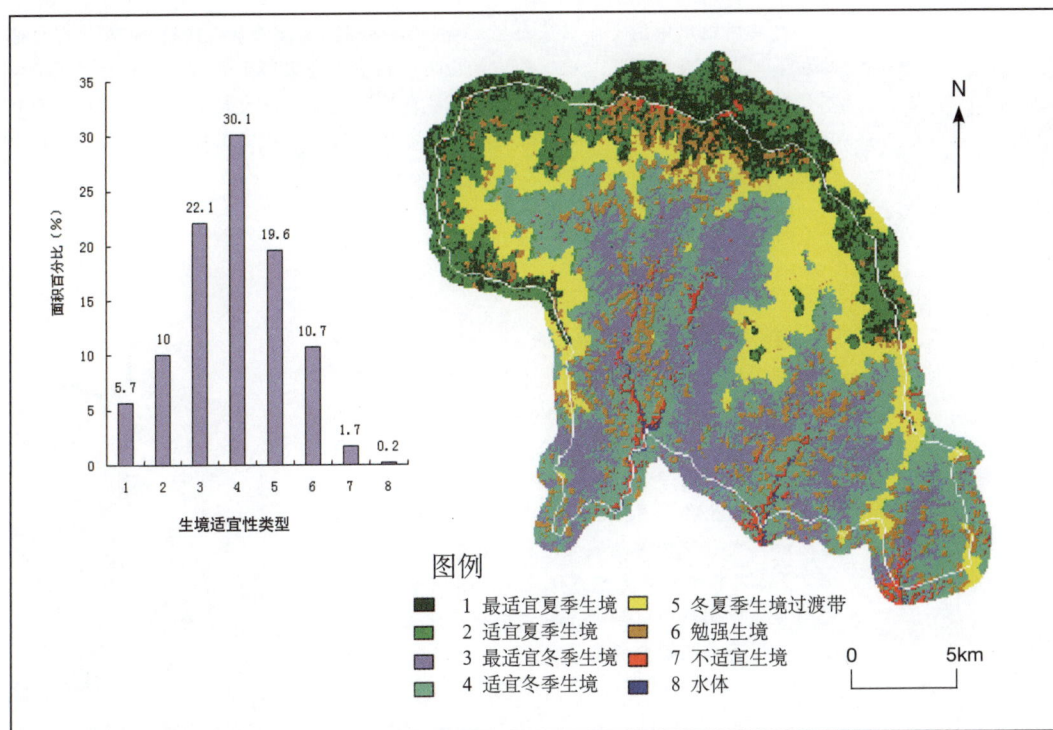

生境适宜性类型

图例
- 1 最适宜夏季生境
- 2 适宜夏季生境
- 3 最适宜冬季生境
- 4 适宜冬季生境
- 5 冬夏季生境过渡带
- 6 勉强生境
- 7 不适宜生境
- 8 水体

0　5km

图 12-14 综合专家系统和神经网络分类方法得到的以地表覆被为基础的佛坪国家级自然保护区
大熊猫生境类型分布图（上）和生境适宜性评价图（下）（改编于：Liu, 2001；刘雪华等, 2006）

化和大熊猫分布. 第五届全国景观生态学学术研讨会摘要文集. 38-39.

刘雪华, 王亭, 王鹏彦, 杨健. 2008. 无线电定位数据应用于卧龙大熊猫迁移规律的研究. 兽类学报 28(2): 180-186.

王亭. 2006. 卧龙自然保护区大熊猫的迁移行为与生境选择研究. 清华大学本科毕设论文.

Liu XH. 2001. Mapping and Modelling the habitat of Giant Pandas in Foping Nature Reserve, China. ISBN 90-5808-496-5. Printer: Febodruk BV, Enschede, The Netherlands. 2001.

作者简介

刘雪华 清华大学环境学院,副教授。在自然资源学会、国际景观生态学会中国分会、中国生态学会景观生态学专业委员会、中国动物学会兽类学分会等学术团体兼任理事职务。为国家发改委生态补偿专家组成员, 国家林业局大熊猫研究专家组成员。SIC刊物Frontiers of Environmental Science & Engineering副编委, 兽类学报编委。

主持科研项目近50项, 分别在2000、2002、2004、2006、2007、2009年与美国Smithsonian Institutes ——— Conservation Research Center的保护学者及GIS专家一起共同组织中国大熊猫保护区人员的GIS培训, 受训人员已达近300人, 有力地推动了GIS技术在保护区管理工作中的应用。在多次全国野生动物生态与资源保护学术研讨会上组织《3S技术与野生动物生境评价》沙龙, 并发起创立了《3S技术与野生动物生境评价》电子刊物, 更大层面上推进了3S技术在中国野生动物生境评价上的应用与发展。

（其他介绍见P43）

Email: xuehua-hjx@tsinghua.edu.cn

程迁 1983年生, 吉林市人, 清华大学环境学院, 助理研究员。2008年毕业于中国科学院地理科学与资源研究所, 自然地理学硕士; 2005年毕业于东北师范大学获生态学、计算机软件学双学士学位。研究方向: 生态影响评价、GIS空间分析、生态系统模型模拟。曾作为主要人员完成"五大区域重点产业发展战略环评"之"环渤海陆域生态影响评价工作"、科技部"973"中国陆地生态系统碳循环及其驱动机制研究项目和中国科学院创新三期领域前沿课题"双因子驱动的生态系统模型研究"。

Email: chengq725@126.com

展望篇

第 13 章

3S技术应用总结和应用前景

刘丙万

13.1 应用总结

目前国内外生态学邻域研究的一个重要方向就是基于3S技术，结合各种数学模型从不同角度对物种生境展开分析，定量研究物种与环境的关系。GIS作为3S技术的核心，提供了在空间尺度上进行数据处理、管理和分析的功能；RS可以为生态学研究提供高时空分辨率的影像数据；GPS为地面采样与定位调查提供了技术工具。而数学方法，特别是统计技术，则为3S技术提供了决策机制，使在GIS环境中建立专家模型成为可能。3S技术的应用增强了信息的获取与分析能力，更好地在空间范围内表达了物种生存与环境的量化关系，明确各个空间单元的属性特征。

在我国，应用3S技术进行野生动物生境的研究起步较晚，但形势好，发展快。总的来说，经过最近几年的努力，我国在研究手段和方法上已逐渐赶上国外，而在应用的深度和广度上及一些基础工作研究方面还存在一定的差距。中国野生动物资源丰富，但由于我国人口众多，对生物资源的过度开发非常严重，栖息地的破坏和片段化，已导致相当数量的野生动物物种处于濒危灭绝的危险之中，野生动物保护任重道远。为了充分发挥3S技术在我国野生动物保护中的潜能，现提出以下应用前景供参考。

13.2 3S技术在野生动物生境研究中的应用前景

当前野生动物生境研究的发展，呈现大尺度，构建和运用数学模型，借鉴其他学科的理论方法，实现数据和成果共享，并以准确直观的方式直接为管理决策服务等突出特点。3S技术作为野生动物生境研究的重要手段，其应用和发展也呈现出新的趋势。

13.2.1 与数学模型相结合

由于野生动物生境的多样性与复杂性，生境研究重视多因素复合作用的定量分析和数学模型构建。在3S技术平台中插入数学函数模块，可以将遥感数据和生境模型相结合，可视化地反映生境质量动态变化和野生动物生境选择变化趋势，为获取生境时空信息和环境因子间相互关系提供强有力的工具。Pereira & Itami（1991）将贝叶斯统计推理模型与3S技术相结合，分析了亚利桑那州山区红松鼠（*Tamiasciurus hudsonicus*）的生境状况，建立了逻辑斯谛多元回归模型。Kuniko et al.（2003）在评价澳大利亚Lake Eildon国家公园水鹿（*Cervis unicolor*）的生境质量时，将已有的生境选择数学模型和地理信息系统相结合，提出了一种称为自定义图形用户界面程序（customized graphical user interface）的数量化GIS新方法，并利用这种方法绘制了生境质量专题图，为有效进行水鹿的种群和生境管理提供依据。

常用模型如下：

（1）生境适宜度指数模型（habitat suitability index，HSI）

该模型最初由美国渔业与野生动物局开发（Thomasma et al., 1991），主要立足于生境选择、生态位分化和限制因子等生态学理论（Morrison et al., 1998），依据动物与生境变量间的函数关系构建，因此，HSI模型特别适于表达简单而又易于理解的主要环境因素对物种分布与丰富度的影响。20世纪80年代以来，在定量评估管理活动对野生动物生境影响方面，HSI模型已逐渐成为广泛使用的一种生境评价方法（Brooks, 1997）。通常而言，HSI开发过程包括：①获取生境资料；②构建单因素适宜度函数；③赋予生境因子权重；④结合多项适宜度指数，计算整体HSI值；⑤产生适宜度地图。HSI模型的开发者通常假设：i）物种或种群主动选择适宜其生存的生境（Schamberger & O'Neil, 1986）；ii）物种存在和环境变量（食物、水、隐蔽物和其他非生物因素）之间存在线性关系（Duncan et al., 1995），这种假设的线性关系主要来自经验数据、专家意见或二者结合（Brooks, 1997）。由于动物生境适宜性由食物、水、隐蔽物等因素及其空间配置所决定,因此随着地理信息系统（GIS）的发展，生境结构也被考虑在内。HSI建模可与遥感（RS）和GIS结合，使得环境特征可外推到研究人员不易到达的地区，构建整个地区的HSI模型（Dijak et al., 2007）。基于GIS的HSI生境评估较传统的HSI评估具有如下优越性：首先，可方便快捷的应用于大面积区域，无需耗时耗力的收集野外数据；其次，景观格局对于生境质量尤为重要，这些可在GIS的HSI模型中得以体现；最后，基于GIS的生境模型可与空间直观模型（如LANDIS）结合，模拟预测不同管理预案对动物生境的影响。HSI模型的一个重要应用体现在保护和规划动物生境方面，如在地方管理计划中包含HSI评价对于识别一些关键因子具有指导作用，这对于濒危物种的存活意义重大。

HSI模型开发时通常假设物种存在和环境变量间成线性关系，而实际上，在自然界，这种关系几乎不存在（Heglund, 2002）。尽管HSI的开发具有一定的标准和客观性，但由于HSI模型大多属于演绎模型（deductive model），往往依据经验数据和专家意见构建，这使得结果受其影响较大。HSI模型的另一显著局限性是它的非通用性，HSI的开发通常基于特定地区，与研究地点密切相关（Whittingham et al., 2003），因此，模型缺乏普适性，除非所开发的HSI模型基于整个物种分布区（O'Neil et al., 1988）。倘若将该地点特化的模型应用在大面积地区，往往造成大的误差（Block et al., 1994）。正是上述问题和局限性的存在，使得人们对于HSI模型的应用价值存在争议（Roloff & Kernohan, 1999）。尽管HSI模型存在着一定的问题和局限性，但其优越性也是其他生境模型所无法相比的。因此，过去几十年里，HSI模型得以广泛应用和发展，而我国该方面的研究尚处于起步阶段，未来的发展空间十分广阔。

（2）最小费用模型

该模型起源于图论，其结合了景观中的详细地理信息和生物体的行为特征，通过费用距离分析可直观形象地描绘出物种活动区域在异质景观中的连接度，且可在GIS程序包中实现简便运算和适度的数据需求量，使其在大尺度景观连接度评价中受到广泛关注。最小费用模型常被用来预测景观变化带来的生态后果，为合理开展区域生态保护建设提供了重要手段和途径。李纪宏和刘雪华（2006）基于最小费用模型，选取海拔、坡度、植被类型和可食竹类的分布作为费用距离的阻力因子，最后根据景观阻力面对陕西老县城大熊猫自然保护区进行功能分区，核心区体现了大熊猫在其中活动所耗费的能量为最小；Epps等（2007）基于地理距离和地形2个因子建立适合沙漠大角盘羊（*Ovis canadensis*）种群扩散的最小费用模型，预测了该种群潜在的迁徙路径及人为活动对其生境连接度的影响；Singleton等（2008）基于最小费用模型研究了华盛顿地区不列颠哥伦比亚省、爱达荷州间的洲际高速公路建设对狼（*Canis lupus*）、貂熊（*Gulo gulo*）、猞猁（*Lynx canadensis*）、灰熊（*Ursus arctos*）4种大型哺乳动物的景观渗透性影响，选取了土地覆盖类型、道路密度、人口密度、海拔和坡度5个阻力因子，发现该区域的高速公路穿过了物种在生境间的迁徙廊道，且部分道路已对物种生境构成威胁。Shen et al.（2009）在景观尺度上利用最小费用模型结合遥感影像和大熊猫10年以上野外工作中获得的生态和行为数据在岷山对大熊猫进行了生境保护设计。

（3）生态位模型

该模型是试图用数学模型描述物种的生态位需求，用数学方法拟合或模拟物种的潜在地理分布，并根据目标地区的各种环境条件进行生态位空间投影分析物种的适生性。近年来，科学家对生态位模型不断改善和广泛应用（Engler & Guisan, 2009），已经向我们展示了它在研究全球气候变化对陆地和海洋生物多样性影响（Sergio et al., 2007）、保护区网络规划、外来入侵物种的管理（Steiner et al., 2008）、物种的界定（Raxworthy et al., 2007）、新物种的发现

（Peterson et al., 2002） 以及进化生物学（Carstensand, 2007）等诸多研究方向上的巨大潜力。生态位模型有许多可以利用的算法和技巧，比如BIOCLIM（bioclimatic）（Nix, 1986），GLM（generalized linear models）（Austin et al., 1994），GAM（generalized additive models）（Yee & Mitchell, 1991），CART（classification and regression trees）（Breiman et al.1984），genetic algorithms（Stockwell & Peters, 1999）和ANN（artificial neural networks）（Olden & Jackson, 2002）。针对不同的数据类型和算法，已设计出许多工具来完成物种分布模型的研究（表13-1）。现在还需要设计出使研究人员可以方便应用不同模型，并且对不同模型结果进行比较分析的界面，从而使研究人员能够更多关注对结果的分析和解释。生态位模型工具的将来发展是将数据输入和投影图层的生成放在一个连续的工作流和框架下实现，并通过远程分布式计算和网格技术加快大量数据的处理（Canhos et al., 2004）。

表 13-1 常用的一些生态位模型工具

软件名字	网址
Maxent	http://homepages.inf.ed.ac.uk/lzhang10/maxent.html
GARP	http://www.nhm.ku.edu/desktopgarp/
Biomapper	http://www2.unil.ch/biomapper/
BIOCLIM	http://fennerschool.anu.edu.au/publications/software/anuclim/doc/bioclim.html
openModeller	http://openmodeller.sourceforge.net/
Lifemapper	http://www.lifemapper.org/
AquaMaps	http://www.aquamaps.org/
DIVA-GIS	http://www.diva-gis.org/

（4）决策树学习方法

该模型是解决实际应用中分类问题的数据挖掘方法之一，能够从无次序、无规则的事例中推理出决策树表达形式的分类规则。决策树学习的一个最大优点就是学习过程中不需要操作人员了解很多背景知识，只要训练事例能够用"属性结论"式的方式表达出来，就能使用该算法来学习。决策树学习获得的分类知识易于表达和应用，目前国内外已有学者利用决策树学习方法获取知识并用于空间分析与研究过程（Fried & Brodley, 1997；刘勇洪等, 2005）。景观分类是进行景观格局、功能及动态变化分析的前提，同时也为区域景观规划、环境保护及野生动物生境保护提供基础信息。张爽等（2006）以秦岭南坡地区为研究区域，将决策树学习方法应用于生境景观分类，结果表明了在样点信息充分的条件下，利用决策树学习方法能够实现高景观分类精度；随着样点数量的增加，分类精度也随之提高，该研究中景观分类精度最高达到79.0%。

3S技术与数学模型相结合，既能充分发挥数学模型在野生动物保护决策中的指导作用，又可以弥补3S技术作为空间数据分析和处理工具在启发式推理能力上的不足。另一方面，Kuniko等（2003）在比较了数学模型量化GIS和访谈调查量化分析结果后指出，在生境分析中运用数学模型和量化GIS的价值在于其客观性、可重复性和较大的时空尺度，然而，影响野生动物生境利用的因子是多样的，分析过程中还受到人员和设备等各方面因素的影响，这一方法也存在局限性。虽然3S技术与数学模型的结合才刚刚起步，需要不断地完善模型，拓展分析方法，提高分析技术精度，但是已经显示出广阔的发展应用前景。

13.2.2 与多学科融合

野生动物生境研究呈现跨学科、多技术融合的特点。3S技术作为野生动物生境研究的重要手段，也需要和多学科、多种现代化技术相结合。

将经济学理论应用到生态学研究中，产生了生态经济学，侧重于从经济角度进行生态系统的价值探讨和生态系统改变的代价分析，进而引起决策者的重视，为制定可持续的社会、经济发展政策服务。3S技术应用于生态经济学研究，拓展了时空尺度，能实现结果预测和可视化，强化了生态经济学的分析和决策功能。Austin & Matthew（2006）分析了美国马萨诸塞、华盛顿和加尼弗尼亚的生态系统服务的价值，并运用GIS和空间确切值转化决策框架（decision framework designed for spatially explicit value transfer）模型，绘制了3个研究地点生态服务功能的价值专题图。Walpole & Sinden（1997），Skop & Schou（1999）和Christopher et al.（2005）研究了土地利用和水源变化对整个农田生态系统的影响，并结合3S技术和生态经济模型，对多种发展策略进行了评价。

野生动物的生境研究是生态学研究中的重要组成部分，将经济学理论方法引入生境研究，可以探讨与生境密切相关的可持续发展问题。John et al.（2008），Ohl et al.（2008），Martijn et al.（2008）采用经济模型，分别对生物多样性保护和自然保护工程中多种生境质量恢复和生境类型丰富化方法进行了比较，以便在达到生境保护最佳效果的前提下，寻求最经济的实施方案。由于生境研究趋于大尺度和动态性，将3S技术引入生境恢复研究中，进行可视化的生态经济学分析，也就成为了必然趋势，例如：可以在3S技术野生动物生境综合评价的基础上，对多种生境改良规划备选方案进行模拟，并利用经济学模型和生态经济学理论进行对比分析，选择最佳的生境恢复途径。同时，由于不同地点情况的复杂性，指标量化的多变性，数据的有效性，模型的精度和可靠性等都需要完善和发展，利用3S技术进行生境的生态经济学研究，构建简单而有效的方法和理论体系还存在一些技术困难，但已经显现出广阔的应用和发展前景（Austin & Matthew, 2006）。

运用管理学方法，进行生态学研究和生态工程评价，已经成为宏观生态管理的有效途径。在这一基础上，运用3S技术，可以在GIS平台上，开发专门的野生动物生境管理系统，为高效管理提供有利的技术保障。欧阳志云等（1996）根据区域发展与资源环境需求的关系，对桃江地区土地利用适宜性和对野生动物生境的影响进行了评价，为土地利用优化提供了新思路。

　　自然保护区是对具有代表性的自然生态系统、珍稀濒危野生物种的天然集中分布区、有特殊意义的自然遗迹等保护对象所在的陆地，水体或者海域，划出一定面积予以特殊保护和管理的区域。自然保护区的合理规划是保护区持续发展并维持生态功能的关键。进行科学的功能区规划依赖于对保护区内自然资源与环境全面、清晰的认识，掌握其分布、发生、发展规律以及相互关系，并制定出科学的标准，依照标准进行分区。遗憾的是在我国利用3S技术进行自然保护区功能区规划的研究较少。一般是根据对个别物种的分析来确定核心区的面积（徐海根，2000）；李文军（1997）利用GIS和层次分析法对丹顶鹤的栖息地——盐城自然保护区进行了规划。我国的自然保护区规划往往比较主观，缺乏科学依据。Liu & Li（2008）以老县城自然保护区为例，利用GIS的空间分析功能考虑到景观因子和人为干扰因子对生境适合度评价的影响进行了自然保护区的功能规划，首先分析了我国大熊猫保护区存在的现实问题，然后设计了合理的指数系统来指导保护区的功能区划。这对于特定物种及其生境的保护是非常有利的，能够避免自然保护区规划过程中的主观化和非科学性。

　　探讨3S技术的应用方法，促进3S技术与多学科融合，开发各学科理论、方法和模型与3S技术平台的对接端口和应用模块，是野生动物生境研究发展的趋势。

13.2.3　可视化模拟

　　野生动物生境研究的目的是为生物多样性保护、恢复与可持续利用提供可靠的依据，为决策提供支持。如果仅以数据表格和文字报告的形式进行项目规划和结果展示，直观性差，不容易引起关注，影响生物多样性保护决策的选择和实施。在目前的野生动物生境研究中，图片、专题地图等直观的结果展示方式越来越重要。随着计算机技术和多媒体技术的发展，运用3S技术有效地处理海量数据成为可能。将抽象的数据用各种图形或多媒体形式显示，用动态模拟的方式展示生境分析和生态工程的预测结果，能直观地了解生境变化，有利于数据的横向和纵向比较，提高野生动物生境评价、生境质量分析和保护管理部门决策水平。Lindenmayer & Possingham（1995）应用地理信息系统，研究了澳大利亚维多利亚高地中心地带野火对濒危树栖有袋类动物负鼠（*Gymnobelideus leudbeuter*）种群生存力的影响，建立了野火对生境的干扰模型，绘制地图并模拟了野火发生后5~55年内，负鼠种群数量和生境质量的变化趋势，并揭示了当地的生物多样性动态。Nicolas et al.（2005）基于捕获-标记-重捕技术，获得了比利时豹纹蝶（*Euphydryas aurinia*）种群参数和种群扩散状况，在RAMAS/GIS平台下，运用种群生存力模型，模拟了豹纹蝶集合种群动态和生境斑块化状况及其发展趋势，为濒危物种的保护管理提供了多种备选方案。Andy et al.（2007）在地理信息系统的支持下，研究了比利时Zwalm河盆地大型无脊椎动物迁徙廊道生境质量，绘制出生境质量评价图，构建了迁徙模型，模拟迁徙通道的生境变化趋势，并将研究结果作为河流盆地生境恢复和物种保护的依据，为管理部门的决策提出了合理建议。

13.2.4 网络化

随着野生动物生境研究的深入，研究范围和信息量不断扩大。为避免数据的重复收集，就需要实现研究人员之间远程交流，达到研究结果和资源共享，提高数据利用效率。这需要在统一数据格式和数据标准基础上，创建高效传输途径。对于主要以数字信息为数据的3S技术，还需要统一的空间坐标系统和数据存储方式。近年来，随着Internet技术的普及与发展，WebGIS发展迅速，初步实现了空间信息的网络查询和分析。利用这些数据和分析结果，可以建立野生动物生境数据库，并实现数据库的远程登录，进行数据传输和交互式生境分析，以方便开展长期的动态监测。Mathiyalagan et al.（2005）利用ArcIMS商用地理信息系统软件，结合其扩展MSAccess数据库、Java、Visual Basic和Active Server Pages开发了美国佛罗里达湿地的地理信息数据库和交互式WebGIS系统，以满足环保和管理部门对数据集中存储，地理空间数据、信息和地图共享的需求。这一系统实现了远程登录和查询，为用户提供了经济快捷的实时数据，并可作为制定管理策略的依据，为湿地生态系统监测和恢复、生境分析和生物多样性保护提供技术支持。Marcel & Martin（2006）在WebGIS平台下，利用Virtual Database数据库设计并开发了收集环境因子和景观信息的软件平台，为环境变化、生境质量和景观生态学研究提供地理空间数据的补充、修复和共享功能，其目的是将分散的数据集中，将重要的数据共享，为相关分析提供帮助，使GIS在获得、提供信息和分析能力方面得到拓展。

利用WebGIS进行野生动物生境研究的工作才刚刚起步，但是在矿藏勘探、森林监测和森林防火等领域已有应用（Nina & Karin, 2003；高心丹，2004；Xi & Wu, 2008）。生境研究可以以此为借鉴，达到增强生境管理策略科学性和可行性，提高保护管理效率的目的。

13.2.5 智能化

野生动物生境研究的目的是合理决策，实现野生动物及其生境资源的保护和合理利用。将3S技术引入野生动物生境研究，利用其综合分析能力，进行多种备选决策的比较，并实现智能化，为选择最佳方案提出合理化建议，成为生境研究的需要和3S技术的发展趋势。智能GIS利用了地理信息系统的可扩展特性，把专家分析模块和有关数据库与GIS相结合，把专家知识赋予分析系统，使系统分析求解能力达到专家水平，为物种及其生境保护提供更加快速有效的决策方法，提高决策系统的自动化水平和可靠性。Luis et al.（2003）在对墨西哥中部Monarch蝴蝶生物圈保护区进行功能区划重建时，将专家知识和经验构建成模块，输入GIS系统中，并采用决策分析方法把核心区、缓冲区、试验区范围进行了调整，绘制出保护区功能区划图，使重建后的核心区既包含了急需保护的生态系统，又最大程度的将有人为活动的地区排除在核心区外。这一方法也可以运用到某一物种的生境分析和管理上来。Carl et al.（2007）利用贝叶斯信念网络（Bayesian belief networks, BBNs）和GIS，研究了澳大利亚昆士兰西北部Mitchell草原杜氏袋鼩（*Sminthopsis douglasi*）的生境适宜性，并利用野外观测数据，专家知识和经验数据，敏感性分析等方法，探讨了放牧压力，入侵灌木种群密度，土地利用方式，土壤成分及其季节性变化，环境条件和管理决策对生境质量的影响，最后还绘制出生境评价专题图。刘雪华等（2006）在研究佛坪保护区大熊猫生境时空格局变化和绘制生境质量评价图时，将专家系统和神经网络分析法运用到在GIS平台中，模拟复杂系统过程的同时进行定性和定量分析，创建了比较全面的大熊猫生境综合制图方法，制图精确度达到80%以上，比单一的专家系统方法，神经网络方法以及传统的最大似然法更精确。这些研究提供了如何将专业理论知识、经验、复杂的理论模型和3S技术相结合，运用于野生动物生境分析和保护，使生境分析实现智能化，使GIS解决只有专家才能解决的生态学问题的新思路，为生物多样性的管理和保护提供决策支持。

此外，在3S技术应用上，应增加在资金、设备和人力上的投入。同时，注意数据和技术的规范化，实现全国乃至世界范围的数据共享。

13.3 结语

野生动物生境评价是野生动物保护研究的重要组成部分。随着人们对野生动物生境认识的加深，生境评价研究也将不断深入。将3S技术应用于野生动物生境评价研究，拓展了研究的时空尺度和范围，促进了野生动物生境评价研究的定量化和决策化，是野生动物生境评价研究的发展趋势。随着3S技术集成化，数据和技术规范化，资源共享普及化，动态分析和决策功能智能化程度的提高，3S技术必将在野生动物生境评价研究和野生动物保护中发挥不可替代的作用。

参考文献

高心丹. 2004. 基于WEBGIS的森林火点定位系统的实现. 森林工程 20(4): 3-5.

李纪宏, 刘雪华. 2006. 基于最小费用距离模型的自然保护区功能分区. 自然资源学报 21(2): 217-224.

李文军. 1997. 野生动物自然保护区设计规划方法的研究. 北京: 中国科学院生态环境研究中心博士毕业论文.

刘雪华, Andrew KS, Bronsveld MC. 2006. 集成的专家系统和神经网络应用于大熊猫生境评价. 应用生态学报 17(3): 438-443.

刘勇洪, 牛铮, 王长耀. 2005. 基于MODIS数据的决策树分类方法研究与应用. 遥感学报 9(4): 405-412.

欧阳志云, 王如松, 符贵南. 1996. 生态位适宜度模型及其在土地利用适宜性评价中的应用. 生态学报 16(2): 113-120.

徐海根. 2000. 自然保护区生态安全设计的理论与方法研究. 南京: 南京大学博士毕业论文.

张爽, 刘雪华, 靳强. 2006. 决策树学习方法应用于生境景观分类. 清华大学学报(自然科学版) 46(9): 1564-1567.

Andy PD, Koen VM, Peter LM, Niels DP. 2007. Development of migration models for macro-invertebrates in the Zwalm river basin (Flanders, Belgium) as tools for restoration management. Ecological Modeling 203: 72-86.

Austin T, Matthew AW. 2006. Mapping ecosystem services: practical challenges and opportunities in linking GIS and value transfer. Ecological Economics 60(2): 435-449.

Austin MP, Nicholls AO, Doherty MD, Meyers JA. 1994. Determining species response functions to an environmental gradient by means of a Beta-function. Journal of Vegetation. Science 5: 215-228.

Block WM, Morrison ML, Verner J, Manley, Patricia N. 1994. Assessing wildlife habitat relationships models: A case study with California oak woodlands. Wildlife Society Bulletin 22: 549- 561.

Breiman L, Friedman JH, Olshen RA, Stone CJ. 1984. Classification and regression. New York: Chapman and Hall.

Brooks RP. 1997. Improving habitat suitability index models. Wildlife Society Bulletin 25: 163-167.

Canhos VP, Souza S, Giovanni R, Canhos DAL. 2004. Global Biodiversity Informatics: setting the scene for a "new world" of ecological forecasting. Biodiversity Informatics 1: 1-13.

Carl SS, Alison LH, Bronwyn P, Clive AM. 2007. Using a Bayesian belief network to predict suitable habitat of an endangered mammal - the Julia Creek Dunnart (Sminthopsis douglasi). Biological Conservation 139(3-4): 333-347.

Carstens BC, Richards CL. 2007. Integrating coalescent and ecological niche modeling in comparative phylogeography. Evolution 61: 1439-1454.

Christopher LL, Steven EK, Jeffrey B, David B, Timothy L, John N. 2005. Using GIS-based ecological-economic modeling to evaluate policies affecting agricultural watersheds. Ecological Economics 55(4): 467-484.

Dijak WD, Rittenhouse CD, Larson MA, Thompson FR, Millspaugh JJ. 2007. Landscape habitat suitability indexes software. Journal of Wildlife Management 71(2): 668- 670.

Duncan BA, Breininger DR, Schmalzer PA, Larson VL. 1995. Validating a Florida scrub jay habitat suitability model, using demography data on Kennedy Space Center. Photogrammetric Engineering and Remote Sensing 61: 1361- 1370.

Engler R, Guisan A. 2009. MigClim: Predicting plant distribution and dispersal in a changing climate. Diversity & Distributions 15: 590-601.

Epps CW, Wehausen JD, Bleich VC, Torres SG, Brashares JS. 2007. Optimizing dispersal and corridor models using landscape genetics. Journal of Applied Ecology 44: 714-724.

Fried MA, Brodley CE. 1997. Decision tree classification of land cover from remotely sensed data. Remote Sensing of Environment 61: 399-409.

Heglund PJ. 2002. Foundations of species environment relations. In: Scott JM, Heglund PJ, Morrison ML ed. Predicting Species Occurrences: Issues of Accuracy and Scale. Washington: Island Press, 35- 42.

John RD, Anne-Gaelle EA, Jacob Mc O. 2008. A landscape approach for estimating the conservation value of sites and site-based projects, with examples from New Zealand. Ecological Economics 66(2-3): 275-281.

Kuniko YJ, Elith M, Mccarthy AZ. 2003. Eliciting and integrating expert knowledge for wildlife habitat modeling. Ecological Modeling 165(11): 251-264.

Lindenmayer DB, Possingham HP. 1995. Modelling the impacts of wildfire on the viability of meta-populations of the endangered Australian species of arboreal marsupial, Leadbeater's Possum. Forest Ecology and Management 74: 197-222.

Liu X, Li J. 2008. Scientific Solutions for he Functional Zoning of Nature Reserves in China. Ecological Modelling 215: 237-246

Luis A, Brower L, Guillermo C, Castilleja G, Sanchez-Colon S, Hernandez M, Calvert W, Diaz S, Gomez-Priego P, Alcantar G, Melgarejo ED, Solares MJ, Gutierrez L, Juarez M D. 2003. Mapping expert knowledge: redesigning the monarch butterfly biosphere reserve. Conservation Biology 17(2): 367-372.

Marcel F, Martin B. 2006. Virtual database: Spatial analysis in a Web-based data management system for distributed ecological data. Environmental Modeling and Software 21: 1544-1554.

Heide VD, Martijn C, Bergh VD, Jeroen CJM, Ierland V, Ekko C, Paulo ALD. 2008. Economic valuation of habitat defragmentation: a study of the Veluwe, the Netherlands. Ecological Economics 67(2): 205-216.

Mathiyalagan V, Grunwald S, Reddy KR, Bloom SA. 2005. A WebGIS and geodatabase for Florida's wetlands. Computers and Electronics in Agriculture 47(1): 69-75.

Morrison ML, Marcot BG, Mannan RW. 1998. Wildlife Habitat Relationships: Concepts and Applications. Madison: University of Wisconsin Press.

Nicolas S, Julie C, Philippe G, Fichefet V, Baguette M. 2005. Meta-population dynamics and conservation of the marsh fritillary butterfly: Population viability analysis and management options for a critically endangered species in Western Europe. Biological Conservation 126: 569-581.

Nina MK, Karin T. 2003. WebGIS for monitoring "sudden Oak death" in coastal California. Computers, Environment and Urban Systems 27(5): 527-547.

Nix HA. 1986. Abiogeographic analysis of Australian Elapid Snakes. In: Longmore R ed. Atlas of Elapid Saneds of Australia Australian Flora and Fauna Series Number 7. Australian Government of Publishing Service, 5-15.

Ohl C, Drechsler M, Johst K, Watzold F. 2008. Compensation payments for habitat heterogeneity: existence, efficiency, and fairness considerations. Ecological Economics 67 (2): 162-174.

Olden JD, Jackson DA. 2002. Illuminating the "black box": a randomization approach for understanding variable contributions in artificial neural networks. Ecological Modelling 154: 135-150.

O'Neil LJ, Roberts TH, Wakeley JS. 1988. A procedure to modify habitat suitability index models. Wildlife Society Bulletin 16: 33-36.

Pereira J, Itami R. 1991. GIS-based habitat modeling using logistic multiple regression: a study of the Mt. Graham red squirrel. Photogrammetric Engineering and Remote Sensing 57(11): 1475-1486.

Peterson AT, Ball LG, Cohoon KP. 2002. Predicting distributions of Mexican birds using niche-modeling methods. Ibis 144: 27-32.

Raxworthy CJ, Ingram CM, Rabibisoa N, Pearson RG. 2007. Applications of Ecological Niche Modeling for Species Delimitation: A Review and Empirical Evaluation Using Day Geckos Phelsumafom Madagascar. Systematic Biology 56: 907-923.

Roloff GJ, Kernohan BJ. 1999. Evaluating reliability of habitat suitability index models. Wildlife Society Bulletin 27: 973-985.

Schamberger ML, O'Neil LJ. 1986. Concepts and constraints of habitat model testing. In: Vernier J, Morisson ML, Ralph CJ ed. Wildlife 2000: Modeling Habitat Relationships of Terrestrial Vertebrates. Madison: University of Wisconsin Press, 5-10.

Sergio C, Figueira R, Draper D, Menezes R, Sousa AJ. 2007. Modeling bryophyte distribution based on ecological information for extent of occurrence assessment. Biological Conservation 135: 341-351.

Shen GZ, Feng CY, Xie ZQ, OuYang ZY, Li JQ, Pascal M. 2009. Proposed Conservation Landscape for Giant Pandas in the Minshan Mountains, China. Conservation Biology 22: 1144-1153.

Singleton PH, Gaines WL, Lehmkuhl JF, [2008-10-15]. Landscape permeability for large carnivores in Washington: A Geographic Information System weighted-distance and least-cost corridor assessment [EB/OL]. (2002-05-13) http://rewilding.org/Singleton 1.pdf

Skop E, Schou JS. 1999. Modeling the effects of agricultural production. An integrated economic and environmental analysis using farm account statistics and GIS. Ecological Economics 29(3): 427-442.

Steiner FM, Schlick-Steiner BC, VanDerWal J, Reuther KD, Christian E, Stauffer C, Suarez AV, Williams SE, Crozier RH. 2008. Combined modeling of distribution and niche in invasion biology: a case study of two invasive Tetramorium ant species. Diversity and Distributions 14: 538-545.

Stockwell DRB, Peters D. 1999. The GARP Modeling System: problems and solutions to automated spatial prediction. International Journal of Geographical Information Science 13(2): 143-158.

Thomasma LE, Drummer TD, Peterson RO. 1991. Testing the habitat suitability index model for the fisher. Wildlife Society Bulletin 19: 291-297.

Walpole SC, Sinden JA. 1997. BCA and GIS: integration of economic and environmental indicators to aid land management decisions. Ecological Economics 23(1): 45-57.

Whittingham MJ, Wilson JD, Donald PF. 2003. Do habitat association models have any generality? Predicting skylark Alauda arvensis abundance in different regions of southern England. Ecography 26: 521-531.

Xi Y, Wu J. 2008. Application of GML and SVG in the development of WebGIS. Journal of China University of Mining and Technology 18(1): 140-143.

Yee TW, Mitchell ND. 1991. Generalized additive models in plant ecology. Journal of Vegetation Science 2: 587-602.

作者简介

刘丙万 博士，1997年7月山东师范大学生物系毕业后师从于蒋志刚首席研究员，在青海湖开展普氏原羚的生态学研究。2003年8月开始对达赉湖地区地理信息系统建设与保护区管理、蒙原羚生境选择、食性、行为节律、生境适宜度和生境评价、采食对策、围栏对蒙原羚迁徙影响等开展了广泛研究，先后主持有十一五林业科技支撑计划专项（2008BADB0B01）、国家自然科学基金（30700075）、黑龙江省博士后启动基金（LBH-Q06117）和黑龙江省教育厅骨干教师支持计划（1153G058）等项目。2007年开始对达赉湖地区居民信仰与生物多样性保护关系开展研究，主持联合国教科文组织"青年科学家"项目（3240172372）。2009年开始关注野猪危害及其防治，主持哈尔滨市科技局科技创新人才专项（RC2009QN002149）。现已主持课题10余项，发表论文30余篇，参加和主持编写专著教材5部。

（其他介绍见P24）

Email：liubw1@sina.com